■遥感诊断系列专著

环境健康遥感诊断指标体系

Index System for Diagnosis of
Environmental Health
by Remote Sensing

曹春香　　陈　伟　黄晓勇
　　　　　田　蓉　徐　敏　／著

科学出版社
北京

内 容 简 介

本书是"遥感诊断系列专著"的第二部。全书共分为 5 章。第 1 章为绪论，系统概述环境健康问题，阐述环境健康遥感诊断的理论基础，并从森林、湿地、大气、水体等角度介绍国内外环境健康遥感诊断指标体系的研究现状。第 2 章为环境健康遥感诊断指标体系构建方法，分别介绍诊断对象及单元的确定、诊断概念模型的选择、指标因子筛选的原则与方法、指标标准化及综合模型的选择。第 3 章为典型领域环境健康遥感诊断指标体系，具体从森林健康、湿地健康、大气环境健康、自然灾害和人居环境健康五个方面阐述典型应用领域环境健康诊断指标体系的构建。第 4 章则针对第 3 章的典型领域，详细阐述环境健康遥感诊断指标体系案例应用。第 5 章为环境健康遥感诊断指标体系展望，探讨环境健康遥感诊断尺度转换、概念模型发展、指标体系应用前景等。

本书可供全球变化、环境健康、生态安全、疾病防控、灾害防治、定量遥感等学科领域的科研人员参考阅读，也可作为高等院校遥感类与环境类专业本科生及研究生教材。

图书在版编目（CIP）数据

环境健康遥感诊断指标体系/曹春香等著. —北京：科学出版社，2017.6
（遥感诊断系列专著）

ISBN 978-7-03-049341-5

Ⅰ. ①环… Ⅱ. ①曹… Ⅲ. ①环境遥感–评价指标–体系–研究 Ⅳ. ①X87

中国版本图书馆 CIP 数据核字 (2016) 第 158010 号

责任编辑：彭胜潮　丁传标　赵　晶/责任校对：何艳萍
责任印制：张　伟/封面设计：黄华斌

科学出版社 出版
北京东黄城根北街 16 号
邮政编码：100717
http://www.sciencep.com

北京京华虎彩印刷有限公司 印刷
科学出版社发行　各地新华书店经销
＊

2017 年 6 月第 一 版　　开本：787×1092　1/16
2018 年 4 月第三次印刷　　印张：12 3/4
字数：300 000
定价：198.00 元
（如有印装质量问题，我社负责调换）

序

自工业革命以来，特别是近半个世纪，人类活动对全球生态环境的影响日益加剧，以致地球的大气圈、水圈、生物圈等圈层发生不同程度的改变，从而导致地球环境健康状况的急剧下降。全球气候变化、森林减少、草原退化、水土流失和土地荒漠化等的加剧，物种灭绝速度的增加等生态环境问题日趋严重。人类面临着由于自身发展所导致的日益恶化的全球环境健康问题的严峻挑战，极大地威胁着人类自身的生存和健康发展。这种挑战和威胁是世界任何国家、任何种族和任何民族都不能置之度外的。世界各国政府部门及各领域科学家都在积极行动，努力寻找解决办法。包括遥感领域专家在内的我国科学家也为此展开了创新性的探索，在用遥感技术对环境健康问题进行系统性研究方面也做出了不懈努力！曹春香研究员于2012年出版的《环境健康遥感诊断》就是这种努力的体现。正是在她的书中构建了一种基于中国传统医学理念支撑的独具特色的健康中国理论体系。

遥感、地理信息系统等空间信息技术能为科学把握环境健康指针性指标提供先进的技术手段与全新的研究模式。遥感技术具有多时相、多分辨率、多波段以及低成本等特点，在发挥遥感多源数据在环境健康分析、环境健康监测、环境健康预测预警、环境健康综合评价等方面的优势以及宏观、快速、客观和有效地对环境健康状况进行定性分析的基础上，研究制定了阈值化定量评价影响环境健康的权重指标，以期进一步刻画环境健康的时空演化特征与驱动机制，实现对热点区域环境健康状况的客观评价，并进而为全球、国家和区域尺度的生态安全、环境健康优化提供有效的科学依据和决策支持。

我们也应看到，遥感技术在环境健康评价方面发挥着日益重要作用的同时也仍存在一些问题。例如目前大多是针对某些类型的自然生态系统进行诊断与评价，诊断对象类型较为单一。实际上，一种自然生态系统中也会包括多种生态类型。例如，城市生态系统中可能包含湿地生态系统、农田生态系统甚至森林生态系统等，仅采用某单一类型的生态系统评价方法对其进行诊断就有可能产生一定的偏差。为了区分不同地区的同一类型生态系统由于周围环境要素的胁迫及人类活动的影响而导致环境健康状况的差异，特别关注由于当今中国飞速发展所引起的复杂且严重的环境问题，以把握环境健康发展的态势，客观、准确、定量诊断区域的环境健康状况，利用遥感技术选取合适的环境健康指标因子，构建科学合理、切实可行的环境健康遥感诊断指标体系已势在必行。

《环境健康遥感诊断指标体系》一书就是在这样的背景下编著完成的。一套完整、系统的环境健康遥感诊断指标体系，不仅可从科学研究的角度检验《环境健康遥感诊断》专著提出的理论体系的正确性，从而指导环境健康遥感诊断关键技术的针对性研发；面向国家政府部门，可以进一步为国家生态文明、健康中国及全球资源环境的把握等方面提供理论支撑和定量判据；面向行业部门，能客观和有针对性地实施评价目标；面向公众，也有利于传播环境健康科普知识。

如果说《环境健康遥感诊断》作为系列专著的第一部，提出了环境健康遥感诊断的概念、框架和理论体系，那么《环境健康遥感诊断指标体系》一书则从理论和技术上将环境健康的概念具象化、将环境健康遥感诊断指标定量化、把人类生存环境的健康遥感诊断实例化，并在此基础上构建了一整套系统完整的环境健康遥感诊断指标体系。这一研究丰富了环境健康的内涵，夯实了遥感诊断的基础，拓展了遥感应用的领域，在研究和应用上都具有重要意义。作为一名遥感技术和应用研究的先行者，我对这一项遥感在环境健康领域的研究成果备感欣慰。我们可以期待，环境健康遥感诊断指标体系的建立健全一定能够在环境健康遥感诊断和评价中得到广泛应用，在贯彻实施国家可持续发展战略，协调人与自然的关系、并最终服务于增强生态环境支撑能力、推动国家生态文明建设及经济社会与生态环境的协调健康发展中发挥重要作用、做出应有的贡献。在此祝贺曹春香研究团队在环境健康这一关乎国计民生的重要领域所取得的成绩及该书的出版！

中国科学院院士

2016 年 6 月

前　　言

传统的环境健康评价更多依赖于地面监测站点的采样数据，但由于监测站点的数量及分布限制，以及利用样方代替区域的方法难以客观准确描述其空间变化，具有一定的局限性。遥感技术的大范围、多时相、多分辨率等优点为生态环境健康诊断评价提供了全新手段。在全球变化背景下，遥感手段为实施全方位的环境健康诊断、评价、监测和预警提供了先进的技术保障，如何充分利用动态、近实时、空间连续的遥感技术提取环境健康诊断必需的指标参数，建立以遥感和地理信息系统等空间信息技术为主导的环境健康遥感诊断指标体系，显得极其迫切和重要。

根据环境健康的内涵、影响因子和评价原则，参考国内外已有研究成果，本书以国家统计局提出的可持续发展指标体系为基础框架，基于层次分析法，将区域环境诊断评价指标体系划分为四个层次，即 1 个目标层、5 个准则层、13 个要素层及若干的指标参数层。目标层为环境健康遥感诊断指标体系；准则层包括生态环境健康状况、大气健康状况、水体健康状况、灾害影响程度、人类健康状况 5 大准则。13 个要素层分别隶属于5 大准则层，其中，生态环境健康状况包括森林生态环境健康指数、草地生态环境健康指数、湿地生态环境健康指数、农业生态环境健康指数及城市生态环境健康指数；大气健康状况包括空气质量指数、大气特征参数；水体健康状况包括水网密度指数和水体质量指数；灾害影响程度包括自然灾害指数和人为灾害指数；人类健康状况包括：人群身体健康指数和文化素质综合指数。每一个要素分解后的指标层将由若干遥感提取的参数或统计数据资料转化的因子构成，其选取需遵循一定的原则并根据实际需求确定。

作为环境健康遥感诊断系列专著的第二部，本书基于确立的环境健康遥感诊断指标体系的基础框架，对环境健康的概念作了进一步的诠释，对指标体系的构建方法进行了深入具体的描述，并给出了丰富的实例论证。

全书共分为 5 章。第 1 章为绪论，系统概述了环境健康问题，阐述了环境健康遥感诊断的理论基础，并从森林、湿地、大气、水体等角度介绍了国内外环境健康遥感诊断指标体系的研究现状。第 2 章为环境健康遥感诊断指标体系构建方法，分别介绍了诊断对象及单元的确定、诊断概念模型的选择、指标因子筛选的原则与方法、指标标准化及综合模型的选择。第 3 章为典型领域环境健康遥感诊断指标体系，具体从森林健康、湿地健康、大气环境健康、自然灾害和人居环境健康五个方面阐述典型应用领域环境健康诊断指标体系的构建，在此基础上形成环境健康遥感综合诊断指标体系。第 4 章则针对

第 3 章详述了环境健康遥感诊断指标体系案例应用。第 5 章为环境健康遥感诊断指标体系展望，探讨了环境健康遥感诊断尺度转换、概念模型发展、指标体系应用前景等。

本书构建的环境健康遥感诊断指标体系，不仅在科学性方面得到许多专家学者的认可，而且在面向行业应用部门的示范应用方面也取得较大的成绩。尤其在湿地生态系统评价方面，国家湿地管理部门用该指标体系的框架成功评价了中国国际湿地与重要湿地的生态系统；令人高兴的是，科学出版社就该部分工作总结提炼成一本《中国国际重要湿地生态系统评价》专著。

从 2012 年在"遥感诊断系列专著"的第一本问世之前就开启的本专著的起笔撰写，到对指标体系构建的科学性、合理性、实用性及其可能产生的社会效益等多维度的讨论中，得到了多位领导与专家同仁以及亲朋好友的指导和帮助，尤其是中国社会科学院研究生院的黄晓勇院长和国家林业局的陆诗雷教授级高工、张煜星教授级高工、党永峰教授级高工、郑盛、刘诚、何祺胜、高孟绪、赵坚、项海兵、倪希亮、刘迪、田海静、尹航、包姗宁、刘明博、杨天宇、江厚志、吴春莹、张敏、谢波等在资料收集、数据处理、章节构架讨论、内容编写等付出了辛勤的劳动，在此一并表示最诚挚的感谢！还要特别感谢为本书作序的童庆禧院士，并致以崇高的敬意！

本书的出版得到林业公益性行业科研专项"树流感暴发风险遥感诊断与预警研究"（No. 201504323）、科技部 863 项目"星-机-地综合定量遥感与应用示范"中的"典型应用领域全球定量遥感产品生产体系"课题（No. 2013AA12A302）、三峡后续工作科研项目"三峡库区生态屏障区生态效益监测技术与评价方法研究"（No. 0001792015CB5005）等项目的资助，谨此一并致谢！

鉴于水平和时间所限，书中可能会存在一些不妥乃至错误之处，恳望读者不吝批评指正！

曹春香

2016 年 4 月

目　　录

第1章 绪 论

全球性经济社会的快速发展带来日益突出的环境健康问题，遥感等空间信息技术为诊断区域、国家甚至全球等多尺度的环境健康提供了较新的技术手段和数据来源。在曹春香研究员的系列专著第一部《环境健康遥感诊断》中提出的"环境健康遥感诊断"学科框架的基础上，诊断指标因子的选择和指标体系的构建成为当务之急。本章基于案例性的环境健康问题和第一部中论述的诊断理论，阐述了构建指标体系的必要性和重要性，分析了环境健康遥感诊断指标体系构建的研究基础，提炼了构筑指标体系中亟待解决的关键的科学问题。

1.1 环境健康问题概述

近几十年，随着人口的急速增长和经济的驱动发展，人类活动导致了我们赖以生存的环境发生了变化。全球气候变暖、土地沙化、乱砍滥伐和森林退化、江河湖海严重污染等环境恶化问题日益突出；气候和生态环境变化加剧了如地震泥石流、干旱洪涝、海啸雾霾等自然和人为灾害的发生及疟疾、血吸虫病、鼠疫、霍乱、H1N1 等各种流行病的暴发；城市化和全球化给疾病传播带来更多机会，导致各种传染病可能会在极其短暂的时间内遍及全球。人类物质文明和经济社会高速发展是以危害环境健康为代价的，而环境健康问题反过来已经成为人类面临的最严重的问题之一（Strong，2013；Balan et al.，2010），它不仅全面影响着我们自身的健康，而且危害子孙后代的生存环境，进而危及人类的繁衍与发展。

根据国务院新闻办公室（2006）和环境保护部（2013），对比世界整体水平，中国的环境健康恶化状况尤其严重，已成为制约我国经济发展、危害公众健康，甚至成为影响社会安定的一个重要因素。如我国的荒漠化土地已占国土陆地总面积的 27.3%，且还在以每年 2460 km^2 的速度增长；酸雨覆盖面积已占国土面积的 29%；全国城市大气总悬浮微粒浓度的日均值为 320 μg/m^3，污染严重的城市超过 800 μg/m^3，高出世界卫生组织标准近 10 倍；全国七大水系近一半的监测河段污染严重，86%的城市河段水质超标，15 个省、市 29 条河流的监测结果显示了 2800 km 的河段几乎没有鱼，淮河流域 191 条支流中，80%的水体呈黑绿色，一半以上河段的水完全丧失使用价值。2011 年 8 月 17 日华北、东北、黄淮、西南、西北等地暴雨洪涝、风雹灾害造成 16 个省份的 380 余万人受灾，直接经济损失达 20.7 亿元。地震频繁，震级越来越高及各种流行病不断暴发、快速传播，给公众健康带来严重威胁。

环境不健康问题不仅危害人类健康，而且影响经济可持续发展和社会和谐发展，给我们带来了沉重的经济和社会负担。在应对环境恶化、保护人类健康的对策中，我国卫生与环保部门已经开始协作，对环境健康因素实施监测预警，相关部门也在着手制定健康损害补偿机制法律框架(杨宏伟等，2007)。然而，环境健康问题的最终突破，不仅需要利用现代技术对恶化的环境进行治理修复，而且还需要对环境健康状况进行诊断预测和预警。

1.2　环境健康遥感诊断理论基础

环境健康遥感诊断理论的构筑着重从环境健康包含的生态健康和环境安全入手，主要刻画了人与生态环境关系的健康，生态系统的健康，人体与人群的生理与心理健康，人居物理环境、生物及代谢环境的各环境要素安全等(杨宏伟等，2007；曹春香，2013；Liang，2014)。当某一区域的森林、湿地、城市、农田等生态系统功能稳定，大气、水体、土壤等环境因子指标维持在安全的阈值范围内，生活在该区域的人们身心健康时，就表明这个区域的环境较健康；反之，若某一区域的生态系统遭到严重破坏，生态功能紊乱，大气、水体、土壤等污染严重，灾害和疾病频繁，严重影响到人们的身心健康，则该区域的环境不健康。环境健康的相关参数是生物、大气、水体、土壤等自然环境要素和与环境相关疾病因子等社会环境要素下的相关指针性指标。

小范围环境健康评价可以通过传统的地面调查方法来实现，但全球全国尺度的环境健康论证利用传统的方法则需要大量的人力与物力。快速发展起来的空间信息技术为大空间尺度和长时间序列的环境健康诊断及相关研究提供了新的经济快捷有效可行的研究模式与技术手段(曹春香，2013)。

随着相关学科领域的发展，遥感数据的空间分辨率不断提高，光谱分辨率不断细化；遥感数据的获取方式逐渐多元化，从被动接收地表反射和发射的电磁波能量到主动接收自身发射的电磁信号，从单极化向全极化发展；传感器的扫描方式也多样化。这些技术进步极大地丰富了遥感数据源，同时提高了遥感影像的质量，增强了遥感技术对环境健康相关参数监测与评价的支持能力(Bach and Mauser，2003)。因此，基于遥感技术的多时相、多分辨率、多波段及低成本等优势，快速、有效、定性地宏观把握环境健康状况成为可能；定量分析环境健康的时空演化特征与驱动机制，进而客观评价重点生态区的环境健康状况，为国家和区域尺度的生态系统保护、恢复与优化管理能提供有效的科学依据和决策支持(曹春香，2013；Liang，2004)。面对当今中国飞速发展引起的环境健康问题，利用遥感技术建立一整套科学合理经济适用的环境健康诊断指标体系显得尤为迫切和必要。

曹春香研究员于 2013 年提出了一系列的环境健康遥感诊断思路，利用遥感技术适时对影响环境健康因子的宏观把握，进而对环境健康进行综合评价，推动了传统的环境健康评价技术的根本性变革，进一步发展了环境健康研究从定性到定量、从静态到动态、从简单描述到综合评价、从单一尺度到多维尺度的改变，为环境健康研究提供了极为有效的新思路和新方法(曹春香，2013)。

1.3 环境健康遥感诊断指标体系的
必要性和重要性

《环境健康遥感诊断指标体系》是"遥感诊断系列专著"的第二部,在系列专著第一部《环境健康遥感诊断》中提出环境健康遥感诊断的概念、框架、理论体系的基础上,本书具体从如何构建遥感诊断指标体系出发展开论述,将环境健康的概念具象化,切实把人类生存环境的健康遥感诊断实例化,丰富了环境健康的内涵,夯实了遥感诊断的基础。

结合案例构建的环境健康遥感诊断指标体系,一方面促进和规范了"环境健康遥感诊断"交叉学科的积极发展;另一方面为行业部门的生产管理实践的科学决策提供了充足的理论支撑,同时为环境健康遥感诊断领域关键技术的研发与诊断系统的构建提供了思路支撑和理论指导,为后续中国与全球范围内的环境健康遥感诊断的案例应用指引了方向。环境健康遥感诊断指标体系是系列专著的灵魂。

1.4 环境健康遥感诊断指标体系研究探索

环境健康研究涉及的领域比较广泛,包含了环境科学、流行病学、地理学、生物学、管理学等方面的内容。国际地理联合会早在 1976 年就设立了"健康地理"工作组,专门研究地理环境与健康问题。在 20 世纪 80 年代更名并升级为"健康与发展"专业委员会,至 90 年代,更名为"健康、环境与发展"委员会,并于 2000 年组成"健康与环境"委员会(程杨等,2006;杨林生等,2010)。其研究目标是 "研究人类健康及其与发展和变化的联系,重点是全球、国家、区域和地区环境变化对健康的影响;城市化,特别是发展中国家城市化对健康的影响;自然和人为因素引起的灾害问题;与经济危机、结构调整有关的社会经济变化对健康和保健的影响"。北欧、美国、加拿大、英国等的地理学及医学等领域的专家自 1980 年起每两年召开一次地理医学学术讨论会。20 世纪 80 年代中期,由于气候变暖、生态破坏、环境污染等一系列问题的加剧,使人们对因此而出现的人类健康问题表现出不同程度的焦虑和关注。1986 年 9 月 22~26 日世界气象组织(WMO)、世界卫生组织(WHO)和联合国环境规划署(UNEP)在俄罗斯圣彼得堡召开了首次关于气候与人类健康的国际会议。WHO(1990)出版了《气候变化的潜在健康影响》,首次论述了气候变化与潜在的健康问题。近 20 年,随着全球自然和人文环境的变化,环境健康的研究内容开始由较短期的疾病传播分布和环境中水、大气、土壤、食物污染对健康的影响转向研究地球生态系统长期变化、全球环境变化对敏感人群健康的综合影响,以及国家或区域的应对健康问题的相应措施等。

关于环境健康的研究早已开展,但利用遥感技术的环境健康诊断由曹春香研究员近期才提出并推动进入了发展的初期阶段。国际上有不少专家学者针对相关环境健康因子的模型和方法进行过探索性研究,但基于"环境健康遥感诊断"的概念、方法和技术还没有形成完全统一的认识,欧美等发达地区非常重视遥感在环境健康领域的应用研究,并组织了加州大学、哈佛医学院等相关研究机构就该领域展开了多个项目的研究。2009年，曹春香建议第三十届亚洲遥感会议上首次设立的"空间信息与人类健康"专题，标志着人类健康问题正式纳入亚洲遥感科学研究领域。2010年8月，在日本举行的国际摄影测量与遥感大会上，第八工作组专门就进一步推动亚洲国家在环境健康领域的交流与合作进行了研讨。通过一系列的探索研究，终于在2011年年底，曹春香研究员联合美国波士顿大学 Ranga B. Myneni 教授等发起并组织了首届环境健康遥感诊断国际学术研讨会，在会上首次就环境健康遥感诊断的概念进行了翔实的阐述，为进一步推动环境健康遥感诊断研究奠定了坚实的基础。

根据环境健康的内涵、影响因子和评价原则，参考国内外针对相关环境因子的已有研究成果，以国家统计局提出的可持续发展指标体系为基础框架，利用层次分析法，把区域环境健康评价指标体系分为目标层、准则层、要素层和指标参数层4个层次。目标层为环境健康遥感诊断指标体系；准则层是通过生态、大气、水体等健康状况阈值化刻画环境健康各子领域的状况。本书重点选取森林环境健康、湿地环境健康、大气环境健康、水体健康状况、灾害影响状况及传染病与环境健康6个环境健康的子领域分别开展指标体系研究，下面也将从这6个方面分别进行探索性分析。

1.4.1　森林环境健康遥感诊断方法研究

森林健康研究最早出现在20世纪60年代，当时森林健康作为森林管理者的一个基本概念，强调的是森林病虫害、森林火灾和干旱等胁迫因子对森林的影响，以及如何实施有效的制约等。60～80年代中期，随着人们对森林作为生态系统主体认识的不断深入，以及环境污染、木材的过量消耗而造成森林生态系统的不断退化，对森林健康的理解也随之发生了变化，对森林健康的研究也逐步从林分转移到森林生态系统(Alan，1994；Aamlid et al.，2000)。当时对森林健康的研究主要从净初级生产力(NPP)、碳截留与碳分配、营养物质循环等方面研究森林生态系统的物质循环与能量流动。另外是源于酸沉降和其他大气污染物影响的森林林分的生长率、死亡率和林冠状态的调查。

到20世纪80年代，随着对物种多样性、濒危物种，以及非经济森林价值概念的深入理解，森林健康的概念和研究内容发生了变化。相应研究内容辐射到了生态系统结构和功能的变化、物种多样性保护和森林资源的持续管理等。现代森林生态系统健康的概念已逐步发展为包括林分、森林群落、森林生态系统，以及森林景观在内的一个复杂的系统概念。目前，对森林生态系统健康的研究，一方面强调森林生态系统健康与森林生态系服务功能的关系(Hirvonen，2001)；另一方面，对森林生态系统健康状况的研究，包括森林健康胁迫因子、活力、组织、承载能力和恢复能力等(Rapport，1998)。从1990年开始，美国对部分州的森林进行健康评价，同时美国林务局设立了专门机构和研究监测项目(FHM)，负责对全美国进行森林健康调查，监测国家森林健康状态的动态变化及发展趋势等。

随着遥感和GIS技术的发展，森林生态系统健康的监测与评价方法得到了发展，研究方法也逐步从定性到定量(Ropport，1999；Royle and Lathrop，1997)。当前基于遥感对森林健康状况的研究比较多的主要是美国(Vora，1997)、加拿大(Allen，2001)、澳大利亚(Paul，2002)和巴西(Muchoney and Haack，1990)等一些森林资源发达国家。随着高分辨率、高光谱光学传感器，以及 SAR、LiDAR 等新型传感器的出现和兴起，利用AVHRR、TM、SPOT、HJ、IKONOS、QuickBird、LiDAR 等多源遥感数据进行森林健康遥感诊断的研究将成为今后森林健康研究的主要趋势(曹春香等，2009)。另外，不同来源、不同分辨率遥感影像之间存在尺度转换问题，指标参数反演结果的明显差异将导致评价结果的不一致，这一问题仍有待于深入研究解决。

1.4.2 湿地环境健康遥感诊断方法探索

湿地是世界上最具生产力的生态系统之一，被誉为"地球之肾"。湿地生态系统健康诊断评价方法可归纳为指示物种法和指标体系法。

指示物种法是通过评价湿地生态系统内某个对环境变化极为敏感的物种或物种类群的数量，以及其他特征的变化等间接衡量湿地生态系统健康状况的方法。指示物种可以是微生物、藻类、鸟类、鱼类、小型哺乳动物、爬行动物等。指示物种法简便易行、针对性强，在河流、湖泊等湿地生态系统评价中得到了较为广泛的应用(陈家宽，2003；Pont et al.，2007)，但由于指示物种的筛选标准及其对生态系统健康指示作用的强弱不明确，且未考虑人类健康和社会经济等因素，难以全面准确地反映生态系统健康状况。

指标体系法的思路是通过建立与生态系统健康程度相关的多层次、多类型指标来衡量生态系统健康程度。国外应用比较成熟的是美国国家环境保护局(USEPA)提出的景观评估、快速评估和集中的现场评估 3 个层次的湿地评价方法。这些评价方法已经广泛用于美国湿地的监测和评价项目(Carey et al.，2001；Reiss and Brown，2007)。国内学者对湿地生态系统健康的研究大致可分为 3 类：①部分学者引入压力-状态-响应模型(pressure-state-response，PSR)(Rapport，1989)和活力-组织-恢复力模型(vigor-organization-resilience，VOR)(Costanza et al.，1992)等概念模型构建指标体系，进行湿地健康评价；②部分学者引入或者改进美国 LDI 和 IBI 方法对部分湿地进行健康评价(Lin et al.，2013)；③部分学者根据特定研究区，加入一些辅助指标，更全面地对湿地生态系统健康进行评价(Xu et al.，2012)。遥感和 GIS 等作为湿地健康评价的新型手段，主要用于部分湿地健康评价指标因子的获取上，据此得到湿地生态系统健康的空间分布规律和时空变化特征(蒋卫国，2003；Tian et al.，2012)。

我国湿地生态系统健康评价起步较晚，进步较快，研究案例较多，但方法类似，不同类型、不同区域的湿地指标选择、指标含义、量化方法均未统一；指标体系的可移植性和可比性较差。现有的指标体系和评价方法也大都针对特定的区域，普适性不强，很难直接应用于中国不同湿地类型和区域的湿地评价，难以满足中国湿地管理的需求。因此，亟须一套适用性强、可广泛应用于大范围湿地生态系统定量诊断的模型。

1.4.3　大气环境健康状况遥感监测研究

大气的状态和变化时时刻刻影响着人类的健康与发展。大气成分的改变将引起气候变化、危害人类健康，如温室气体含量的增加导致气候变暖；有毒气体的排放导致多种疾病；大气运动的改变将引起飓风、沙尘暴等灾害天气。由于大气成分纷繁复杂，大气环境健康涉及的内容也多种多样，且监测评价方法差异很大，因此这里主要针对沙尘暴期间大气环境遥感监测的研究现状。

沙尘暴是由特殊的地理环境和气象条件所致的一种破坏力很强的气象灾害，主要发生在沙漠及其临近的干旱与半干旱地区，世界范围内沙尘暴多发区位于中亚、北美、中非和澳大利亚(Pye, 1987)。我国沙尘暴主要集中在北方地区，以西北地区为主，包括新疆、甘肃、宁夏以及内蒙古西部等干旱区，约占全国土地总面积的 13.6%(Zhu et al., 1986)。由于沙尘颗粒对太阳光谱辐射的衰减效应，来自不同传感器和光谱带的卫星遥感已经越来越多地应用到沙尘暴研究中(Swap et al., 1996)。目前，利用可见光和红外多光谱卫星通道信息判别沙尘暴仍是较好的方法之一(Carboni et al., 2012)。

国外对沙尘暴的遥感监测研究始于 20 世纪 80 年代的 NOAA/AVHRR 传感器。目前的遥感监测主要利用静止气象卫星(GMS/VISSR) 和极轨气象卫星(NOAA/AVHRR、FY-21C/MVISR)两大卫星遥感系列数据。MVISR 和 AVHRR 数据空间分辨率是 1.1 km，高于静止气象卫星分辨率(1.25～4 km)，扫描宽度为 2300～2800 km，如果时机恰当，则可较好地用于沙尘暴信息的提取。GMS/VISSR 的优势在于它的时间分辨率高，可弥补极轨卫星在这方面的不足，对于持续时间较短的沙尘暴过程的监测很有利。自从 1999 年美国成功发射 TERRA 卫星后，其星上搭载的 MODIS 传感器在继承了 NOAA/AVHRR 功能的同时，把数据分辨率提高到了 0.25～1 km，波段数增加到 36 个；数据应用范围、数据发射与接收、数据格式上都作了很大的改进，它的应用为沙尘暴遥感监测提供了另一重要的数据源。

在研究沙尘暴引起的气溶胶等大气环境参数变化上，目前的研究主要是基于地面观测站或者是遥感反演产品，既有针对全球沙尘的研究(Dubovik et al., 2002)，也有针对中国区域的研究(Guo et al., 2013)。根据以往研究发现，评价对象集中在少数几个指标上，如气溶胶光学厚度、Ångström 指数等，缺少协同地面和遥感数据对沙尘暴引起的气溶胶和气象参数变化的全面诊断。

1.4.4　水体健康遥感反演研究方法进展

水环境包括淡水和海洋两大类，其都具有丰富的物质组成。水环境因子包括水体叶绿素 a 浓度，水体悬浮泥沙含量，总有机质含量，黄色物质含量，水体总氮、总磷、氨氮、硝氮含量，水面面积，水深等参数。面向不同参数因子的遥感反演方法各异，此处仅阐述针对叶绿素 a 浓度的遥感诊断方法。

基于遥感技术，监测评估水体叶绿素 a 浓度的方法主要有经验统计法(Gitelson et al.,

2007)、半经验分析方法(Cheng et al., 2013)、基于辐射传输模型的机理模型(Gitelson et al., 2009)等。近年来，随着水色遥感器的改进及数据处理方法的深入研究，提出了荧光高度法和神经网络法。经验统计法，即通过建立遥感数据与实测叶绿素浓度之间的统计关系，估测叶绿素浓度。这种方法简单易行，但缺乏物理依据。半经验分析方法的特征是将已知的叶绿素光谱特征与统计模型相结合，选择最佳的波段或波段组合作为叶绿素浓度估算的依据。这种方法具有一定的物理意义，是常用的方法。机理模型主要基于水体中叶绿素含量与固有光学量和表观光学量之间的关系，模拟水中光场分布，进而反演叶绿素浓度。机理模型以水体中光学传输的机理为理论基础，是叶绿素浓度监测的重要方法之一。神经网络作为一种有效的非线性逼近方法，近年来在海洋水色反演中已有应用，但这些反演所使用的数据或者数量太少或者是模拟光谱的结果，其结论的合理性仍需更充分的、真实情况的检验。

已有很多研究采用上述方法对水体叶绿素浓度进行分析和估测，如黄海清等(2004)基于 SeaBAM(SeaWiFS bio-optical algorithm mini-workshop)小组搜集的全球范围叶绿素浓度与离水辐射率的同步观测数据，利用神经网络方法反演海水叶绿素浓度。席红艳等(2009)基于半经验分析方法对香港邻近海域叶绿素 a 浓度进行反演，结果表明，该算法在低悬浮物低叶绿素浓度区域有一定适用性。杨一鹏等(2006)利用常规卫星遥感数据 Landsat TM 定量反演太湖叶绿素 a(Chl-a)浓度的方法，选择适于太湖 Chl-a 定量反演的最佳波段组合，采用半经验回归模型和混合光谱分解模型分别建立太湖 Chl-a 浓度定量反演模型，并对不同模型的结果进行对比分析。

1.4.5　地震灾害对环境状况影响的遥感诊断

灾害可分为自然灾害和人为灾害。自然灾害又包括地质灾害、气象灾害、海洋灾害、生物灾害等。其中，地震灾害作为一种常见的自然灾害，不仅可以造成大量人员伤亡，也会摧毁人类居住的环境，引发更多次生灾害，如滑坡、泥石流、水灾、火灾、饥饿和疫情等。因此，快速准确地获取震区受灾信息，评估地震灾害对当地环境的影响，对于灾后救援、避免或减少次生灾害，甚至是后期的灾区重建都具有重要意义(Ozisik and Kerle, 2004)。

从 20 世纪 60 年代开始，美国、日本、加拿大等多个国家就开始基于航空遥感影像对地震灾情信息进行了提取。随着卫星遥感影像分辨率的提高，利用卫星遥感影像或多源遥感数据协同对个别灾情因子进行监测。在灾情因子的识别方法研究上，也由人工目视解译发展出了人工神经网络等半自动识别方法和变化监测、面向对象分类、边缘算子等计算机自动识别算法(Chigira and Yagi, 2006)。我国也基本同步开始应用遥感技术对地震影响进行评估，如针对 1966 年的邢台地震、1976 年的唐山地震(魏成阶，2009)；90年代后，多种不同类型的遥感数据也被应用到地震灾害监测中，如王超等(2000)基于合成孔径雷达(SAR)影像应用差分干涉技术对 1998 年张北地震进行了监测。2008 年汶川地震后，基于遥感的灾害调查和环境评估相关研究达到了高峰(魏成阶等，2008；王文杰等，2008；Xu et al., 2010; Lei et al., 2010)。近年来，随着遥感技术的高速发展，越来越多的遥感影像，特别是高分辨率的卫星遥感影像和航空遥感影像被应用于地震灾害的监测和对环境影响的评价，但目前的研究多集中在单一震灾因子的研究上，对于基于多源遥感数据同时获取并耦合多个灾情指标因子，进而评估其对环境健康影响的研究有待深入开展。

1.4.6　基于遥感的环境相关流行病诊断研究

遥感技术应用于流行病与人类健康的监测是一种间接方法，它是通过环境参数与媒介生物、疾病之间的数理统计学关系来确定的，通过所获得的模型，将遥感卫星所探测到某一地区的各项环境参数代入模型，就可以间接地获得反映该地区疾病的相关信息，从而有针对性地提出预防或控制对策，保护人类健康。

传统的流行病学调查需要耗费大量的人力、物力和财力。不仅如此，许多疾病媒介孳生地(如沼泽、森林、高原等)的调查往往难以实现，对大范围的流行病学调查所需周期长，且难以重复，更不用说进行动态监测。遥感技术能够客观地提供地理、气候及环境的相关数据，且具有安全、不受地理环境条件限制、覆盖面广、可连续重复观测等优点，可以为人类疾病研究提供充分的空间数据。遥感数据有助于确定和描绘寄生虫、媒介和宿主孳生地，监测孳生地生态环境的变化，制作反映疾病危险性的专题图件，为疾病的控制和预警提供参考。

在 1971 年，美国国家航空航天局(NASA)与 NOMCD (New Orleans mosquito control district)合作，将彩色与彩红外航空被动摄影用于新奥尔良地区与蚊子栖息地有关的植被研究中，结果表明，遥感方法对蚊子栖息地有十分高的识别率。由此拉开了航天遥感在流行病研究的序幕，相继有航空被动光学辐射计、航空主动雷达辐射计，航天被动光学辐射计包括高空间分辨率、低时间分辨率的 Landsat-1/2 MSS 数据，低空间分辨率、高时间分辨率的 AVHRR、SPOT-HRV 数据等，航天主动雷达辐射计等被用于流行病的研究与分析(Colwell, 1996; Lobitz et al., 2000; Akanda and Hossain, 2012; Estrada-Pena, 1999)。这些研究工作主要分为以下 3 个部分：直接或间接通过遥感获取环境因素；针对流行病特征选择遥感传感器和设计遥感数据获取方法；解决传统方式在获取数据方面存在的问题。

1.5　小　　结

环境健康遥感诊断的概念提出几年来，理论体系已初步建立，且在一些领域已经取得了较好的研究成果，但总体来看，环境健康遥感诊断针对不同领域评价指标因子的需求有很大差异，进而对于获取这些因子的遥感数据要求也各不相同，如何实惠有效地选择最合适的遥感数据，反演获得相关的指标参数并应用于不同领域的环境健康遥感诊断，是亟待解决的关键问题。具体包括以下 5 个方面。

1. 环境健康相关指标因子筛选的研究有待加强

目前，由于受到遥感相关技术水平及不同环境健康相关领域诊断需求的制约，对于环境健康指标因子的筛选尚没有统一的原则或标准。在传统的环境健康评价指标筛选原则上，大多数指标因子是基于已有的文献及专家咨询而选取，如何结合遥感数据的特点建立环境健康各领域的诊断指标因子选取标准，并尽量扩展其适用范围，提高其可操作性，需要进一步研究。

2. 指标因子的空间化处理技术需要进一步探索

已有研究中选取的环境健康遥感诊断指标因子既有从遥感影像中提取的以栅格数据形式存储的遥感参数，如叶面积指数、气溶胶光学厚度、水体叶绿素含量等，也有从统计资料中获得的社会经济指标因子，如地区经济总量、平均受教育程度、平均寿龄等。如何实现这些社会经济指标因子数值分布的空间化及不同类型数据的高精度耦合是该领域需要解决的一个重要问题。

3. 遥感提取参数之间的尺度转换问题

由于遥感卫星平台的发展和数据获取方式的多样化，用来反演各指标因子的遥感数据来源各不相同，既有米级别分辨率的 IKONOS、QuickBird 数据，也有 30 m 中等分辨率的 Landsat TM/ETM+、HJ 等卫星数据，也不乏 500 m/1 km 低空间分辨率的 MODIS、AVHRR 数据产品、SeaWiFS 数据等，不同遥感数据反演的指标参数的空间分辨率各不相同，因此有关指标因子之间尺度转换方面的技术与方法需要进一步研究。

4. 环境健康诊断结果的时空分析需进一步提高

环境健康遥感诊断概念从提出到其在诸多领域开展应用的时间不长，环境健康遥感诊断模型的针对性研究也才刚刚起步，由于对不同地区的生态环境结构、过程和功能的变化及其效果的认识并不全面，也缺乏同类影响的类比对象，因此对诊断结果的分析及相应对策的制定还不够深入，需要进一步提高分析精度等。

5. 环境健康遥感诊断过程与结果的不确定性因素分析

鉴于对复杂的物理及生化过程缺乏足够的认识和对传感器特性及遥感模型反演机理的理解偏差，及环境背景信息的快速变化与地面实测数据等资料信息的获取壁垒等的影响，不确定性贯穿于环境健康遥感诊断的全过程。因此，必须对诊断过程与结果的不确定性进行分析，运用综合的专业判断、类比分析等推理技巧，获得更多的健康诊断所需的数据和资料，采用多种技术处理手段尽量减少不确定性，从而使诊断实施者了解环境健康诊断数据来源的方式和可靠程度，进而提供给环境管理者或决策者相对准确的信息，以便科学把控诊断全过程误差。

参 考 文 献

曹春香. 2013. 环境健康遥感诊断. 北京: 科学出版社.

曹春香, 徐敏, 何祺胜, 等. 2009. 多源遥感数据应用于森林健康研究的趋势. 遥感学报, 13(s1): 401-407.

陈家宽. 2003. 上海九段沙湿地自然保护区科学考察集. 北京: 科学出版社.

程杨, 杨林生, 李海蓉. 2006. 全球环境变化与人类健康. 地理科学进展, 25(2): 46-58.

国务院新闻办公室. 2006. 中国环境保护白皮书(1996~2005). 北京.

环境保护部. 2013. 2012 中国环境状况公报. 北京.

黄海清, 何贤强, 王迪峰, 等. 2004. 神经网络法反演海水叶绿素浓度的分析. 地球信息科学, 2(6): 31-37.

蒋卫国. 2003. 基于 RS 和 GIS 的湿地生态系统健康评价——以辽河三角洲盘锦市为例. 南京: 南京师范大学硕士学位论文.

王超, 刘智, 张红. 2000. 张北-尚义地震同震形变场雷达差分干涉测量. 科学通报, 45(23): 2550-2554.

王文杰, 潘英姿, 徐卫华, 等. 2008. 四川汶川地震对生态系统破坏及其生态影响分析. 环境科学研究, 21(5): 110-116.

魏成阶. 2009. 中国地震灾害遥感应用的历史、现状及发展趋势. 遥感学报, 13(s1): 332-344.

魏成阶, 刘亚岚, 王世新, 等. 2008. 四川汶川大地震震害遥感调查与评估. 遥感学报, 12(5): 673-682.

席红艳, 张渊智, 丘仲锋, 等. 2009. 基于半分析算法的香港邻近海域叶绿素 a 浓度反演. 湖泊科学, 21(2): 199-206.

杨宏伟, 宛悦, 增井利彦. 2007. 中国环境政策及其健康效应对国民经济的影响: 综合环境评价对环境决策的意义. 环境保护, 6: 52-57.

杨林生, 李海蓉, 李永华, 等. 2010. 医学地理和环境健康研究的主要领域与进展. 地理科学进展, 29(1): 31-44.

杨一鹏, 王桥, 肖青, 等. 2006. 基于 TM 数据的太湖叶绿素 a 浓度定量遥感反演方法研究. 地理与地理信息科学, 22(2): 4-8.

Aamlid D, Torseth K, Venn K, et al. 2000. Changes of forest health in Norwegian boreal forests during 15 years. Forest Ecology and Management, 1(27): 103-118.

Akanda A S, Hossain F. 2012. The climate-water-health nexus in emerging megacities. EOS Transactions, 93(37): 353-354.

Alan A L. 1994. Criteria fox success in managing forested landscapes. Journal of Forestry, 4(7): 20-24.

Allen E. 2001. Forest health assessment in Canada. Ecosystem Health, 7: 28-34.

Bach H, Mauser W. 2003. Methods and Examples for Remote Sensing Data as similation in Land Surface Process Modeling. IEEE Transactions on Geoscience and Remote Sensing, 4l(7): 1629-1637.

Balan L, Tipa S, Doval E, et al. 2010. Environmental pollution and human health. Metalurgia International, 15(9): 56-60.

Carboni E, Thomas G, Sayer A, et al. 2012. Intercomparison of desert dust optical depth from satellite measurements. Atmospheric Measurement Techniques, 5(8): 1973-2002.

Carey RO, Migliaccio K W, Li Y C, et al. 2011. Land use disturbance indicators and water quality variability in the Biscayne Bay Watershed, Florida. Ecological Indicators, 11(5): 1093-1104.

Cheng C M, Wei Y C, Lv G N, et al. 2013. Remote estimation of chlorophyll-a concentration in turbid water using a spectral index: a case study in Taihu Lake, China. Journal of Applied Remote Sensing, 7:

073465.

Chigira M, Yagi H. 2006. Geological and geomorphological characteristics of landslides triggered by the 2004 Mid Niigta prefecture earthquake in Japan. Engineering Geology, 82(4): 202-221.

Colwell R R. 1996. Global climate and infectious disease: the cholera paradigm. Science, 274(5295): 2025-2031.

Costanza R, Norton B G, Haskell B D. 1992. Ecosystem Health: New Goals for Environment Management. Washington, D. C. : Island Press.

Dubovik O, Holben B, Eck TF, et al. 2002. Variability of absorption and optical properties of key aerosol types observed in worldwide locations. Journal of the Atmospheric Sciences, 59 (3): 590-608.

Estrada-Pena A. 1999. Geostatistics and remote sensing using NOAA AVHRR satellite imagery as predictive tools in tick distribution and habitat suitability estimations for Boophilus microplus (Acari: Ixodidae) in South America. Veterinary Parasitology, 81: 73-82.

Gitelson A A, Gurlin D, Moses W J, et al. 2009. A bio-optical algorithm for the remote estimation of the chlorophyll-a concentration in case 2 waters. Environmental Research Letters, 4(4): 045003.

Gitelson A A, Schalles J F, Hladik C M. 2007. Remote chlorophyll retrieval in turbid, productive estuaries: Chesapeake Bay case study. Remote Sensing of Environment, 109: 464-472.

Guo J P, Niu T, Wang F, et al. 2013. Integration of multi-source measurements to monitor sand-dust storms over North China: a case study. Acta Meteorologica Sinica, 27(4): 566-576.

Hirvonen H. 2001. Canada's national ecological framework: an asset to reporting on the health of Canadian forests. The Forestry Chronicle, 77(1): 111-115.

Lei L P, Liu L Y, Zhang L, et al. 2010. Assessment and analysis of collapsing houses by aerial images in the Wenchuan earthquake. Journal of Remote Sensing, 14(2): 333-344.

Liang SL. 2004. Quantitative Remote Sensing of Land Surfaces. Hoboken, New Jersey: John Wiley & Sons, Inc.

Lin B, Shang H, Chen Z. 2013. The assessment of wetland ecosystem health by means of LDI: a case study in Baiyangdian wetland, China. Journal of Food, Agriculture & Environment, 11(2): 1187-1192.

Lobitz B, Bech L, Huq A, et al. 2000. Climate and infectious disease: use of remote sensing for detection of Vibrio cholerae by indirect measurement. PANS, 97(4): 1438-1443.

Muchoney D M, Haack B N. 1990. Change detection for monitoring forest defoliation. IEEE Transaction on Geoscience and Remote Sensing, 28(4): 685-692.

Ozisik D, Kerle N. 2004. Post-earthquake damage assessment using satellite and airborne data in the case of the 1999 Kocaeli earthquake, Turkey. In Proceedings of the 2004 ISPRS Congress: Geo-imagery Bridging Continents, 686-691

Paul R. 2002. Using forest health monitor to assess aspen forest cover change in the southern Rockies eco-region. Forest Ecology and Management, 155(1-2): 233-236.

Pont D, Hugueny B, Rogers C. 2007. Development of a fish-based index for the assessment of river health in Europe: the European Fish Index. Fisheries Management and Ecology, 14(6): 427-439.

Pye K. 1987. Aolian Dust and Dust Deposits. London: Academic Press Inc Ltd.

Rapport D. 1989. What constitutes ecosystem health? Perspectives in Biology and Medicine, 33: 120-132.

Rapport D J. 1998. Defining ecosystem health//Rapport D J, Costanza R, Epstein P R, et al. Ecosystem Health. Malden: Blackwell Sciences.

Rapport D J. 1999. Gaining respectability: development of quantitative methods in ecosystem health.

Ecosystem Health, 5: 1-2.

Reiss K C, Brown M T. 2007. Evaluation of Florida palustrine wetlands: application of USEPA levels 1, 2, and 3 assessment methods. EcoHealth, 4(2): 206-218.

Royle D D, Lathrop R G. 1997. Monitoring hemlock forest health in New Jersey using Landsat TM data and change detection techniques. Forest Science, 43(3): 327-335.

Strong A. 2013. Measuring environmental quality: ecosystem services or human health effects. Journal of Agricultural and Resource Economics, 38(3): 344-358.

Swap R, Ulanski S, Cobbett M, et al. 1996. Temporal and spatial characteristics of Saharan dust outbreaks. Journal of Geophysical Research: Atmospheres, 101(D2): 4205-4220.

Tian R, Cao C X, Jia H C, et al. 2012. Health assessment of the water-level-fluctuation zone (WLFZ) in the Three Gorges area based on spatial information technology. In Proceedings of IEEE International Geoscience and Remote Sensing Symposium (IGARSS2012), 7236-7239.

Vora R S. 1997. Developing programs to monitor ecosystem health and effectiveness of management practices on lakes states national forests, USA. Biological Conservation, 80(3): 289-302.

WHO. 1990. Potential Health Effects of Climate Change: Report of a WHO Task Group. Geneva: WHO/PEP.

Xu F, Yang Z F, Chen B, et al. 2012. Ecosystem health assessment of Baiyangdian Lake based on thermodynamic indicators. Procedia Environmental Sciences, 13(1): 2402-2413.

Xu M, Cao C X, Zhang H, et al. 2010. Change detection of an earthquake-induced barrier lake based on remote sensing image classification. International Journal of Remote Sensing, 31(13): 3521-3534.

Zhu Z D, Liu S, Wu Z, et al. 1986. Deserts in China. Lanzhou: Institute of Desert Research, Chinese Academy of Sciences.

第 2 章　环境健康遥感诊断
指标体系构建方法

基于环境健康遥感诊断指标体系构建的科学性和可操作性原则，本章从诊断目标确定、诊断概念模型选择、指标因子筛选、指标标准化以及综合诊断等流程出发，系统论述环境健康遥感诊断指标体系的一般构建方法，为后续的示范应用提供理论依据和技术指导。

2.1　诊断目标确定

诊断目标的确定包括明确诊断领域和诊断对象、确定诊断范围、选择合适的诊断单元等，本节将分别对其展开论述。

1. 诊断对象

环境健康涉及的领域广泛、内涵丰富、对象繁多，根据环境健康的内涵、影响因子和评价原则，参考国内外已有成果与我国可持续发展指标体系的基础框架，初步确定将生态环境健康、大气环境健康、水体环境健康、自然灾害与环境健康、传染病与人居环境健康五大类别作为环境健康遥感诊断的对象(曹春香，2013)，这五类定义为指标体系的准则层，其中生态环境健康类别重点考虑森林和湿地两方面，对于每一个诊断对象都选择了具有代表性的典型示范区或者案例区进行具体设计。

2. 诊断范围

诊断范围选取，一方面取决于实际应用的需要；另一方面需要考虑其在生态功能上是否是一个有机的整体。选择生态功能协调统一的地面单元作为诊断范围内的典型示范区，以典型示范区为具体单元，分别诊断森林生态系统健康、湿地生态系统健康、大气环境健康、水体环境健康、自然灾害与环境健康、传染病与人居环境健康，提炼影响环境问题的相关要素，深入分析和准确描述各要素之间的关系，最终识别关键的影响因子。例如，分析森林结构参数对森林健康的表征程度；刻画沼泽湿地健康与湿地典型植被长势的相互关系；检测空气污染期间大气气溶胶参数的变化；分析发生不同程度水华时湖泊水体叶绿素浓度、有机质含量等的区别；明晰地震后倒塌房屋的分布；计算植被绿度变化；建立某区域传染病发病与气温、降水、寄主动植物分布环境要素之间的动态关联等。

3. 诊断单元

环境健康遥感诊断单元的划分主要分两类：一是基于面状的矢量评价单元；二是基于点状的栅格评价单元。面状矢量评价单元是包括行政单元、小流域和景观单元等矢量面元作为诊断的信息载体和评价单元。行政评价单元在以国家、省域为尺度进行区域环境健康评价时采用较多，主要优点是统计数据容易获取，社会、经济指标均以行政单元进行统计，所得的结论便于各行政单元环境保护与权责范围的确定与比较，缺点是对于行政区单元中生态系统本身的结构与功能分异无法进行深入分析。流域单元是以小流域为单元进行区域环境健康评价，主要根据区域生态系统的地貌分异，以及小流域范围水文过程形成的生态空间格局进行划分，由于小流域是一个独立的地貌单元，流域内的生态系统具有从上游至下游的生态完整性。景观单元是由土地单元镶嵌构成，具有一定空间结构的自然、社会复合区域生态系统，由基质、镶嵌于基质上的拼块体，以及线状连接景观内生态系统的廊道组成，采用景观为单元的区域环境健康评价，有利于生态功能区划。点状栅格评价单元是以栅格单元作为评价的信息载体和评价单元，由于栅格单元的优点是具有空间"精确位置"的含义，使得评价结果具有"真正空间性"的意义，但评价结论的区域之间直接比较不太方便且评价结论在环境管理中的应用不太便利。

由于环境健康指标因子中既包括了以栅格影像为主要存储类型的遥感参数，又包括了一些以统计资料为主的社会经济数据等，因此，需要采用两者相结合的方法。对于以统计数据为数据源的指标因子，数据载体以矢量面状单元作为基本评价分析单元；遥感指标因子用栅格点状单元作为数据载体和基本评价分析单元，两者需用综合分析模型予以连接。

诊断单元不同于诊断范围，它是确定了区域或典型示范区环境健康诊断的范围后，进一步选取的具有内部均质性的独立评价单元。如果将环境健康遥感诊断指标体系作为目标层，各诊断对象作为准则层，则基于每个诊断单元，进一步选取表征相应诊断对象的指标因子作为指标参数层。准确描述各指标层之间、各因子之间的相互关系，需要选择与研究相关因子的诊断模型。

2.2 诊断概念模型选择

环境健康遥感诊断概念提出时间较短，以针对生态系统健康为主，其概念模型主要借助压力-状态-响应模型（pressure-state-response，PSR）（Rapport and Friend，1979）、活力-组织-恢复力模型（vigor-organization-resilience，VOR）（Costanza et al.，1992），以及在这两者的基础上发展的一些衍生模型。

1. 压力-状态-响应模型

压力-状态-响应模型是联合国环境规划署和经济合作与发展组织部门发展的一项反映可持续发展机理的概念框架，该框架具有非常清晰的因果关系，科学地刻画了人类活动对环境施加了一定的压力地状态。认为因为压力，环境状态发生了一定的变化，而且人类社会应当对环境的变化做出反应,以恢复环境质量或防止环境退化(鞠美庭等,2009)。压力指标用以表征造成发展不可持续的人类活动和消费模式或经济系统;状态指标用以表征可持续发展过程中的系统状态;反应指标用以表征人类为促进可持续发展进程所采取的对策。建立一套完整的 PSR 模型是个复杂的工程,因为可选取的指标难以确定,指标之间既存在关联和重叠,也有不小的差异。在 PSR 模型中,最具特色的是采用"原因—效应—响应"的逻辑思维过程构造指标体系,也就是"问题驱动",通过描述"发生了什么""为什么发生""我们应该如何做"3 个问题实现目标,PSR 模型包含较强的逻辑因果关系,同时又有针对问题提出,因此非常适合用来解决具体的实际问题(仝川,2000)。

基于 PSR 模型的指标体系,通过"压力-状态-响应"反映生态环境健康变化的因果关系的框架,将指标纳入环境管理、规划、决策以及政策制定过程中时,压力指标是环境规划对生态资源施加的压力,反映正向和负向压力下的生态环境健康产生变化;状态指标是指生态环境健康状况及生态对环境规划的反馈,反映其状态变化带来的社会经济影响;响应指标是指对环境压力、环境健康状态及其变化作出反应。

2. 活力-组织-恢复力模型

活力-组织-恢复力模型是 Costanza 于 1992 年首次提出,其表达式为 $H = V \times O \times R$(其中,H 为生态系统健康指数;V 为系统活力;O 为系统组织和结构指数;R 为恢复力指数)。该模型要求使用权重因素去比较和综合系统中不同组分,VOR 模型反映了系统的综合特征,尤其是综合测度系统恢复力、平衡、组织(多样性)和活力。①活力可根据新陈代谢或初级生产力等指标测量。生态系统的功能表现为系统内外的物质、能量、信息及人流的输入、转换和输出。②组织结构可根据系统组分间相互作用的多样性及数量来评价生态系统结构的复杂性。生态系统可分为自然、经济、社会三个亚系统。自然环境亚系统包括大气、水体、土壤、岩石等非生物系统的环境系统和生态资源及阳光、水等资源系统;生物系统是野生动植物、微生物和人工培育的生物群体;经济亚系统是指生态系统能够利用生态区内外系统提供的物质和能量等资源,生产出满足国民经济需要的产品的全过程;社会亚系统以人类为中心,该系统以满足人类的就业、居住、医疗、教育及生活环境等需求为目标,为经济系统提供动力和智力,恢复力根据系统在胁迫出现时维持系统结构和功能的能力来评价。③恢复力,指社会经济活动对生态环境造成的压力超过其资源环境承载力时,生态环境内部各组成部分之间的互补作用使得生态环境在一定的时间段内基本恢复到初始状态的能力。

1999 年 8 月,"国际生态系统健康大会——生态系统健康的管理"在美国加州召开,会议采纳 VOR 模型,并将其作为生态系统健康诊断的指标,标志着生态系统健康评价的方法论体系已基本构建,并得到认可,进入了实践阶段。因此,生态系统健康的方法论在继续研究评价指标的同时,开始重视指标的综合化,这是指标适用性的基础。

具体应用时,根据实际情况可以直接选择如上已有的概念模型,也可以以此为基础进行改进得到新的概念模型,或直接建立具有全新理论基础的概念模型,显然后者需要更多的努力和尝试。

2.3　指标因子筛选

选择合适的指标因子是构建科学合理的指标体系的前提和关键。指标因子的筛选需要遵循科学性、独立性等原则，采用切实可行的模型方法，下面将具体予以阐述。

1. 指标因子筛选原则

环境健康遥感诊断指标因子的选择应考虑在当前社会经济及科技发展水平下可能获取的指示因子。传统的生态环境体系中大部分指标均来自于野外调查数据及社会经济统计数据，这些指标的获取费时耗力，且获取周期较长。本书在选择生态环境指示因子时既保障评价指标体系的完备性，又力求避免各因子之间的重复性，同时考虑主要指标可基于遥感或地理信息等空间信息技术手段获取，从各类型生态系统中筛选出能够切实反映生态环境健康状况的指标因子。所筛选的指示因子不仅能对某一生态系统进行评价，而且要适合于不同类型、不同地域生态系统间的比较，确保其具有一定的科学性和可比较性。

具体筛选原则：

(1) 科学性原则：指标体系的构建，包括指标的选择、权重系数的确定、数据的选取，必须以科学理论为依据，即必须首先满足科学性原则。

(2) 独立性原则：虽然系统内各子系统、各要素之间相互联系、相互依赖，但作为对其特点表征的具体指标在内容上应彼此独立，且互不相关。

(3) 空间性原则：评价指标应具有空间属性，即空间型特性，其属性特征能够覆盖研究区域的全部或部分地区，并具有空间分异的特点。

(4) 完备性原则：指标体系作为一个整体，要能够较为全面地反映评价区域系统的发展特征。

(5) 可操作性原则：在环境健康遥感评价中，指标的可操作性原则具有三层含义：一是，所选取的指标越多，意味着环境评价的工作量越大，所消耗的人力、物力、财力资源越多，技术要求也越高。可操作性原则要求在保证完备性原则的条件下，尽可能地选择那些具有代表性、敏感性的综合性指标，删掉代表性不强、敏感性差的指标；二是，所有度量指标易于获取和表述，并且各指标之间具有可比性；三是，尽可能使用遥感(RS)和地理信息系统(GIS)技术能够获取的指标，提高指标体系在实际应用中的可操作性，现代 RS 与 GIS 技术能够为区域，特别是中尺度以上区域的环境健康评价提供大量、综合、宏观、动态和快速更新的信息。

(6) 层次性原则：环境健康评价的指标设置也应满足研究对象具有复杂的层次结构这一特点要求。

(7) 多样性原则：多样性原则要求在环境健康诊断的指标体系中，既有定量指标，又有定性指标；既有绝对量指标，又有相对量指标；既有价值型指标，又有实物型指标。这样才能满足不同性质、不同层次、不同范围、不同要求的规划环境影响的度量。

(8) 同趋势化原则：同趋势化原则要求环境健康评价的各指标保持同向趋势，以便于不同类型、不同量纲的指标可先通过归一化等方法处理后进行比较。

按照上述原则筛选环境健康遥感诊断的指标因子，一般均可满足应用需求。

2. 指标因子筛选方法

根据以上具体筛选原则，指标因子的筛选也需要基于一定的方法。我们借用了包括特尔斐法、层次分析法、模糊综合评价法等常用的指标因子筛选方法。下面简要介绍这3 种方法。

1) 特尔斐法

特尔斐法又称"专家调查法"，是利用客观地综合多数专家经验和主观判断的技巧，将定性与定量分析的因素进行量化的一种决策分析方法。它是由美国兰德公司在 20 世纪 50 年代初创造的一种评价方法。其主要特点在于整个过程是背靠背进行的，即任何专家之间都不发生直接联系，一切活动都由工作人员与专家单独打交道来进行，从而使评价具有很强的独立性和较高的准确性。特尔斐法的本质是利用专家的知识、经验、智慧等无法数量化的带有很大模糊性的信息，通过通信的方式进行信息交换，逐步取得较一致的意见，达到决策的目的。特尔斐法适用的范围包括以下几个方面(陈光建，2006)。

(1) 借助于精确的分析技术处理问题，但是建立在集体基础上的直观判断可以给出某些有用的结果。

(2) 面对一个庞大复杂的问题，专家们以往没有交流思想的历史，因为他们的经验与专业背景十分不同。

(3) 专家人数众多，面对面交流思想的方法效率很低。

(4) 时间与费用的限制，使得经常开会商讨成为办不到的事。

(5) 专家之间分歧隔阂严重，或出于其他政治原因，不宜当面交换思想。

(6) 需要保持参加者的多种身份，提出各种不同意见，避免因权威作用或人数多而压倒其他意见。

2) 层次分析法

层次分析法(analytical hierarchy process，AHP)是由美国著名运筹学家 Saaty 于 20 世纪 70 年代中期提出的，本质上是一种定性与定量相结合的决策分析方法，它是一种将决策者对复杂系统的决策思维过程模型化、数量化的过程。AHP 法是将决策问题按总目标、各层子目标、评价准则直至具体的备择方案的顺序分解为不同的层次结构，然后用求解判断矩阵特征向量的方法，求得每一层次的各元素对上一层次某元素的优先权重，最后再运用加权和的方法递阶归并各备择方案对总目标的最终权重，最终权重最大者即为最优方案。这里所谓"优先权重"是一种相对的量度，它表明各备择方案在某一特点的评价准则或子目标，标下优越程度的相对量度，以及各子目标对上一层目标而言重要程度的相对量度。层次分析法比较适合于具有分层交错评价指标的目标系统，而且目标值又难于定量描述的决策问题(郭凤鸣，1997)。层次分析法的分析步骤如下。

(1) 建立层次结构模型。首先应在深入分析实际问题的基础上，将有关的各个指标因素按照不同属性自上而下地分解成若干个层次，同一层次的诸因素从属于上一层的因素或对上层因素有一定的影响，同时又支配下一层的指标因素或受到下层指标因素的作用。最上层为目标层，通常只有 1 个因素，最下层通常为要素或指标层，中间可以有一个或几个层次，通常为准则或指标层。当准则过多时，应进一步分解出子准则层。

(2)构造成对比较阵。从层次结构模型的第 2 层开始，对于从属于(或影响)上一层每个指标因素的同一层诸因素，用成对比较法和取值为 1~9 的比较尺度构造成对比较阵，直到最后一层。

(3)一致性检验。对于每一个成对比较阵计算最大特征根及对应特征向量，利用一致性指标、随机一致性指标和一致性比率做一致性检验。若检验通过，特征向量(归一化后)即为权向量；若不通过，需重新构造成对比较阵。

(4)计算组合权向量并做组合一致性检验。计算最下层对目标的组合权向量，并根据公式做组合一致性检验，如果检验通过，则可按照组合权向量表示的结果进行决策，否则需要重新考虑模型或重新构造那些一致性比率较大的成对比较阵。

运用层次分析法有很多优点，最重要的一点就是简单明了。层次分析法不但适用于存在不确定性和主观信息的情况，还允许以合乎逻辑的方式运用经验、洞察力和直觉。也许层次分析法最大的优点是提出了层次本身，它认真地考虑和衡量了指标的相对重要性。但是层次分析法也存在一些缺陷，如检验判断矩阵是否一致非常困难、判断矩阵的一致性与人类思维的一致性具有显著差异等，因而在此基础上又进一步发展了模糊层次分析法(fuzzy AHP)等模型方法，进一步考虑了如何对这些不足进行弥补。

3) 模糊综合评价法

模糊综合评判方法，是一种运用模糊数学原理，分析和评价具有"模糊性"的事物的系统分析方法。它是一种以模糊推理为主的定性与定量相结合、精确与非精确相统一的分析评价方法。多层次模糊综合评判模型的建立，可按以下步骤进行(王建华，2009)。

对评判因素集合 U，按某一属性 c，将其划分成 m 个子集，使其满足

$$\sum_{i=1}^{m} U_i = U \tag{2-1}$$
$$U_i \bigcap U_j = \phi(i = j)$$

得到第二级评价因素集合，见式(2-2)。

$$U / c = \{U_1, U_2, \cdots, U_3\} \tag{2-2}$$

对于每一个子集 U_i 中的 m 个评判因素，按单层次模糊综合评判模型进行评判。如果 U_i 中诸因素的权数分配为 A_i，其评判决策矩阵为 $\boldsymbol{R}_i$，得到第 i 个子集 U_i 的综合评判结果为 $\boldsymbol{B}_i$。

$$\boldsymbol{B}_i = \boldsymbol{A}_i \boldsymbol{R}_i = [b_{i1}, b_{i2}, \cdots, b_{in}] \tag{2-3}$$

对 U/c 中的 m 个评判因素子集 $U_i(i = 1, 2, \cdots, m)$ 进行综合评判，其评判决策矩阵为 $\boldsymbol{R}$，计算公式见式(2-4)。

$$\boldsymbol{R} = \begin{bmatrix} B_1 \\ B_2 \\ \vdots \\ B_n \end{bmatrix} = \begin{pmatrix} b_{11} & \cdots & b_{1n} \\ \vdots & & \vdots \\ b_{m1} & \cdots & b_{mn} \end{pmatrix} \qquad (2\text{-}4)$$

如果 U/c 中的各因素子集的权数分配为 A，则综合评判结果为 $\boldsymbol{B}$。

$$\boldsymbol{B} = AR \qquad (2\text{-}5)$$

若 U/c 中仍有多个因素，则可以对它进行再划分，得到三级以至于更多层次的模糊综合评判模型。

2.4　指标标准化

针对指标的自身性质和数据来源的差异，不同指标的取值范围存在较大的区别，为了将各指标输入同一模型中，且使得各指标之间具有可对比性，对指标进行标准化是必要工作，在此过程中，诊断标准的确定和标准化方法的选择尤为关键。

1. 诊断标准确定

指标的标准化是构建环境健康遥感诊断模型的关键步骤之一。对影响环境健康因素的衡量和计算，一般采用分级赋影响作用分值的办法进行标准化，具体遵循以下规则（郑新奇和王爱萍，2000）。

(1) 因素分值确定。因素分值的确定要建立在因素与生态环境健康相关研究的基础上。通过研究因素与生态环境的关系，建立起各因素与生态环境质量的相关模型，计算相关程度及其变动规律，以此确定各因素分值的计算方法。

(2) 作用分值相关性确定。作用分值与生态环境的优劣呈正相关。对因素各指标作用分值计算或赋值的方式一般有因素指标优劣与作用分值成正比，因素指标优劣与作用分值成反比两种形式。为了与人们日常的习惯相符，因素作用分与通常打分制相似的正相关设置。

(3) 分值体系确定。分值体系采用 0～10 分的封闭区间，以满足因素相互比较的需要。根据区域生态环境健康评价指标体系的特点，各因素之间无法直接相比和综合，不能满足综合评定生态环境健康状况的需要，为此，应建立因素分值的可比关系。为达到上述要求，评价工作要规范化和便于数据处理，在进行生态环境质量评价时采用 0～10 分的封闭区间体系，因素、指标的优劣均在 0～10 分内计算其相对作用分值。最优的条件取值为 100 分，相对最劣的条件取值为 0 分，其余作用分值据此内插推算。

(4) 作用分值对应因素指标的作用区间确定。作用分值只与因素指标的显著作用区间相对应。生态环境的优劣受环境因素的影响，即使是同一因素，也并不是所有指标值的变化都对生态环境质量优劣起显著作用。例如，植被覆盖度为 0～50%时，对生态环境健康有一定影响，而在大于 50%之后，其作用几乎和 50%时相当，植被覆盖度 0～50%的这个指标值区间称为显著作用区间。由于作用分值体现评价因素影响生态环境质量的相对优劣，因此只有在显著作用区间内考虑指标的相对作用分值才能衡量生态环境的相对优劣。作用分值计算时，只在显著作用区间对指标值进行 0～10 分的相对评分，高于或低于显著作用区间的指标值等同于显著作用区间的最高值或最低值。例如，植被覆盖度等于 50%为 10 分，等于 70 %时也是 10 分。

　　(5)因素作用分值模型确定。因素作用分值处理尽可能模型化。为了避免人为主观性，作用分值计算要按一定原则，用数学公式或经验公式反映因素作用分值的空间变化规律。

2. 标准化方法选择

　　针对指标体系中各项评价指标的类型较为复杂，评价指标的单位也有很大差异，直接进行加权处理不合适，也无实际意义，且指标的优劣往往是一个笼统或模糊的概念，实施过程中很难对它们的实际数值进行直接比较。为了简便、明确和易于计算，必须对各项指标进行标准化，即去掉量纲。在对各指标进行量纲统一时，对参评因子进行标准化，取值设定为 0～10。积极健康指标因子和消极健康指标因子得分通过以下公式计算。

$$\text{Active}_{ij} = 10 \times (X_{ij} - X_{j\min}) / (X_{j\max} - X_{j\min}) \tag{2-6}$$

$$\text{Negative}_{ij} = 10 \times (X_{j\max} - X_{ij}) / (X_{j\max} - X_{j\min}) \tag{2-7}$$

式中，Active_{ij} 为积极健康因子的得分，即正得分；Negative_{ij} 为消极健康因子的得分，即负得分；X_{ij} 为评价因素的指标值；$X_{j\max}$、$X_{j\min}$ 分别为指标因子的最大值和最小值。

2.5　综合诊断

　　面向诊断对象，选取科学合理的指标并对指标得分进行标准化后，需要根据各指标重要性程度的差异进一步计算各指标的权重，进而构建综合的诊断评价模型，模型输出结果的精度需要地面实测等真值数据的检验。

1. 权重计算

　　权重计算与赋值化结果密切相关，由于不同的因素对生态环境健康的影响程度不同，因此需要对参评因素进行权重系数测定。测定权重系数的方法有如特尔菲法、层次分析法、因素成对比较法等。根据评价目标可以选择较为适宜的方法，也可以综合采用其中几种方法同时进行测定，最后取其平均值作为最后的因素权重值(郑新奇和王爱萍，2000)。

　　环境健康遥感诊断模型采用层次分析法对诊断模型参数权重赋值。首先以每一层的要素为准则构建权重矩阵，确定要素层中各环境健康指标对目标层环境健康诊断需求的重要性排序，见表 2-1。

　　若因素 i 与因素 j 的重要性之比为 a_{ij}，那么因素 j 与因素 i 重要性之比为 $a_{ji} = \dfrac{1}{a_{ij}}$。依据重要性排序结果，计算要素层中各环境健康准则的权重。

　　针对遥感可获取的各参数指标，环境健康重要性权重的计算是通过调研及组织专家打分的方式确定各参数指标的重要性排序后计算而得。

表 2-1　层次分析法的权重赋值

因素比较	量化值
同等重要	1
稍微重要	3
较强重要	5
强烈重要	7
极端重要	9
两相邻判断的中间值	2，4，6，8

　　通过构建权重矩阵得到环境健康遥感诊断指标体系中一层元素对其上一层中某元素的权重向量，最终得到各元素，特别是如遥感参数或统计数据的最低层中各方案针对目标层的排序权重，从而进行方案选择。总排序权重自上而下地分别将环境健康遥感诊断指标体系准则层下的遥感参数的权重进行合成。

　　在环境健康遥感诊断模型中选取 5 个准则层 A，并分别记作 $A_1,\cdots,A_m$，$m=5$，它们的层次总排序权重分别为 $a_1,\cdots,a_m$；要素层（B 层）包含 n 个环境健康因素 $B_1,\cdots,B_n$，它们关于 A_j 的层次单排序权重分别为 $b_{1j},\cdots,b_{nj}$（当 B_i 与 A_j 无关联时，$b_{ij}=0$）。确定要素层（B 层）中各因素关于准则层的权重，即求要素层（B 层）各环境健康要素的层次总排序权重 $b_1,\cdots,b_n$，按公式（2-8）进行计算。

$$b_i = \sum_{j=1}^{m} b_{ij} a_j, \quad i=1,\cdots,n \tag{2-8}$$

2. 综合评价模型构建

　　在确定了模型参数的权重之后，利用模糊综合评价法就构建了环境健康遥感诊断模型，见式（2-9）。

$$H = W \times R \tag{2-9}$$

式中，H 为诊断结果；$W=(\omega_1,\omega_2,\omega_3,\omega_4,\omega_5)$，$W$ 为 5 个环境健康遥感诊断要素（生态环境健康状况、大气健康状况、水体健康状况、灾害影响程度、人类健康状况）对总体健康程度的权矩阵；R 为各环境健康诊断要素对各级健康标准的隶属度矩阵。

$$R = \begin{pmatrix} R_{11} & R_{12} & R_{13} & R_{14} & R_{15} \\ R_{21} & R_{22} & R_{23} & R_{24} & R_{25} \\ R_{31} & R_{32} & R_{33} & R_{34} & R_{35} \\ R_{41} & R_{42} & R_{43} & R_{44} & R_{45} \\ R_{51} & R_{52} & R_{53} & R_{54} & R_{55} \end{pmatrix} \tag{2-10}$$

　　R_{ij} 为第 i 个要素对第 j 级标准的隶属度，计算公式见式（2-11）。

$$R_{ij} = (\omega_{i1}, \omega_{i2}, \cdots, \omega_{ik}) \begin{pmatrix} r_{1j} \\ r_{2j} \\ \vdots \\ r_{kj} \end{pmatrix} \tag{2-11}$$

式中，k 为每一个评级指标包含的指标个数；ω_{ik} 为第 i 要素中第 k 个指标对该要素的权重；r_{kj} 为第 k 个指标对第 j 级标准的相对隶属度。

3. 诊断模型验证

环境健康遥感诊断模型的验证分别选取了典型的生态功能保护区和受人类活动影响较大的区域进行对比分析验证。遥感指标参数的检验选择面积大、分布均匀的草场、沙漠、土壤、水体、森林等作为真值检验目标的真值检验场。检验的参数涉及生物圈的植被指数、植被覆盖、叶面积指数、生物量等，大气圈的气溶胶光学厚度、悬浮物浓度、温室气体含量等，水圈的水体类型和水质参数等。基于遥感协同反演、数据同化和多源数据融合等技术获取多种遥感指标参数后，结合地面真值检验场和遥感综合试验场的地面实测数据和实地历史存档数据等评价和检验，得到不同产品及其算法在理论上的精度。不同时期的生态参数遥感协同反演结果和环境综合评价结果可以相互验证。

首先，对基于已有的参数反演模型或本书构建的反演模型所获得的遥感指标参数，通过与地面样地实测结果相比较的方法进行验证。这些指标层参数可以通过实测数据验证，也可以通过关系相近的指标因子相互验证。这些指标层参数的精度直接决定了综合评价模型的输入精度。

其次，根据环境健康遥感诊断指标体系层次特征，对基于层次分析法构造的环境健康遥感诊断模型权重矩阵、层次总排序进行评价检验，从而实现对指标层的指标因子、准则层的指标因子与目标层的相关关系及贡献率的验证。

最后，对环境健康遥感诊断模型整体精度进行验证。基于专家先验知识，参考实地调查及问卷抽样，直接定性或定量验证诊断模型的环境健康评价结果。

2.6　小　　结

本章框架性地阐述了环境健康遥感诊断指标体系的一般构建方法。首先从诊断对象、诊断范围及诊断的基本单元出发确定了诊断目标，进而介绍了压力-状态-响应模型(PSR)和活力-组织-恢复力模型(VOR)两种较为常用的诊断概念模型。然后，基于传统的生态环境健康评价指标体系构建方法，结合遥感等空间信息技术在环境参数获取上的优势，论述了环境健康指标体系指标因子筛选的八大原则和三种最为常用的筛选方法，在对选取的指标进行标准化的基础上，通过计算各指标分值、确定参数权重等一系列运算与分析过程，建立了环境健康遥感诊断综合模型，最后分析了对模型的验证方法。

参 考 文 献

曹春香. 2013. 环境健康遥感诊断. 北京: 科学出版社.

陈光建. 2006. 土地利用总体规划环境影响评价指标体系研究. 北京: 中国科学院博士学位论文.

郭凤鸣. 1997. 层次分析法模型选择的思考. 系统工程理论与实践, 9: 54-59.

鞠美庭, 王艳霞, 孟伟庆, 等. 2009. 湿地生态系统的保护与评估. 北京: 化学工业出版社.

仝川. 2000. 环境指标研究进展与分析. 环境科学研究, 13(4): 53-55.

杨志, 赵冬至, 林元烧. 2011. 基于 PSR 模型的河口生态安全评价指标体系研究. 海洋环境科学, 30(1): 139-142.

袁春霞. 2007. 基于 RS 和 GIS 的金川河流域生态系统健康评价. 兰州: 兰州大学硕士学位论文.

郑新奇, 王爱萍. 2000. 基于 RS 与 GIS 的区域生态环境质量综合评价研究——以山东省为例. 环境科学学报, 20(4): 489-493.

Costanza R, Norton B G, Haskell B D. 1992. Ecosystem Health: New Goals for Environment Management. Washington, D.C.: Island Press.

Rapport D J, Friend A M. 1979. Towards a Comprehensive Framework for Environmental Statistics: A Stress-Response Approach. Ottawa: Statistics Canada.

第3章 典型领域环境健康遥感诊断指标体系

根据环境健康的内涵和影响因子及评价原则，参考国内外相关文献，本章以国家统计局提出的可持续发展指标体系为基础框架，按照层次分析法，把环境影响评价指标体系分为1个目标层、5个准则层、13个要素层及若干个指标参数层构成的4个层次。目标层定义为环境健康遥感诊断指标体系；准则层为包括生态环境健康状况、大气健康状况、水体健康状况、灾害影响程度、人类健康状况的五大准则。13个要素层分别隶属于五大准则层，其中生态环境健康状况包括森林生态环境健康指数、草地生态环境健康指数、湿地生态环境健康指数、农业生态环境健康指数及城市生态环境健康指数，大气健康状况包括空气质量指数、大气特征指数，水体健康状况包括水网密度指数和水体质量指数，灾害影响程度包括自然灾害指数和人为灾害指数，人类健康状况包括人群身体健康指数和文化素质综合指数。每一个要素分解后的指标层将由若干个遥感参数或统计数据构成。环境健康遥感诊断指标体系整体框架如图3-1所示。

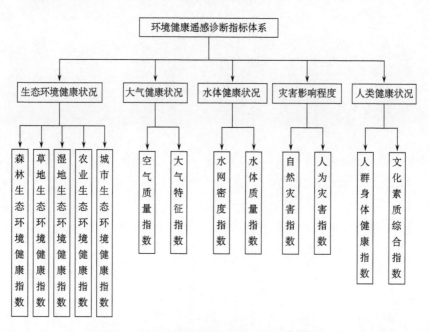

图 3-1 环境健康遥感诊断指标体系整体框架图

3.1 森林健康遥感诊断指标体系

森林健康遥感诊断指标体系是环境健康遥感诊断指标体系的关键部分，基于如图 3-2

所示的技术路线构建。针对森林生态系统：①建立诊断范围内的森林健康遥感诊断数据库，并对多源遥感数据、样地数据等进行预处理；②确定诊断的单元和尺度，根据指标体系构建原则构建森林健康遥感诊断指标体系，并利用遥感技术高精度反演指标体系中的主要参数，接着计算参数分值；③根据遥感诊断模型得到森林健康遥感诊断评价的最终结果，基于地面调查数据开展诊断结果的精度验证和不确定性分析。流程分以下五步完成。

1. 构建森林健康遥感诊断数据库

按照目标层的设计要求，收集诊断范围内的森林调查数据、覆盖诊断范围的多源遥感数据以及当地的统计年鉴等社会数据，获取诊断范围的遥感影像资料及部分遥感产品，基于多源遥感数据反演诊断欠缺的遥感产品，通过地理信息系统空间分析技术提取矢量数据。在科学组织数据的基础上，利用调查数据、社会数据、遥感产品和矢量数据建立森林遥感诊断所需的时空数据库。

2. 遥感诊断尺度确定和指标筛选

依据诊断范围内地形地貌、气候水文、森林类型和森林空间分布的特征，结合森林健康监测和管理需求，确定斑块尺度和区域尺度两个诊断尺度。建立森林健康遥感诊断的概念模型，将诊断指标体系分为目标层、准则层、要素层、指标参数层 4 层。其中指标参数层中主要选择了遥感可反演得到的植被结构参数（树高、胸径和冠幅）、植被覆盖度、叶面积指数、生物量。

3. 森林健康遥感诊断关键指标参数反演

基于不同空间分辨率的 MODIS 数据、Landsat TM 影像、HJ CCD 影像、SPOT 和 QuickBird 数据等，采用植被指数法、统计模型法、半经验模型法和光学机理模型法等模型算法反演冠层结构参数、植被覆盖度、叶面积指数等与森林环境健康相关的指标参数。对于获取的参数，依据建立的尺度转换公式，分别转换到斑块尺度和区域尺度，构建统一尺度的指标参数集。

4. 参数分值计算和遥感诊断指标体系构建

针对遥感反演参数和从其他统计调查资料中选取的参数，进行标准化，并计算参数分值，根据它们各自对相互森林环境健康的重要性赋予权重参数，基于健康距离法、综合指数评估法、层次分析法等构建森林健康遥感诊断指标体系。

5. 森林健康遥感诊断结果验证和不确定性分析

根据构建的森林健康遥感诊断指标体系评价相应诊断范围的森林健康状况诊断结果后，以地面森林资源调查数据和其他统计数据为真值数据，分别对基于多分辨率遥感影像反演获得的植被覆盖度、叶面积指数等指标参数，以及森林健康诊断评价结果进行直接和间接的定性分析与定量验证，同时开展不确定分析。

针对图 3-2 中列出的 4 类主要的森林健康遥感诊断指标参数，下面简要阐述其遥感反演的一般算法和思路。

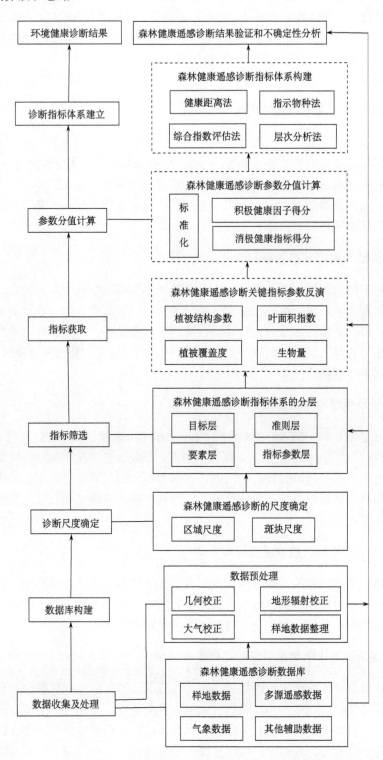

图 3-2　森林健康遥感诊断指标体系构建技术路线图

3.1.1　植被结构参数

森林健康遥感诊断指标体系中的指标参数层选择能代表植被冠层三维结构典型特征的植被结构参数，主要包括树高、冠幅、胸径、郁闭度、冠层水平分布、冠层垂直分布等。森林监测和森林结构参数提取的遥感技术，根据传感器的工作模式可分为被动式遥感和主动式遥感技术。被动式遥感方法主要是指可见光红外遥感手段，主动式遥感方法则主要包括合成孔径雷达和激光雷达两种手段。国内外研究人员对植被结构参数遥感反演已经开展了很多研究工作。本小节主要引入曹春香研究员协助李小文院士指导的博士研究生鲍云飞在所期间研发的基于机载和地基激光雷达、光学遥感的植被结构参数反演方法讨论(鲍云飞，2009)。

1. 基于激光雷达提取森林结构参数

激光雷达根据采样高度的不同分为机载激光雷达、地基激光雷达和星载激光雷达。星载 LiDAR 只有美国国家航空航天局(NASA)的 ICESAT-GLAS，但是它主要研究高纬度地区的冰雪和植被，所以目前广泛使用的激光雷达仍然是机载和地基激光雷达，许多研究已经成功地利用它们提取了林木高度和林分垂直结构等信息，体现了其他遥感技术没有的优势。

1)机载激光雷达

机载激光雷达根据仪器自身的特点可采集激光雷达点云数据和激光雷达波形数据两种不同形式的数据。激光雷达点云数据主要是记录了 1～5 个离散回波信号，而激光雷达波形数据记录了全部的回波信号。由于两种激光雷达采样方式的不同，因此用它们提取森林参数的方法也不一样。激光雷达点云数据主要有两种获取方法：第一种方法是直接测量和点云推算：利用倾斜度算法从点云数据中分离出植被点和地面点。首先计算诊断区内所有 LiDAR 点云强度值的倾斜度和峰度，然后去除强度最大的点，再计算剩余 LiDAR 点云强度的倾斜度和峰度，直到最后一个 LiDAR 数据点；其次根据所有计算得出的倾斜度和峰度值画出倾斜度和峰度的变化曲线图；最后从曲线上找出倾斜度和峰度变化的拐点，即为分离诊断区植被点和地面点的拐点。第二种方法是通过相关生长方程或统计回归关系，即利用激光雷达点云数据可以提取样地的最大激光高度、平均激光高度和基于强度阈值的一个平均激光高度，并建立样地中最大树高、平均树高、平均胸径、郁闭度等森林参数与上面三个变量之间的回归关系，揭示它们之间的相关性。另外，胸高断面积和树密度与激光雷达点云高度、点云密度之间具有较好的统计关系。这些统计回归关系多数基于森林树木的相关生长方程建立，因此在一定程度上具有生物物理意义，并能刻画森林结构参数。

从大光斑激光雷达的波形数据中获得植被结构参数的方法有三种：

(1)波形数据分析，能从波形数据中直接测量的结构参数包括冠层高度和冠层截面垂直分布。因为激光雷达的波形对森林连续性垂直结构的变化很敏感，所以利用 SLICER

波形数据可以很好地描述树冠体积的垂直分布。通过分解波形数据可以分割树并完成对树干的检测，对针叶林的检测率达 0.61，对落叶林的检测率达 0.44。

（2）基于统计回归或相关生长方程，这种方法要建立反演参数与波形数据直接测量变量的回归关系，因此选择好的变量有利于参数的反演。例如，通过建立地上生物量与冠层高度、冠层波形中值能量高度和前两者的比值，以及地表返回率（地表返回能量与总能量比值）4 个变量之间的回归关系，得到反演值与实测结果的回归 R^2 可以达到 0.7 以上。

（3）通过建立模拟波形进行反演，大光斑波形的模拟模型建立是整个反演过程的重要环节，一个好的模拟模型有助于森林参数的反演。目前，模拟模型多是以辐射传输模型为理论基础，但在考虑多次散射方面存在差异。利用几何光学辐射传输模型建立大光斑 LiDAR 全波形模拟模型时，需要考虑自然植被的聚集作用。

2）地基激光雷达

地基激光雷达作为一种新型的传感器已被用于地面森林调查，与传统的林业调查手段相比，地基激光雷达不仅在测量植被结构参数方面节省了人力，还提高了工作效率。国内外已经做了很多相关研究，特别是在单木结构参数（如树高和胸径）提取算法的研究方面。现有的算法中以模式识别方法中的 Hough 变换检测算法较为常用，另外还有点聚类算法和统计聚类法以及月牙法。这些提取算法还不成熟，能否提出一种适用于不同复杂程度森林的算法是一个亟待解决的问题，也是地基激光雷达能否在森林调查中普及的关键因素。

利用地基 LiDAR 提取树干，具体步骤是首先运用地基激光雷达垂直扫描点云数据中每个点云的方位角信息，在地基 LiDAR 扫描范围的外围边缘寻找缺失角度；然后提取这些缺失角度范围内的激光雷达点云，这些点云包含了树干点云；最后在每个缺失角范围内，从激光扫描仪位置到激光扫描数据边缘的水平距离内寻找点云密度最大的距离，在这个距离处提取点云，即为树干点云。

地基激光雷达除了提取一些单木参数以外，还可以用来描述整个冠层的空间分布状况，如冠层方向间隙率、冠层剖面和叶面积指数等。地基激光雷达获取叶面积指数与其他地面测量方法有多处相似，也有很大优势，如不受天气等外界因素影响、测量范围容易控制等，因此它的测量结果也可以作为一种地面验证数据。

2. 基于光学遥感反演森林结构参数

在用被动光学遥感研究森林结构参数的领域中，航空像片、多光谱遥感一直是森林结构参数反演的主要数据源，提取或反演植被结构参数的方法会随数据源的不同而改变。利用航空像片提取结构参数的方法主要是基于图像纹理信息的方法，已有的研究包括利用图像纹理的方向半变异函数和方向变异函数从高空间分辨率影像上评估植被结构参数，用局部最大值滤波法从高空间分辨率影像上提取树的位置和胸高断面积，采用面向对象的图像分析方法及基于样本的模糊分类方法提取快鸟（QuickBird）影像中的树冠大小等。

针对高空间分辨率影像的算法在低分辨率影像上很难得到广泛使用，因此基于低分辨率多光谱光学影像反演植被结构参数的方法主要需同时考虑它的光谱信息和几何信息，其中模型方法被广泛用于多光谱遥感影像的参数反演,主要有线性光谱分解模型和几何光学模型。例如,利用 Li-Strahler 几何光学模型可以从光学影像中提取森林中灌木树的大小和密度。

基于多种光学遥感数据提取或反演植被结构参数可知,从高空间分辨率影像上提取这些参数的方法多是基于图像处理的方法,其精度比较高,但提取的参数不多,而且覆盖范围小,不利于大范围甚至全球植被调查;而多光谱影像反演植被结构参数主要基于模型,虽然在某些参数的提取精度上不如高空间分辨率影像,但基于模型提取的参数更多,而且这些遥感影像在时空分布上比高空间分辨率影像有优势。

基于激光雷达等主动遥感方式和光学卫星等被动遥感方式提取森林结构参数各具特点、各有优势,目前也有很多方法协同主被动遥感方式反演结构参数以提高精度。在环境健康遥感诊断实际工作中,应根据不同数据源的特点及实际需求,选取合适的方法反演结构参数。基于主被动遥感方式获得的植被结构参数为生态系统的遥感诊断提供了基础数据支持。

3.1.2　植被覆盖度

植被覆盖度作为植物群落覆盖地表状况的一个综合量化指标,是指包括叶、茎、枝的植被在地面的垂直投影面积占地面总面积的百分比。

植被覆盖度是一个重要的生态参数,重要的全球及区域气候数值模型中都需要植被覆盖度的信息,它也是描述生态系统的重要基础数据。作为水文生态模型研究的关键变量,植被覆盖度的时间动态与空间分布常被用来计算水的流动,它是水土流失的控制因子之一,是考察地表植被蒸腾和土壤水分蒸发,评估土地退化、盐渍化和沙漠化的有效指标。此外,植被覆盖度还在全球和区域资源调查、环境监测中发挥着重要作用。

鉴于植被覆盖度的重要意义和广泛使用,提高植被覆盖度调查和监测技术,及时、准确地获取植被覆盖度信息成为各学科的迫切需要。传统的植被覆盖度调查方法对于长时间序列、大范围的监测是不现实的,而遥感手段可以大范围、高精度、高效率、低成本地获取数据,为大范围的植被覆盖度监测提供了可能。

基于不同的遥感数据源,植被覆盖度的提取方法较多。但是对于这些方法如何分类概括尚没有完全统一的标准,一般认为,利用遥感资料估算植被覆盖度的方法大致可以归纳为经验模型法和植被指数法。本小节将基于遥感方法反演植被覆盖度的思路概括为以下三方面:第一种思路是延续传统的统计学的思想,建立反演植被覆盖度的经验统计模型;第二种是基于数据挖掘的思路,集成遥感图像分类和人工神经网络的方法;第三种是通过理论分析对混合像元进行分解,在亚像元的尺度上建立具有物理意义的模型,反演植被覆盖度。下面分别从以上三个方面对目前国内外的研究现状进行分析(陈伟,2011)。

1. 统计模型法

统计模型法,又叫经验回归模型法,是指通过对遥感数据的某一波段光谱反射率、光谱变换得到的各种植被指数与地面的植被覆盖度进行回归,建立统计回归模型,并基于该模型在更大范围区域上反演植被覆盖度。

以往的研究表明，植被覆盖度与植被指数具有很强的相关性，相关的形式可能是线性或非线性的，因而建立的模型包括线性模型、非线性模型(高次多项式模型、对数模型、指数模型等)。由于经验统计的方法最为简单，且较为实用，因此这方面的研究广泛而深入。

经验统计模型一般都具有局限性，只适用于特定的区域与特定的植被类型，一般不具有普遍意义，不宜推广；但对于局部的植被覆盖度测量具有较高精度，因此一直被广泛使用。

2. 神经网络法

植被覆盖度与遥感光谱值、植被指数、环境因子等因素相关，存在着复杂的线性和非线性关系。因此，一些半经验模型，如人工神经网络在处理这类复杂问题、模拟非线性系统行为方面有着独特的优势。基于这些优势，其被广泛用于自然资源管理和生态环境监测。

神经网络模型的方法可用于各种类型地区的植被覆盖度提取，且能容忍数据的噪声，但是需要大量的样本数据，且无法从机理上进行解释。

3. 像元分解模型法

在遥感参数反演过程中，由于混合像元是多种不同覆盖地物的组合，因此混合像元影响到像元内任一种地物的覆盖反演，如森林地区的森林植被覆盖，传统提取植被覆盖度的遥感方法是采用植被指数法，由于受到混合像元的影响，其不能提供准确的植被覆盖度信息。

实际上，遥感影像中混合像元普遍存在，尤其是存在于地物分布比较复杂的区域。像元分解模型法认为，图像中的一个像元实际上可能由多个组分构成，每个组分对遥感传感器所观测到的信息都有贡献，因此可建立混合像元分解模型估算植被覆盖度。随着混合像元分解理论的发展，一些混合像元分解模型被开发出来，其中如线性光谱分解模型、几何光学模型等已被用来反演植被覆盖度。

在多种像元分解模型中，最常用的就是线性分解模型。在线性像元分解模型法中有一个最简单的模型，即像元二分模型。像元二分模型假设像元只由纯植被覆盖与纯裸露地表两部分构成。所得的光谱信息也只由这两个组分因子线性组合，它们各自的面积在像元中所占的比例，即为各因子的权重，其中纯植被覆盖的面积比，即为该像元的植被覆盖度。由于该模型较为简单方便，因此已被广泛用来反演植被覆盖度。

在混合像元分解模型中，几何光学模型也经常被使用，其中，Li-Strahler 几何光学模型是最著名的模型之一，它可以被发展用于遥感影像上像元尺度的树冠大小和树密度的反演，已经被广泛用于植被结构参数的反演。Li-Strahler 几何光学模型也经常被用于干旱半干旱的荒漠化草原、沙地等植被的理论研究和实地验证。尽管已有一些成功的应用案例，但是目前基于几何光学模型在景观尺度上反演灌木冠层属性的研究仍很少见。这或许是因为对于森林地区来说，植被覆盖度高，冠层反射特性明显且地表植被单元具有较高的同质性，因此模型应用的不确定因素较少。而在植被稀疏的干旱半干旱地区，植被对于反射率的贡献相对较少，背景贡献是主要的，因此不确定因素较高，应用的效果一般不太理想。

综上所述，基于遥感数据反演植被覆盖度并监测其动态变化的研究非常广泛，植被覆盖度是植物群落覆盖地表状况的一个综合量化指标，植被覆盖度及其变化是区域生态系统环境变化的重要指示，也是影响土壤侵蚀与水土流失的主要因子，同时还是评估土地退化、盐渍化和沙漠化的有效指数，是环境健康遥感诊断的必要参数之一。

3.1.3　叶面积指数

叶面积指数(leaf area index，LAI)是陆面过程中一个十分重要的结构参数，是表征植被冠层结构最基本的参量之一，它控制着植被许多生物、物理过程，如光合、呼吸、蒸腾、碳循环和降水截获等。因此，LAI 已经成为研究陆地生态系统及其过程的关键参数。LAI 既可以定义为单位地面面积上所有叶子表面积的总和(全部表面 LAI)，也可以定义为单位面积上所有叶子向下投影的面积总和(单面 LAI)；也有学者将 LAI 定义为单位地面面积上总叶面积的一半，这种定义的好处在于当叶子的角度分布是球形(随机分布)时，所有凸面形状叶子的相对消光系数可以看作是常数 0.5。

许多研究证明了 LAI 是指示植物群落生产力的良好指标，在没有水分因素制约时，植物群落因蒸腾作用而消耗的水分总量与群落总叶面积成正比关系。随着全球变化研究的深入及全球范围和广大区域的植被碳循环和水文分布式模型的建立，LAI 常常作为重要的输入因子而成为模型中不可缺少的组成部分。作为植被生物物理参数中重要的一员，LAI 也是描述植被冠层的重要参数，是模拟光合、呼吸、蒸腾、碳循环及降水截获等生物物理过程不可或缺的参量，是大量作物生长模型的基础，在某些环境中它还可以用来监测污染。

野外实地测量叶面积指数需要耗费大量的人力、物力，并且只能在局部范围内进行，而遥感数据反演方法可以在大范围区域上快速获得叶面积指数。利用遥感定量统计分析叶面积指数的依据是植被冠层的光谱特征。绿色植物叶片的叶绿素在光照条件下发生光合作用，强烈吸收可见光，尤其是红光，在近红外波段，植被有很高的反射率、透射率和很低的吸收率，因此，红光和近红外波段反射率包含了冠层内叶片的大量信息。植被的这种光谱特征与地表其他因子的光学特性存在很大差别，这是 LAI 遥感定量反演的理论依据。

国内外关于利用遥感数据来反演 LAI 信息的研究已相当深入，通过对国内外大量相关研究的分析可以发现，目前遥感反演叶面积指数研究采用的数据多为多光谱和高光谱遥感数据，虽然雷达传感器 SAR 和高分辨率传感器 IKONOS、QuickBird 数据也有涉及，但是研究应用尚不广泛，其数据应用的可行性和 LAI 估算模型的精度还有待进一步验证。另外，近年来高光谱遥感的出现为计算微分植被指数提供了可能，微分植被指数在一定程度上有利于消除土壤背景的影响，能明显改善 LAI 及叶片化学成分的估计精度，但如何克服二向性反射及噪声的影响又成为问题的焦点。本小节分别从统计模型法和光学模型法两方面来说明叶面积指数常见的遥感反演方法。

1. 统计模型法

统计模型法主要通过建立光谱数据或其变换形式（如植被指数）与叶面积指数的统计关系来反演叶面积指数，即 $LAI=f(x)$。其中，x 为光谱反射率或植被指数。以植被指数作为统计模型的自变量是经典的 LAI 遥感定量方法，在多光谱和高光谱领域均有用植被指数估算叶面积指数的研究和应用。

迄今为止，针对不同地区、不同植被类型已经建立起了大量的回归统计模型。按照引入变量的数量多少，这些模型又可以分为单变量统计模型和多变量统计模型。但就建模方法而言，两者基本一致。建模首先要对获取的遥感影像数据进行几何校正，使得遥感图像获得符合研究者精度要求的地理坐标或平面坐标，以便于将遥感数据同实际测量的地面数据对应起来；其次要根据实际情况对遥感数据进行辐射定标和大气校正处理，将遥感数据转换成为能够反映地物特性的反射率数据；最后利用统计分析方法，在地面测量 LAI 和遥感数据之间建立关系，构建回归统计模型并进行 LAI 反演。

由于统计模型法所依据的物理模型形式简洁，对输入数据要求不高，而且计算也简单易行，因而在很长一段时间内都是 LAI 遥感定量估算的主要方法，且应用广泛，但由于该模型是经验性模型，它的建立是以研究区大量已知数据相关性的统计分析为基础，因此对不同的数据源和植被类型需要重新拟合参数和不断调整模型。另外，因为植被指数的获取容易受到大气状况及土壤背景等因素的影响，可能会影响遥感反演 LAI 的精度。

2. 光学模型法

针对统计模型使用范围的局限性，国内外许多学者加强了具有普遍适应性的 LAI 参数反演模型的研究。目前，该类模型中比较成熟的是基于物理光学基础的光学模型。陆地植被具有非朗伯体的特性，这就造成太阳的短波辐射到达植被冠层，与冠层发生一系列相互作用后，反射回来的电磁波能量大小在不同的方向上的差异，这种现象反映在遥感上就表现为遥感观测结果在很大程度上依赖于太阳辐射的入射角度和传感器的观测角度，植被的这种双向反射特性可以用双向反射率函数（BRDF）定量表示，这也为建立 LAI 遥感定量模型提供了理论依据。

根据植被的 BRDF，许多学者相继建立起一系列关于植被冠层的辐射传输方程，即光学模型。这类光学模型的一般表达形式为

$$S = F(\lambda, \theta_s, \psi_s, \theta_v, \psi_v, C) \tag{3-1}$$

式中，S 为冠层的反射率或透射率；λ 为波长；θ_s 和 ψ_s 分别为太阳天顶角和方位角；θ_v 与 ψ_v 分别为观测天顶角和方位角；C 为单个或一组关于植被冠层的物理特性参数，如 LAI、叶面倾角等。此类模型中 LAI 是作为一个输入参量引入方程的，在进行 LAI 反演估算时，反演途径有查找表法、神经网络法、迭代法等，一般比较复杂的光学模型都不能直接用来反演 LAI，而是把 LAI 作为输入值，采用迭代的方式以优化技术逐步调整模型参数，直到模型输出结果与遥感观测资料达到一致，最后的迭代结果就是反演结果。

光学模型法基于植被-土壤波谱特性及非各向同性辐射传输模型，具有良好的普适

性，不会产生因植被类型和环境背景改变而变化的现象。但此类模型结构复杂，所需参数较多，并且复杂的模型也使得计算量变得比较庞大；其次，多数模型的求解不唯一，仅仅借助模型计算结果难以获取研究区准确的 LAI 数据，即便可以通过查找表进行辅助筛选，也需要研究者对研究区的先验知识。

　　基于不同的遥感数据源反演叶面积指数有不同的方法。利用航空像片提取叶面积指数的方法主要是基于图像纹理信息的方法。例如，在利用航空 CASI 影像评估北方针叶林和混交林叶面积指数的过程中，将半方差力矩纹理变量引入 LAI 和 NDVI 的关系式中可以提高反演的精度，表明图像的纹理特征有助于叶面积指数的提取。基于中低分辨率多光谱光学影像反演叶面积指数的方法主要是同时考虑它的光谱信息和几何信息，使用的模型主要有线性光谱分解模型和几何光学模型。

　　目前，也有很多研究基于多角度数据反演叶面积指数等植被参数。例如，利用 BRDF 模型和辐射传输模型从 SPOT 4/VEGETATION 上反演 LAI、间隙率等植被冠层参数；利用 ATSR-2 传感器的双角度观测数据检验植被指数、线性光谱解混合模型反演等方法对植被覆盖度、叶面积指数和光合有效辐射吸收系数等生态参数反演的精度。无论是高空间分辨率影像、多光谱影像，还是多角度影像，都存在着混合像元问题。不同地物构成的混合像元对 LAI 反演的影响有两个方面：一个是由于不同地物混合而造成混合像元反射率与纯植被像元的反射率不一样；另一个是地面点上实测的 LAI 如何验证混合像元反演的 LAI。因为前者是点的数据，后者是面的数据，这两者如何联系起来也是混合像元带来的问题。基于各种光学遥感数据反演叶面积指数等植被参数可知，每种数据与方法都有各自的优势，在实际应用中，应根据不同数据源的特点及精度需求选择合适的叶面积指数反演方法。叶面积指数是对植物体结构参数的定量描述，基于遥感手段反演的叶面积指数方便了人们对植被冠层的物质能量交换作出准确描述，对于在景观尺度的空间范围上估测植被生产力具有十分重要的意义。

3.1.4　生　物　量

　　植被是陆地生态系统的生产者，它不仅具有改善和维护区域生态环境的功能，而且在全球碳平衡中的作用巨大。植被生物量，尤其是森林生物量是固碳能力的重要标志，也是评估碳收支的重要参数。作为整个森林生态系统运行的能量基础和物质来源，生物量是研究生产力、净第一性生产力(net primary productivity，NPP)的基础，是林火等级区域划分的重要参数之一，在林火预测和模拟中也起着重要作用。

　　针对大面积的生物量估算，因为传统生物量估测方法的局限性等，不能及时宏观反映大面积生态系统的动态变化及生态环境状况，而利用遥感技术则可以快速、准确、无破坏地对生物量进行估算，对生态系统进行宏观监测。传统光学、合成孔径雷达，以及激光雷达等多源数据为反演区域森林地上生物量提供了可能。由于不同的遥感数据源具有不同的特点，因此在生物量的反演中各具适用性。光学数据主要反映冠层叶的生物量，易于饱和，不同的区域得到的结果不同，很难建立大区域尺度的估算模型。合成孔径雷达具有一定的穿透冠层的能力，波长越长对冠层的穿透越强，然而合成孔径雷达受林分结构及地形的影响较大,限制了其应用。而激光雷达可以很好地反映三维垂直结构,精度较高,但费用也较高。本小节将基于曹春香研究员指导博士生何祺胜的研究介绍遥感反演生物量在国内外研究现状(何祺胜,2010)。

1. 传统光学数据反演生物量

传统光学数据反演生物量主要包括 Landsat TM 数据、SPOT 数据、MODIS 数据,以及高光谱数据等。国内外对用光学数据进行生物量反演都进行了大量的研究。TM 数据的红光和近红光波段与叶生物量之间具有较强的相关性,遥感影像的纹理对于成熟林的生物量估测精度有所提高,将树龄和土地覆盖/土地利用类型的信息加入到地上生物量估算模型中可以改善多光谱遥感估算生物量的精度。传统光学遥感的生物量研究技术比较成熟,但不同区域的反演结果有很大的不同。尤其对生物量高的森林进行监测时,存在着生物量饱和的局限性。利用光学遥感信息进行生物量反演时,得到的只是冠层的叶生物量,而不是实际的生物量。因此,传统光学遥感技术通过叶片光谱特征反演生物量时,不可避免地丢失了由于树木生长依然积累的生物量部分。

2. 合成孔径雷达反演生物量

光学和近红外光谱只和绿叶生物量产生反应,而微波具有穿透树冠的能力,不仅能和树叶发生作用,而且主要能和生物量的主体——枝和树干发生作用。因此,光学和近红外遥感技术只能对森林冠层生物量进行估测,而微波遥感为全面和精确估测生物量提供了可行的工具。特别是在多云雨和雾的热带和亚热带地区,可见光和红外遥感受到了很大限制,而微波对云雾穿透能力强,具有全天候全天时成像能力。

生物量研究主要通过雷达后向散射系数或者雷达相干系数与生物量建立经验关系。雷达的后向散射强度随着生物量的增加而变大,而且对波长有一定的依赖性,可以利用数学回归分析的方法来建立生物量和雷达观测信号之间的关系。但雷达的后向散射强度随着生物量的增加会出现饱和点,而且雷达后向散射饱和点随波长、极化方式、入射角,以及森林类型的不同而不同。

雷达估测生物量主要受森林结构、地形的影响。生物量水平相同而结构显著不同的森林对雷达回波强度不一样,为了增加估测精度,应尽量区别不同的林分类型,建立 SAR 后向散射和生物量之间的回归模型。森林密度对 P 波段 HV 极化信号的影响显著,利用 BCI(biomass consolidation index)指数可以描述后向散射系数随生物量和森林结构的变化,BCI 指数随着后向散射系数的增大而增大。在用合成孔径雷达估测生物量时,经常遇到地形对雷达信号的影响问题。地形对雷达信号的影响及其纠正是一个非常复杂的问题。结合 DEM 数据,模拟森林及其他植被处于山坡上的雷达后向散射模型,可用来进行雷达图像的地形纠正,这种经过纠正的图像可进一步用于估计地上生物量。

从国内外的研究现状可以看出,雷达估算生物量受到的影响因子较多,这些影响因子都增加了雷达估算生物量的难度。进一步量化这些因子的影响,并结合其他数据定量获取影响生物量的其他因子,将会极大地提高 SAR 估算生物量的精度。

3. 激光雷达反演生物量

激光雷达(light detection and ranging，LiDAR)是一项由传感器所发出的激光来测定传感器与目标物之间距离的主动遥感技术。自 20 世纪 60 年代末第一部激光雷达诞生以来，机载激光雷达技术成为了一种重要的遥感技术，它用于估算森林参数的研究始于 20 世纪 80 年代中期，并且被越来越多的学者所关注。传统的光学遥感技术仅能提供林木的二维信息，需要借助其他辅助信息才能获得其三维结构参数，机载激光雷达技术通过主动获取三维坐标信息来定量估算森林参数，尤其在估测林木高度及林木空间结构方面具有独特的优势。国外许多研究已经证明机载小光斑 LiDAR 数据在森林资源调查中的重要性，通过激光扫描数据可以准确地估测林分特征，如树高、胸高断面积，以及林分蓄积量、生物量等，而国内由于受数据源的限制，LiDAR 数据在林业中的应用研究仍处于初级阶段。

根据林业中运用激光雷达返回信号记录方式的不同可以将其分为记录完整波形数据的大光斑激光雷达与记录离散回波的小光斑激光雷达两种。前者主要通过回波波形反演大范围森林的垂直结构与生物量等参数，后者则利用高密度的激光点云进行小范围的单株木水平上的树高、胸高断面积、生物量等估测。高密度点云数据反演森林蓄积量和生物量的一般方法如下：首先采用单棵树提取算法，提取可识别树的树高和冠幅，然后在样地尺度上进行平均，建立和实测蓄积量和生物量的关系。结果表明，尽管识别的冠幅精度不高，但可以显著地提高森林蓄积量和生物量的估算精度。采用低密度的激光雷达点云数据来反演林分平均高和林分蓄积量的方法是首先得到归一化的点云数据，然后对点云数据的均值、变差系数、峰度、最大最小值、高度分位数等统计量进行计算，最后针对阔叶林和针叶林分别建立点云统计量和生物量的多元线性回归方程。通过以上分析可以看出，高密度的激光雷达可以用来获取单木信息，而低密度的激光雷达仅能用来评估林分尺度的特征。激光雷达估算生物量可以达到比较高的精度，将激光雷达得到的先验知识应用到其他星载数据上，可以得到大范围的生物量分布。

综上所述，基于传统光学数据、合成孔径雷达、激光雷达可以有效地反演生物量，但是它们又各具特点。普通的光学传感器主要获取森林植被的光谱信息，只能用于提供森林水平分布的详细信息而很难提供垂直分布的信息，激光雷达在林木高度测量与林分垂直结构信息获取方面具有其他遥感技术无可比拟的优势，可以高精度地提供森林水平和垂直的信息，但费用较高。SAR 影像对森林冠层有一定的穿透性，波长越长穿透性越强，不同波段反映了不同冠层深度的信息。不同的传感器反映了森林不同层面的信息，综合利用光学的光谱信息、激光雷达的垂直信息，以及合成孔径雷达的极化信息可以提高生物量反演的精度。

基于遥感手段反演生物量，为了解全球植被生长状况提供了窗口，使得评估植被固碳能力成为可能，对于研究环境健康中的指针性指标(植被)的贡献具有不可替代的地位。生物量的遥感反演是森林健康遥感诊断的重要组成部分。

3.2　湿地健康遥感诊断指标体系

湿地生态系统健康是生态系统健康的一个重要组成部分。生态系统健康思想最早来源于土地健康，几个世纪以来，学者们不断发展生态系统健康的概念，最初学者们主要从生态学的角度考虑生态系统健康，认为生态系统健康就是生态系统的组织未受到损害或减弱，并具有一定的恢复能力，后来又考虑了人类健康因素，认为生态系统健康依赖于社会系统的判断，应考虑人类福利要求。

从生态系统健康的内涵出发，考虑湿地的自然属性，湿地生态系统的健康可定义为湿地生态系统内部的组织结构完整，功能健全，对周围生态系统和人类健康不造成危害，且在长期或突发的自然或人为扰动下能保持弹性和稳定性。湿地生态系统健康应该包括能够维持生态系统内的物质循环和能量流动的正常、湿地生态系统内部组分保持功能完整性、生态系统过程对邻近生态系统和人类不产生损害、能为自然和人类提供生态服务方面的完整服务的 4 个特征。本节重点考虑湿地生态系统的特征，并力求发挥遥感技术的优势，提出特别针对湿地生态系统健康遥感诊断的"要素-景观-社会"概念模型；在此基础上，选择指标、确定每种指标的计算方法、划分湿地生态系统健康等级、确定诊断指标与湿地生态系统健康之间的阈值关系，从而构建适用的湿地健康遥感诊断指标体系。

3.2.1　"要素-景观-社会"概念模型

湿地类型多样，分布广泛，不同湿地类型有不同的特征，但也有一些如具有饱和或者有浅层积水的湿地土壤都积累有机物质并且分解缓慢、具有多种多样适应于饱和状态下的动物和植物的共同特征。因此，水、土壤和湿地植被是湿地的三个最显著的特征(崔保山和杨志峰，2006)。湿地的水文特征是维持进出水流量和地下水之间的平衡、建立和维持湿地地形地貌及其生态过程特有类型的最重要的决定因子；湿地土壤既是湿地化学转换发生的中介，也是大多植物可获得的化学物质最初的储存场所；湿地植被有助于减缓水流速度，能帮助沉淀杂质、排除毒物(崔保山和杨志峰，2006)。

湿地生态系统景观格局变化既是景观尺度上湿地生态系统对土地利用/覆盖变化的一种具体响应，同时也深刻影响湿地生态系统在整体上的功能实现。评价和监测景观尺度上的湿地生态系统需要定量描述空间上的土地覆被格局。确定湿地生态系统景观格局的状态和趋势还有助于了解景观背景下湿地生态系统的整体状况和变化趋势(孙妍，2009；邬建国，2000)。

湿地生态系统是自然-经济-社会复合系统(崔保山和杨志峰，2006)，保护和管理湿地的最终目的是使得湿地生态系统更好地服务于人类福祉(Assessment，2005)，健康的湿地生态系统不会对周围生态系统和人类健康造成压力，生态系统不仅是生态学的健康，还包括经济学的健康和人类健康(肖风劲和欧阳华，2002)，因此湿地生态系统健康评价还应考虑社会、经济和人类因素。

本节基于上述分析，从湿地生态系统三要素、景观和社会因素三方面构建湿地生态系统健康遥感诊断概念模型，将其称为"要素-景观-社会"（element–landscape–society, ELS）概念模型（图 3-3）。由图 3-3 的三个方框中的内容可知，湿地生态系统健康主要由湿地土壤、生物、水三个基本要素及景观和社会因素三者相互作用的现状及变化趋势综合构筑而成，对 ELS 模型内涵解释如下。

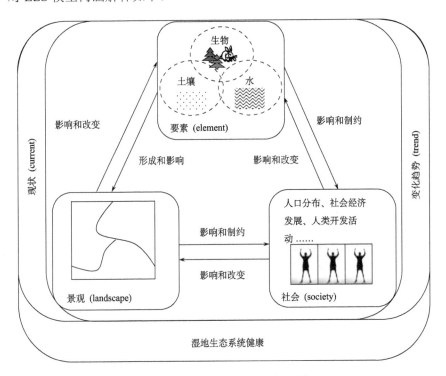

图 3-3　"要素-景观-社会"概念模型

1. ELS 模型内涵

在评判湿地生态系统健康状况时,湿地生态系统自身的状况是一切评价的基础(王利花, 2007),积水、被淹土壤、厌氧的植被是湿地 3 个独特的基本要素(崔保山和杨志峰, 2006),湿地的水文条件创造了独特的湿地物化环境,使湿地生态系统区别于陆地系统和深水水生系统。湿地的水文特征,如降水量、蒸发量、地表径流量等要素,是建立和维持湿地过程和功能最重要的决定因子。湿地土壤是湿地的基质,也是湿地生态系统碳素的主要储存场所,湿地土壤碳素的变化在湿地生态系统碳循环及由此产生的环境效应中起着关键性作用(王红丽等, 2008)。湿地土壤还具有维持生物多样性、分配和调节地表水分、分解固定和降解污染物、保存历史文化遗迹等功能(姜明等, 2006)。湿地植被有助于减缓水流的速度,有利于毒物和杂质的沉淀和排除,既为下游净化了水源,又通过物质循环养育了湿地生态系统中众多的次级生产者和更高食物链等级以上的消费者(崔保山和杨志峰, 2006)。水环境影响土壤元素的循环和运转,土壤中重金属元素的含量反过来影响水质,水环境和土壤环境又共同影响动植物、微生物的生长和分布,湿地水、土壤和生物要素相互作用，共同使湿地生态系统内部表现出一定的结构和生态特征，即湿地生态系统健康的内部表征。

2. ELS 模型内部要素逻辑关系

湿地基本要素的形成、分布及人类的开发活动共同决定了湿地景观的形成，而湿地景观的形成和变化反过来会影响和改变湿地要素的分布，也会影响和制约人口的分布及人类开发活动。湿地基本要素的形成和分布也会影响和制约社会经济因素，而人类活动反过来又会影响和改变湿地基本要素的发展和分布。可见，湿地三要素和景观直接或间接与社会因素相互作用，表现出对实现人类福祉的影响，由于生态系统发展的最终目标是实现人类福祉(Assessment, 2005)，因此，湿地基本要素、景观和社会因素的相互作用，共同呈现湿地生态系统健康的外在表征。

3. ELS 模型的生态意义

生态系统演化是一个漫长的过程，对过去生态系统发生的变化过程和趋势作出准确判断，才能有效把握生态系统变化的速率，掌握生态系统的这种变化速率对将来客观公正地评估生态建设工程的生态成效至关重要(刘纪远等，2009)。因此，湿地生态系统的健康状况不仅要考虑当前的状态，还要考虑未来可能的变化及变化趋势，两者相结合才能诊断出湿地生态系统真实的健康程度。

综合以上三点，ELS 概念模型的特点可概括为：①宏观与微观相结合：景观因素表征了湿地生态系统宏观的变化，而土壤、植被、水则反映了湿地生态系统微观的状态；②自然与人为因素相结合：土壤、植被和水三要素反映了湿地生态系统自然的状态，社会因素主要是人为因素对湿地生态系统健康影响的结果，景观因素则是自然和人为因素共同作用结果的呈现；③现状与趋势相结合：综合考虑湿地生态系统健康当前的状态和变化趋势，不仅能反映湿地生态系统健康在时间点上的状态，还能反映湿地生态系统在一个时间段内的状态。

3.2.2　湿地健康指标的选择

指标选择是湿地生态系统健康遥感诊断的关键部分，湿地评价指标应该具备显示出自然和时间变化、对状态变化高度响应、可重复测量、指标明确、指标获取经济易行、具有区域适应性、与生物学相关、采用简单常用的观察参数、对生态系统无破坏性、结果能汇总及便于非专业人士理解 10 个特征(Kent et al., 1992; Spencer et al., 1998)。

本小节的目标是构建湿地生态系统健康遥感诊断指标体系，其指标选择的依据主要包括以下几方面。

(1)科学性：指标确定应建立在科学的基础上，其概念应明确且对湿地生态系统变化较敏感，并具有一定的科学内涵，能够度量和反映湿地生态系统健康的现状以及变化趋势；

(2)相对独立性：指标的选取应以公认的科学理论为依据，避免指标间的重叠和简单罗列；

(3)时空尺度合理性：同时包含时间"点"尺度和时间"段"尺度的指标，既能反映湿地生态系统的现状和特征，也能反映湿地生态系统的动态变化趋势，空间尺度选择流域尺度的指标；

(4)全面性：所选指标必须符合概念模型框架，能够全面体现湿地生态系统的健康特征，并且各指标之间具有不可替代性；

(5)简明性和可操作性：所选指标其原始数据应尽量容易通过遥感手段获得，易于定量计算，指示意义明确，符合国家标准和行业规范，便于环境管理。

表 3-1　湿地生态系统健康遥感诊断指标体系

目标	模型层	一级指标层	二级指标层	参考文献	数据来源及计算方法
湿地生态系统健康	要素	水环境	水质	Fennessy et al., 2004；文科军等，2008	统计数据，赋值法
			水质变化趋势	—	统计数据，赋值法
			水源保证率	朱智洺等，2010；刘玉松，2012	统计数据、监测数据，公式计算
		土壤	土壤含水量	高海峰等，2011	实地采样数据，公式计算，GIS 分析
			土壤 pH	Fennessy et al., 2004；吕宪国，2008；高海峰等，2011	实地采样数据，公式计算，GIS 分析
			土壤重金属含量	Fennessy et al., 2004；周然等，2009；杨程程等，2010	实地采样数据，公式计算，GIS 分析
			土壤质地	姜明等，2006；Baer et al., 2000	土壤数据产品，GIS 分析
		生物	生物多样性指数	Fennessy et al., 2004；倪晋仁和刘元元，2006	统计数据，公式计算
			净初级生产力	龙笛和张思聪，2006；杨予静等，2013	NPP 数据产品，GIS 分析
			净初级生产力变化趋势	—	NPP 数据产品，GIS 分析
湿地生态系统健康	景观	斑块	栖息地适宜性指数	董张玉等，2014；胡嘉东等，2009)	遥感影像数据，解译后公式计算
			栖息地适宜性指数变化趋势	—	遥感影像数据，解译后公式计算
		类别	土地利用强度	王利花，2007；Lin et al., 2013；Brown and Vivas, 2005；孙贤斌等，2010	遥感影像数据，解译后公式计算
			土地利用强度变化趋势	—	遥感影像数据，解译后公式计算
		整体	湿地面积变化率	王磊等，2011；龙笛和张思聪，2006；王治良和王国祥，2007	遥感影像数据，解译后公式计算
			湿地面积变化趋势	—	遥感影像数据，解译后公式计算
	社会	人类活动	人口密度	王治良和王国祥，2007；杨予静等，2013	人口密度数据产品，GIS 分析
		文化教育	居民湿地保护意识	崔保山和杨志峰，2002；王治良和王国祥，2007	问卷调查数据，统计后公式计算

基于以上 5 个原则，通过大量的文献调研，参考了前人广泛使用的部分指标，也考虑了一些前人没有使用过的指标，构建了一套包含 18 个指标的湿地生态系统健康遥感诊断指标体系(表 3-1)，其中有 13 个现状指标、5 个趋势指标，其中 9 个指标可以由遥感数据直接或间接得到。

3.2.3　指标意义及计算方法

选取了能表征湿地特征的水质、水质变化趋势、水源保证率、土壤含水量、土壤 pH、土壤重金属含量、土壤质地、生物多样性指数、净初级生产力、净初级生产力变化趋势、栖息地适宜性指数、栖息地适宜性指数变化趋势、土地利用强度、土地利用强度变化趋势、湿地面积变化率、湿地面积变化趋势、人口密度、居民湿地保护意识 18 个指标，考虑这 18 个指标的选取意义及对湿地生态系统健康的贡献，定量化刻画的必要性就显得非常重要。具体诊断指标对湿地生态系统健康的意义及指标的计算方法等分别阐述如下。

1. 水质

水质表征水环境质量，直接反映湿地的受污染状况，间接反映湿地的净化能力。湿地水质对湿地植物生长、地下水补给、动物和人类的饮用等方面有很大影响。如果水质不能达到区域水质标准，就可能威胁植物的生长、动物和人类的生存健康，更不能保证湿地生态系统本身的健康发展(刘玉松，2012)。

水质指标用地表水水质级别来表示，数据来源于水质监测数据。

2. 水质变化趋势

水质变化趋势反映湿地水环境质量的变化趋势，用评价年份相对于前一年的水质级别变化来表示，数据来源于水质监测数据。

3. 水源保证率

水源保证率是湿地最重要的水文指标，表征湿地生态系统的水文状态，是维持湿地生态系统基本功能的保证，湿地内的植物生长、动物和人类的生存都需要大量的水资源，如果湿地水源保证率不足，植物将无法正常生长，就不能为动物提供很好的栖息场所，人类也无法获得良好的经济收入，动物和人类就不能健康生存(刘玉松，2012)。该指标可以评价湿地生态系统内部组织的功能状况和系统活力。

水源保证率(water guaranteed rate，WGR)用湿地生态系统的当年蓄水量(S)与湿地生态系统多年平均需水量($\overline{R}$)的比值来表示，见式(3-2)。当年蓄水量是 2008 年公布的《全国湿地资源调查技术规程(试行)》中的必测项目，可直接获得；湖泊和沼泽湿地的多年平均需水量由式(3-3)～式(3-5)计算得出。

$$\mathrm{WGR} = S / \overline{R} \tag{3-2}$$

湿地多年平均需水量用湿地生态需水量来代替，湿地生态需水量是指湿地生态系统达到某种水平或者维持某种平衡所需的水量，或湿地生态系统发挥期望的生态功能所需要的水量。对于一个特定的湿地生态系统，其生态需水量具有上、下阈值，超过上限或者下限都会破坏湿地生态系统，导致湿地生态系统退化(张祥伟，2006)。根据不同的数据类型，湖泊湿地的生态需水量计算公式可选用式(3-3)或式(3-4)(刘静玲和杨志峰，2002)。

$$\overline{R}_{\mathrm{L}} = \overline{E} + \overline{F} - \overline{P} \tag{3-3}$$

式中，$\overline{R}_{\mathrm{L}}$ 为湖泊生态需水量；$\overline{E}$、$\overline{F}$、$\overline{P}$ 分别为多年平均蒸发量、多年平均净流出量、多年平均降水量。

$$\overline{R}_{\mathrm{L}} = \overline{S} / T \tag{3-4}$$

式中，$\overline{S}$ 为多年平均蓄水量；T 为换水周期。

沼泽湿地生态需水量指保证湿地生态系统不受破坏，在一定的生态目标下，多年平均需要补充的径流水量。沼泽湿地生态需水量等于生态耗水量的多年平均值，即多年平均储水状态(可取最佳生态储水量)下的耗水量与地下水出流量之和扣除多年平均降水量，见式(3-5)(李九一等，2006)。

$$\overline{R}_{\mathrm{S}} = \overline{E} + \overline{G} - \overline{P} \tag{3-5}$$

式中，$\overline{R}_{\mathrm{S}}$ 为沼泽湿地生态需水量；$\overline{E}$、$\overline{G}$、$\overline{P}$ 分别为多年平均蒸发量、多年平均地下水出流量、多年平均降水量。

滨湖湿地分为潮间带、潮上带和潮下带 3 个部分，潮间带和潮下带因有海水供给，湿地水源保证率为满分；潮上带区域，可计算潮上带区域湿地供水量得分及潮上带与湿地总面积比来计算总体滨海湿地水源保证率。计算水源保证率指标所用数据为水文监测数据、统计资料。

4. 土壤含水量

水分影响着湿地土壤的形成和发育(戴靓，2013)，土壤含水量是土壤重要的物理性质，其变化能够直接影响土壤生态系统的物理化学和生物过程，是土壤养分和重金属等污染物有效性和迁移性的重要限制性因素(高海峰等，2011)。同时，土壤含水量是保证植物生长的基本条件，植物生长需要吸收一定土壤深度的水分，当土壤含水量降至一定程度时，由于植物的吸水力小于土壤的持水力，植物因缺乏水分而发生永久性凋萎，从而导致植物死亡，因此湿地土壤含水量是湿地植被类型，以及植物群落的分布的重要因素之一(徐辉，2014)。此外，土壤含水量变化还是湿地退化与否的直接表现因子，可以作为湿地边界确定的参考指标。

湿地含水量值通过野外实地采集土壤样本，再在实验室用烘干称重法得到。

5. 土壤 pH

土壤 pH 是土壤重要的化学指标之一，也是影响土壤肥力的重要因素之一，它直接影响土壤养分的存在形态和有效性。一方面，土壤 pH 影响土壤矿物质的分解速度和土壤有机质的转化、土壤溶液中化合物的溶解和沉淀、土壤离子的交换作用及植物养分的有效性(史吉晨等，2014)。另一方面，土壤 pH 通过影响微生物的活动来影响土壤养分分布，当土壤 pH 在中性范围内时，其活性最强，在强酸性或强碱性范围内其活性受到限制，从而抑制有机质的分解转化及氮素固定(白军红等，2002a，2002b)。此外，湿地土壤 pH 的变化还能够直接影响土壤生态系统的理化和生物过程，与湿地干湿交替周期、地下潜流等因素一起影响湿地土壤中有机质及全氮的空间分布，在一定程度上决定了植被分布及其生物量，间接影响湿地生态系统为动植物提供栖息地的功能。

湿地土壤 pH 通过野外实地采集土壤样本，再在实验室用电位法测量得到。

6. 土壤重金属含量

湿地是重金属污染物的一个有效汇集库，许多积累的重金属污染物不易被微生物分解，且在一定的物理、化学和生物作用下可释放到上层水体中，使湿地成为一个非常重要的次生污染源。许多研究表明，湿地土壤在重金属污染物的固定和去除过程中起着关键的作用(谭长银等，2003；胡鸿兴等，2009；He et al., 2013)，湿地土壤特别是泥炭土对湿地环境变化具有记忆功能，湿地周围土壤和底泥中重金属污染物的含量是湿地环境变化的重要指示(姜明等，2006)，是评价湿地生态系统健康及其潜在生态危害风险的重要指标之一。

诊断关注铜(Cu)、锌(Zn)、铅(Pb)、铬(Cr)、镉(Cd) 5 种常见的重金属元素的含量，其值通过野外实地采集土壤样本，再带回实验室用原子吸收光谱法测定。根据 5 种重金属元素的含量，计算内梅罗综合污染指数，内梅罗综合污染指数反映了各污染物对土壤的作用，同时突出了高浓度污染物对土壤环境质量的影响，内梅罗综合污染指数计算公式为

$$P_N = \left[(PI_{均}^2 + PI_{最大}^2)/2 \right]^{1/2} \tag{3-6}$$

式中，$PI_{均}$ 和 $PI_{最大}$ 分别为平均单项污染指数和最大单项污染指数。其中，单项污染指数 PI 用土壤污染物实测值与土壤污染物质量标准的比值表示，土壤污染物质量标准参考《中华人民共和国国家标准土壤环境质量标准(GB 15618—1995)(国家环境保护局，1995)中各指标的自然背景值。

7. 土壤质地

土壤质地是较为稳定的土壤自然属性，直接影响土壤透气透水性和保水保肥性。土壤水分渗透率随土壤质地的不同而不同，进而改变地表径流。孔隙度越大，湿地土壤渗透率就越高，地表径流就越少，储水能力也就越高，湿地土壤可以保持大于其本身质量 3～9 倍或更高的蓄水量(姜明等，2006)。因此，湿地水源涵养功能的发挥与湿地土壤质地直接相关。

土壤质地数据是基于世界土壤数据库(HWSD)的 1∶100 万中国土壤数据集(v1.1)，数据来源于黑河计划数据管理中心、寒区旱区科学数据中心(http://westdc.westgis.ac.cn/)(Fischer et al., 2008)。

8. 生物多样性指数

生物多样性是指所有来源的活的生物体中的变异性，这些来源包括陆地、海洋和其

他水生生态系统及其所构成的生态综合体等，包含物种内部、物种之间和生态系统的多样性(环境保护部南京环境科学研究所，2012)，一般包括遗传多样性、物种多样性和生态系统多样性三个层次。湿地是自然界富有生物多样性和较高生产力的生态系统，是许多野生物种的重要繁殖地和觅食地，其在保护生物多样性方面发挥了重要作用。从物种多样性的角度评价湿地的生物多样性特征，能反映湿地实际或潜在支持和保护自然生态系统与生态过程、支持人类活动和保护生命财产的能力，是湿地生态系统健康的重要特征之一。

评价生物多样性的指标多种多样，张峥等(2002)从物种多度、物种相对丰度、物种稀有性、物种地区分布、生境类型、人类威胁几方面构建了指标体系，对天津古海岸与湿地自然保护区的生物多样性进行评价，后来这一指标体系被不少学者借鉴并应用于其他区域的生物多样性评价中(王戈戎和杜凤国，2006；王堂尧和景志明，2013)。2011年，环境保护部发布了区域生物多样性评价标准(HJ623—2011)，从野生动物丰富度、野生维管束植物丰富度、生态系统类型多样性、物种特有性、受威胁物种的丰富度、外来物种入侵度几个方面来评价区域生物多样性。朱万泽等(2009)从植被景观多样性指数、自然保护区指数、基于生态系统类型的物种多样性指数、国家保护植物多样性指数和国家保护动物多样性指数几个方面构建生物多样性综合指数。近年来，遥感技术被引入生物多样性研究中，可得到区域乃至全球尺度的生物多样性信息，主要有基于景观指数的生物多样性监测、基于NDVI的生物多样性估算和基于光谱变异性假说的植物物种多样性评价等方法(胡海德等，2012)。

遥感方法难以获取动物分布数据，在评价植物物种多样性时也需要大量的野外实测数据进行建模，导致其应用难度大，因此，诊断仍采用生物多样性传统计算方法，针对湿地生态系统的特点，参考文献(张峥等，2002；王戈戎和杜凤国，2006；王堂尧和景志明，2013；朱万泽等，2009)和区域生物多样性评价标准，从如下野生动物丰富度、野生维管束植物丰富度、物种稀有性、外来物种入侵度四个方面对湿地生物多样性进行评价。

1)野生动物丰富度

物种数量是物种丰富度最直接的测度方法，不同生境类型的区域，其多样性的可比性不强，在实际应用中，还应增加物种相对丰富度来评价被评价区生物多样性在其所在生物地理区域或行政省内的代表性和相对重要性(王智等，2007)。本节从野生动物绝对丰富度和野生动物相对丰富度两方面来表征野生动物丰富度。野生动物的绝对丰富度表示被评价区域内已记录的野生哺乳类、鸟类、爬行类、两栖类、淡水鱼类、蝶类的种数(含亚种)，相对丰富度表示被评价区域内野生动物数占所在行政省内物种的比例。野生动物丰富度(richness of wild animals, RA)计算公式为

$$RA = \frac{NA}{1500} \times 0.35 + \frac{NA}{NA_p} \times 0.65 \tag{3-7}$$

式中，RA 为野生动物丰富度指标值；NA 为被评价区域内野生动物种数；1500 为中国湿地野生动物的种数(陈宜瑜，1995；庄大昌等，2003)；NA_p 为被评价区域所在的生物地理区或行政省内的野生动物种数，此处统一定为研究区所在行政省内的野生动物种数。

2）野生维管束植物丰富度

野生维管束植物包括野生蕨类植物、裸子植物和被子植物，与野生动物丰富度评价类似，野生维管束植物丰富度（richness of wild vascular plants，RP）由公式（3-8）计算。

$$RP = \frac{NP}{1241} \times 0.35 + \frac{NP}{NP_P} \times 0.65 \tag{3-8}$$

式中，RP 为野生维管束植物丰富度指标值；NP 为被评价区域内野生维管束植物种数；1241 为中国湿地野生维管束植物的种数（陈宜瑜，1995；庄大昌等，2003）；NP_P 为研究区所在行政省内的野生维管束植物种数。

3）物种稀有性

物种稀有性由濒危物种种数、国家重点保护野生动物种数、国家重点保护野生植物种数来表征。濒危物种依据《世界自然保护联盟物种红色名录濒危等级和标准》（3.1 版）确定，其中包括极危、濒危、易危的物种；国家重点保护野生动物依据 1998 年 1 月经国务院批准的《国家重点保护动物名录》确定；国家重点保护野生植物依据 1999 年 8 月经国务院批准的《国家重点保护野生植物名录（第一批）》确定。物种稀有性（species rarity，SR）由公式（3-9）计算。

$$SR = \left(\frac{NEA}{NA} + \frac{NEP}{NP}\right) \times 0.2 + \left(\frac{NOA}{NA} + \frac{NOP}{NP}\right) \times 0.17 + \left(\frac{NTA}{NA} + \frac{NTP}{NP}\right) \times 0.13 \tag{3-9}$$

式中，SR 为物种稀有性指标值；NEA 为濒危野生动物种数；NEP 为濒危野生维管束植物种数；NOA 为国家 I 级重点保护动物种数；NOP 为国家 I 级重点保护植物种数；NTA 为国家 II 级重点保护野生动物种数；NTP 为国家 II 级重点保护野生植物种数。

4）外来物种入侵度

外来入侵物种包括外来入侵动物和外来入侵植物，外来物种入侵度（the degree of invasion of alien species，DIS）由公式（3-10）计算。

$$DIS = \frac{NS}{NA + NP} \tag{3-10}$$

式中，DIS 为被评价区内外来物种入侵度；NS 为被评价区域内外来入侵物种数；NA 为被评价区内野生动物种数；NP 为被评价区内野生维管束植物种数。

评价区内生物多样性指数（biodiversity index，BI）计算公式见式（3-11）。

$$BI = [RA' \times 0.3 + RP' \times 0.3 + SR' \times 0.2 + (1 - DIS') \times 0.2] \times 100 \tag{3-11}$$

式中，BI 为生物多样性指数；RA'，RP'，SR' 和 DIS' 分别为 RA、RP、SR 和 DIS 标准化后的值，标准化的方法是原始值/最大值，各个参数最大值见表 3-2。计算生物多样性指标的数据来源于统计数据。

表 3-2　各指标最大值

指标	最大值
RA	1
RP	1
SR	0.74
DIS	0.1441

9. 净初级生产力

净初级生产力(net primary productivity, NPP)指绿色植物在单位时间和单位面积上扣除自养呼吸部分后的有机干物质生产量，它是地球碳循环的原动力，也是生态系统物质能量运转的基本环节(罗治敏，2006)。NPP 不仅直接反映植被群落在自然环境条件下的生产能力，以及陆地生态系统的质量状况，也是判定生态系统碳源碳汇和调节生态过程的主要因子，其时空变化取决于植被、土壤和气候之间复杂的相互作用，并受人类活动和全球环境变化的影响(王新闯等，2013；罗治敏，2006)。湿地是具有丰富的生物多样性和较高的生产力的生态系统，在全球碳循环中占有重要地位，湿地植被 NPP 是衡量湿地生态系统健康状况的重要指标(宗玮等，2011)。

NPP 数据来自美国 NASAEOS /MODIS 的 MOD17A3 数据(https://lpdaac.usgs.gov/get_data/data_pool)，空间分辨率为 1km。该数据是基于 MODIS /TERRA 卫星遥感数据，通过 BIOME-BGC 模型计算得到的全球陆地植被净初级生产力全年合成数据，目前已广泛应用于全球不同区域植被生长状况、生物量的估算、环境监测和全球变化等研究中(王新闯等，2013；王宗明等，2009)。

10. 净初级生产力变化趋势

净初级生产力变化趋势(NPP trends, NPPT)用评价年份相对于前一个时期(5 年前)的净初级生产力变化率来表示，计算公式为

$$NPPT = \frac{NPP - NPP_1}{NPP_1} \qquad (NPP_1 \neq 0) \tag{3-12}$$

式中，NPPT 为净初级生产力变化趋势；NPP 为当年净初级生产力；NPP_1 为前一期净初级生产力。

11. 栖息地适宜性指数

湿地为野生动植物提供独特丰富的栖息地，能承载高多样性和丰富度的生物(Chen and Lin, 2011)，栖息地适宜性指数是评价湿地生态系统健康现状的重要指标。传统的栖息地适宜性评估方法最早始于 20 世纪 60 年代末(Fish and Service, 1986)，其采用栖息地适宜性指数(habitat suitability index, HSI)作为衡量栖息地优劣的指标(Glenz et al., 2001)。这里参考前人的研究成果(董张玉等，2014；胡嘉东等，2009)，着重从植被覆盖度和景观破碎化两方面综合评价栖息地适宜性，反映湿地对野生动植物的承载能力。植被是水

禽、部分野生动物主要的食物来源(董张玉等，2014)，植被覆盖度的降低会对动物提供摄食和生境提供避难场所和筑巢的能力产生不利影响(胡嘉东等，2009)。而景观破碎化则阻碍了生物运动，对生物的生存不利(胡嘉东等，2009)，直接影响着景观中的生物多样性，因此景观破碎化在功能上对物种的影响最为重要。

栖息地适宜性指数计算公式为

$$S_{HSI} = S_{size} \times 0.4 + S_{num} \times 0.3 + S_{cover} \times 0.3 \tag{3-13}$$

式中，S_{size} 为标准化的有效湿地斑块面积，斑块是物种的集聚地，斑块面积的大小不仅影响物种的分布和生产力水平，而且影响能量和养分分布，物种多样性和生产力水平也随斑块面积的增加而增加，物种多样性与斑块面积显著相关(傅伯杰和陈利顶，1996)。如果斑块足够大，能够使生物个体在一个斑块内栖息生存，则该景观斑块就能够提供良好环境的栖息地；反之如果斑块很小，个体需要在斑块间运动，那么斑块之间的景观类型可能限制或影响个体运动(Hanski and Ovaskainen，2003)。因此，湿地斑块面积越大，野生动物栖息适宜性就越高。但湿地生境被动物利用的程度不仅与斑块面积有关，还与斑块形状和斑块间有无廊道关系密切(胡嘉东等，2009)。斑块的形状对生物的扩散和动物的觅食，以及物质和能量的迁移都具有重要的影响(傅伯杰和陈利顶，1996)。因此，将湿地斑块的面积与几何形状相结合，定义有效湿地斑块面积 V_{size} 为每类湿地斑块面积乘以斑块形状系数，其计算公式为

$$V_{size} = \sum_{i=1}^{n} A_i C_i \tag{3-14}$$

式中，V_{size} 为有效湿地斑块总面积；n 为湿地斑块类型数量；A_i 为 i 类型湿地斑块面积，通过遥感影像解译可以得到；C_i 为 i 类型湿地斑块形状系数。C_i 的确定与斑块形状指数(Shp_i)有关，根据人类开发活动的特征，以正方形为参照的计算形式，用公式(3-15)计算每种湿地斑块的形状指数。

$$Shp_i = 0.25 P_i / \sqrt{A_i} \tag{3-15}$$

式中，Shp_i 为 i 类型湿地斑块的形状指数；P_i 为 i 类型湿地斑块的周长。Shp_i 越趋近于 1，表示湿地斑块的人为干扰因素越多；Shp_i 越大，表示湿地斑块形状越无序，越接近于自然状态。根据表 3-3 查找 Shp_i 对应的 C_i，两者的对应关系具有普遍性，适用于任何地区。

表 3-3 斑块形状指数与形状系数的对应关系表

湿地斑块形状指数(Shp)	湿地斑块形状系数(C)
$1 \leqslant Shp < 5$	0.1
$5 \leqslant Shp < 10$	0.3
$10 \leqslant Shp < 15$	0.5
$15 \leqslant Shp < 20$	0.7
$20 \leqslant Shp < 25$	0.9
$Shp \geqslant 25$	1.0

以评价区域 1980 年左右的 V_{size} 值作为参考值,由式(3-16)计算 S_{size},将其标准化到 $0\sim10$。

$$S_{size} = \begin{cases} 10 & \dfrac{V_{size}}{V_{sizer}} > 1 \\ 10x & \dfrac{V_{size}}{V_{sizer}} \leqslant 1 \end{cases} \tag{3-16}$$

式中,S_{size} 为标准化的有效湿地斑块面积;V_{size} 为评价年份的有效湿地斑块面积;V_{sizer} 为参考值。

式(3-13)中,S_{num} 为标准化的单位面积湿地斑块数量,单位面积上斑块的数量反映景观的完整性和破碎化,景观破碎化对物种的灭绝有重要影响(傅伯杰和陈利顶,1996)。斑块面积的减少或斑块数量的增加,都会导致单位面积湿地斑块数量增多,其值越高对生物的生存越不利(胡嘉东等,2009)。单位面积湿地斑块数量为 V_{num},由公式(3-17)计算得到。

$$V_{num} = N / A \tag{3-17}$$

式中,V_{num} 为单位面积湿地斑块数量,单位:个;N 为湿地斑块数量,单位:个;A 为湿地斑块总面积,单位:km^2。通过遥感解译得到湿地斑块数和面积。

与有效湿地斑块面积标准化方法类似,单位面积湿地斑块数量用公式(3-18)进行标准化。

$$S_{num} = \begin{cases} 10 & \dfrac{V_{num}}{V_{numr}} > 1 \\ 10x & \dfrac{V_{num}}{V_{numr}} \leqslant 1 \end{cases} \tag{3-18}$$

式中,S_{num} 为标准化的单位面积湿地斑块数量;V_{num} 为单位面积湿地斑块数量;参考值 V_{numr} 为评价区域 1980 年左右的有效湿地斑块面积。

式(3-13)中 S_{cover} 是标准化的植被覆盖度,植被覆盖度的降低对野生动物摄食、筑巢和避难都有不利影响,因此,植被覆盖度是反映湿地生境质量的一个重要因素(胡嘉东等,2009),植被覆盖度计算公式为

$$V_{cover} = A_v / A_a \tag{3-19}$$

式中,V_{cover} 为植被覆盖度;A_v 为植被覆盖区面积;A_a 为湿地总面积,由遥感解译获得。

参考文献(王磊等,2011;胡嘉东等,2009),S_{cover} 计算公式为

$$S_{cover} = \begin{cases} 0 & (V_{cover} < 0.1) \\ 30x - 3 & (0.1 \leqslant V_{cover} < 0.2) \\ 40x - 5 & (0.2 \leqslant V_{cover} < 0.3) \\ 30x - 2 & (0.3 \leqslant V_{cover} < 0.4) \\ 10 & (V_{cover} \geqslant 0.4) \end{cases} \tag{3-20}$$

式中,S_{cover} 为标准化植被覆盖度;V_{cover} 为植被覆盖度。

12. 栖息地适宜性指数变化趋势

栖息地适宜性指数变化趋势用评价年份相对于前一个时期(5 年前)的栖息地适宜性

差值来表示。

13. 土地利用强度

景观尺度上，人类主导的土地利用及其结果的变化改变了自然景观的组成，并影响自然群落的生态过程（Brown and Vivas, 2005），进而影响景观格局和功能。区域土地利用强度变化表征人类对湿地景观干扰程度的增加或减少（孙贤斌等，2010）。土地利用强度指数不仅客观记录了人类改变地球表面特征的空间格局，而且还再现了地球表层景观的时空动态变化过程，并且可以定量地反映在区域生态系统的结构和组成上（马劲松等，2010）。该指标用来表征人类活动和自然界的各种扰动变化对湿地生态系统的压力。

王秀兰和包玉海（1999）提出了土地利用程度综合指数，用土地利用程度分级指数和每级土地利用程度的面积百分比的加权和来表示，后来被不同的学者应用在土地利用变化相关的研究中（孙贤斌等，2010；马劲松等，2010；李晓文等，2003），土地利用强度分级指数一般参考前人的研究成果并结合研究区的土地利用类型而定。基于土地利用/土地覆盖数据，Brown 和 Vivas（2005）发展了景观发展强度指数（index of landscape development intensity, LDI），可以在河流、湖泊及独立的湿地流域尺度应用，该指数运用从湿地远程获取的土地利用现状数据和土地利用的具体权重因子进行计算，后来用作湿地评价 Level I 的工具。Brown 和 Vivas（2005）根据佛罗里达的土地利用分类系统，定义了 27 种土地利用类型的景观强度发展指数，后来学者们将 LDI 应用到其他区域时，一般会根据研究区内的土地利用类型重定义土地利用类型与景观发展强度指数的对应关系，如 Mack（2006）应用 LDI 对俄亥俄州湿地进行评价时，在 Brown 和 Vivas 的研究基础上定义了俄亥俄州 8 种主要的土地利用类型及对应的景观发展强度系数，而 Lin 等（2013）定义了 9 种土地利用类型对应的景观发展强度来评价白洋淀湿地。

本书参考刘纪远提出的基于遥感监测的土地利用/土地覆被分类系统（徐新良等，2012）和前人研究（李晓文等，2003；Brown and Vivas, 2005；Mack, 2006；马劲松等，2010；孙贤斌等，2010；Lin et al., 2013；）中的土地利用强度分级指数和景观发展强度系数，定义了适用于本书的土地利用类型及对应的土地利用强度系数，见表 3-4。

表 3-4　土地利用类型和土地利用强度系数的对应关系表

土地利用类型	定义说明	土地利用强度系数
低强度湿地	湖泊、河流、沼泽、池塘等	1.00
森林	指郁闭度>30%的天然林和人工林，包括用材林、经济林、防护林等成片林地	1.58
水生植被	湿地主要水生植被（红树林、芦苇、香蒲）	1.58
低强度草地	没有放牧或低强度放牧的草地	2.77
高强度草地	中高强度放牧的草地	3.41
耕地	生产旱生作物的旱地和生产水生作物的水田	4.54
低密度居民点	密度低于 10 户/hm² 的居民点	6.79
未利用地或退化湿地	沙化地、盐碱地、裸地	6.92
高强度湿地	稻田、珍珠养殖基地、海水养殖场、晒盐场、红树林野外养殖基地等	7
高密度居民点	密度高于 10 户/hm² 的居民点	8.66
城市	大中小城市及县镇	10

土地利用强度 (land use intensity，LUI) 的计算公式为

$$LUI = \sum_{i=1}^{n} A_i C_i \tag{3-21}$$

式中，LUI 为某研究区内土地利用强度值；n 为某研究区土地利用类型总数；A_i 为第 i 类土地利用类型的面积百分比，由遥感影像分类结果统计得到；C_i 为第 i 类土地利用类型的土地利用强度系数，查表 3-4 获得。

14. 土地利用强度变化趋势

土地利用强度变化趋势用评价年份相对于前一个时期 (5 年前) 的土地利用强度变化差值来表示。

15. 湿地面积变化率

湿地面积变化是湿地生态环境变化的直接结果，是湿地健康状况的直观表现，可以反映湿地的动态变化，便于分析影响因素，对湿地资源的合理开发和保护具有极为重要的意义。以历史水平作为标准，湿地面积变化率以当年湿地面积相对于湿地面积历史值的变化率来表示，湿地面积变化率 (change rate of wetland area, CRA) 的计算公式为

$$CRA = \frac{A - A_h}{A_h} \times 100\% \tag{3-22}$$

式中，CRA 为湿地面积变化率；A 为当年的湿地面积；A_h 为湿地面积历史水平 (李艳红，2004)，以 20 世纪 70 年代之前的状态为参考标准。

16. 湿地面积变化趋势

湿地面积变化趋势 (change trends of wetland area, CTA) 以评价年份相对于前一个时期 (5 年前) 的湿地面积变化率表示，计算公式为

$$CTA = \frac{A - A_l}{A_l} \quad (A_l \neq 0) \tag{3-23}$$

式中，CTA 为湿地面积变化趋势；A 为当年湿地面积；A_l 为前一期湿地面积。

17. 人口密度

人口压力是威胁湿地健康最主要的社会因素，是湿地生态系统健康状况的胁迫指标，用人口密度来表征湿地生态系统所受的人口压力，从而间接反映人类活动强度。在以行政单元为湿地生态系统健康评价的单元时，学者们常常以平均人口密度 (行政单元的总人口与面积之比) 来表示一个地区的人口分布状况 (刘梦鑫等，2014)。这种方法所得的人口密度没有考虑地形、土地利用等因素对人口分布的影响，还导致不同区域人口密度不连续的现象，难以满足湿地生态系统健康遥感诊断的需求。有不少文献提到采用 GIS 和遥感进行人口估算，主要有插值法和统计建模的方法 (Wu et al., 2005)。

本节所用的数据是分辨率为 100m 的栅格化人口密度数据，该数据应用 RS 和 GIS

的方法，将基于遥感影像反演的居民地信息和土地覆盖信息作为辅助数据，采用人口分布模型模拟得到人口密度(Gaughan et al., 2013)。

18. 居民湿地保护意识

影响湿地生态系统健康的社会因素包括人类压力、经济发展压力，还包括文明意识。在湿地研究中，关于湿地系统内部过程的研究较多，关于湿地与周边环境相互作用的研究则相对较少。居民的态度是影响湿地健康发展的主要社会因子之一，社区居民调查是社区参与保护湿地环境的重要方式之一(王计平等，2007)，也是了解湿地周边居民的湿地基本知识和湿地保护意识的有效方式。本书用问卷调查的形式了解湿地周边居民的湿地基本知识和湿地保护意识，反映湿地相关知识在湿地周围地区民众中的普及程度，间接反映当地主管部门对湿地知识的宣传程度和对湿地保护的重视程度、资金投入等。

指标计算数据来源于问卷调查结果，在待评价湿地周边进行一定数量的问卷调查，并对问卷调查结果进行统计分析，得到居民湿地保护意识指标值。

居民湿地保护意识以调查人员中具有湿地保护意识的人员占问卷调查总人数的比例来表示，每题分值情况如下。

第1题、第9题作为问卷有效性参考，不计分数。

第2题、第5题、第6题、第8题的题枝均正确，所以根据被调查者的答全率计分，各题目分值如下。

第2题：每选择1项得3分；

第5题：每选择1项得3分；

第6题：每选择1项得2分；

第8题：每选择1项得3分。

第3题、第4题只有唯一的正确答案，选择正确得5分，选择错误得0分。

第7题选择A、B得0分，选择C得1分，选择D得3分。

第10题选择B得5分，选择D得3分。

问卷满分为100分，得分50分以上为合格，表示被调查者具有湿地保护意识。居民湿地保护意识(residents wetland awareness, RWA)由式(3-24)计算得到。

$$RWA = N_a/N_e \tag{3-24}$$

式中，RWA为居民湿地保护意识指标值；N_e为调查问卷中有效问卷的数量；N_a为有效问卷中具有湿地保护意识的问卷数量。

3.2.4　湿地健康等级划分及指标阈值化的参考标准

健康等级划分的科学合理与否直接影响指标体系的构筑，诊断指标阈值化的参考标准是影响诊断结果可信与否的关键。因此本节基于指标阈值化的参考标准对湿地健康划分的好、中、差等级对湿地生态系统遥感诊断指标体系的构筑具有很大的作用。

1. 湿地生态系统健康等级划分

对湿地生态系统健康状况进行遥感诊断，需要依据相应的诊断标准，即各指标处于什么状态时，湿地生态系统状况被诊断为健康或者不健康。因此首先需要参考国内学者一般对湿地生态系统健康分级较多，有四级(刘玉松，2012；李艳红，2004)、六级(龙笛和张思聪，2006)的研究思路，在分析最普遍的五级分割法的应用难度的基础上(崔保山和杨志峰，2002；蒋卫国，2003；罗治敏，2006；王磊等，2011；上官修敏，2013)，对湿地生态系统健康状况进行分级，并制订相应的分级标准。目前湿地生态系统健康状况本身没有很好的度量标准，加之缺乏"真值"，分级越细就越难刻画指标与健康等级之间的阈值关系。本节借鉴国外湿地生态系统状况评估经验(Victorian Government, 2007)，将湿地生态系统健康状况分为好、中、差三个级别，相比五级划分法，三级划分法中湿地生态系统健康状况差别更为明显，评价结果更有利于管理者制定决策。

阈值化刻画各指标与湿地生态系统健康好、中、差三个级别之间的关系，应该结合湿地生态系统健康的内涵进行。基于国内外学者的研究成果，健康的湿地生态系统总结出：① 维持系统内正常物质循环和能量流动；② 保持湿地生态系统功能完整性；③ 湿地生态系统过程对邻近生态系统和人类不产生损害；④ 能为自然和人类提供完整的生态服务 4 个特征。本节将湿地生态系统健康指数用数值 0~10 来表示，湿地生态系统健康级别、湿地生态系统健康分值和对应的湿地生态系统健康状况描述关系如表 3-5 所示，0~3 是差、3~7 是中、7~10 是好的阈值化等级关系。

表 3-5　湿地生态系统健康分级表

等级	分值	健康状况
好	[7, 10]	湿地生态系统功能完善，系统稳定且活力很强，湿地景观保持良好的自然状态，系统活力极强，外界压力小
中	(3, 7)	湿地生态系统结构较为完整，具有一定的系统活力，可发挥基本的生态功能，外界存在一定压力，湿地景观发生了一定改变，部分功能退化，已有少量的生态异常出现
差	[0, 3]	湿地生态系统结构不完整、不合理，系统不稳定，外界压力大，湿地景观受到很大破坏，结构破碎，活力较低，系统功能退化严重

2. 诊断指标阈值化的参考标准

孤立的数字对湿地生态系统现状和变化趋势无任何意义，必须和某一参考值加以比较才具指示性。依据文献，指标阈值化的参考标准有以下 6 种：①指标的理想水平；②指标的国家标准；③指标的历史水平(李艳红，2004)，确定以 20 世纪 70 年代之前的状态为历史水平参考标准；④指标的临界水平；⑤同类型湿地；⑥国内其他区域相关研究的划分标准。各诊断指标对湿地生态系统健康影响的测度方法主要有理论分析、查阅文献资料、先验知识和实践经验等。不同指标选择不同的测度方法，根据阈值化的参考标准即可分析确定出指标和健康级别之间的阈值关系表。在综合诊断过程中，由于涉及很多类型的指标，且各指标的单位不同、量纲不同、数量级不同等，其优劣往往是一个笼统或模糊的概念，不便于分析，甚至会影响评价结果。因此，为统一标准，首先要对所有评价指标进行标准化处理，以消除量纲，将其转化为无量纲、无数量级差别的标准值，然后再进行分析评价(王利花，2007；焦立新，1999)。根据已经得出的阈值关系表，即可确定每个指标的标准化方法和公式。

根据湿地生态系统健康指标值与湿地生态系统健康之间的关系，本书指标体系中的指标可分为四类：一是正向型指标，指标值越大，反映湿地生态系统健康状况越好，本书中正向型指标包括生物多样性指数、净初级生产力、净初级生产力变化趋势、栖息地适宜性指数、栖息地适宜性指数变化趋势、湿地面积变化率、湿地面积变化趋势、居民湿地保护意识；二是负向型指标，指标值越大，反映了湿地生态系统健康状况越差，本指标体系中负向型指标包括土壤重金属含量、土地利用强度、土地利用强度变化趋势、人口密度；三是分级型指标，指标不连续，特定的级别或类型对应一定的健康程度，本指标体系中分级型指标包括水质、水质变化趋势、土壤质地；四是区间型指标，在一定区间范围内指标值与湿地健康呈正相关，超过一定区间范围，指标值变大或变小，均反映湿地生态系统健康状况变差，该类型指标包括水源保证率、土壤含水量、土壤 pH。

3.2.5　诊断指标与湿地生态系统健康之间的阈值关系

健康诊断的关键，是建立 18 个诊断指标与湿地生态系统健康级别之间的阈值关系及标准化方法。反映湿地生态系统特征的水质、土壤含水量、净初级生产力等 18 个诊断指标的定量刻画更是本论著的核心所在。具体各诊断指标与湿地生态系统健康状况诸因素之间的阈值关系分述如下。

1. 水质

水质是按照国家标准《地表水环境质量标准》(GB3838—2002)将地表水划分 I 类、II 类、III 类、IV 类、V 类 5 级的综合描述。考虑到污染的水源无使用功能，所以将其定为劣 V 类，水质级别共分为 6 类，根据每类水质的功能，建立 I 类、II 类、III 类、IV 类、V 类和劣 V 类水质与相应的好、中、差级别的湿地生态系统健康之间的阈值关系(表 3-6)。

表 3-6　水质类别与湿地生态系统健康阈值关系表

类型	功能	湿地生态系统健康分值	健康级别
I 类	主要适用于源头水、国家自然保护区、集中式生活饮用水地表水源	10	好
II 类	地一级保护区、珍稀水生生物栖息地、鱼虾类产卵场、仔稚幼鱼的索饵场等，主要适用于集中式生活饮用水地表水源	8	
III 类	地二级保护区、鱼虾类越冬场、洄游通道、水产养殖区等渔业水域及游泳区	6	中
IV 类	主要适用于一般工业用水区及人体非直接接触的娱乐用水区	4	
V 类	主要适用于农业用水区及一般景观要求水域	2	差
劣 V 类	水源污染严重，无利用价值	0	

2. 水质变化趋势

水质变化趋势与湿地生态系统健康阈值的关系建立，主要参考国家林业局《国际重要湿地生态特征变化预警方案（试行）》方案，不考虑湿地水质级别，仅考虑水质变好还是变差，水质变化趋势与湿地生态系统健康阈值关系（见表 3-7）。

表 3-7　水质变化趋势与湿地生态系统健康阈值关系表

水质变化	水质变化级别	湿地生态系统健康分值	健康级别
变好	4 级或 5 级	10	好
	3 级	9	
	2 级	8	
	1 级	7	
不变或变差	0 级	6	中
	1 级	5	
变差	2 级	3	差
	3 级	1	
	4 级或 5 级	0	

3. 水源保证率

一般认为，湿地生态系统水源保证率到达 70% 以上时，湿地水源水量完全有保障；在 60%～70% 时，水源保障仍处于正常状态；在 40%～60% 时，水源保障处于基本正常到较差的状态；低于 40% 时，则水量严重缺乏，不能保证湿地生态系统维持正常状态并正常发挥各项湿地功能（崔保山和杨志峰，2002；李艳红，2004；刘玉松，2012）。水源保证率用湿地当年蓄水量与多年平均蓄水量的比值表示，当年蓄水量过大时，可供利用的水资源过多，也必将影响生态系统的健康（张祥伟，2006）。因此，水源保证率指标与湿地生态系统健康阈值关系，见表 3-8，由公式（3-25）对水源保证率指标进行标准化。

表 3-8　水源保证率与湿地生态系统健康阈值关系表

水源保证率/%	湿地生态系统健康分值	健康级别
>200	0	差
150～200	0～3	差
130～150	3～7	中
100～130	7～10	好
70～100	10	好
60～70	7～10	好
40～60	3～7	中
0～40	0～3	差

$$y = \begin{cases} 0 & (x \geqslant 2) \\ 6(2-x) & 1.5 \leqslant x < 2 \\ 20(1.5-x)+3 & (1.3 \leqslant x < 1.5) \\ 10(1.3-x)+7 & (1 \leqslant x < 1.3) \\ 10 & (0.7 \leqslant x < 1.3) \\ 30(x-0.6)+7 & (0.6 \leqslant x < 0.7) \\ 20(x-0.4)+3 & (0.4 \leqslant x < 0.6) \\ 7.5 & 0 \leqslant x < 0.4 \end{cases} \tag{3-25}$$

式中，y 为湿地生态系统健康得分；x 为水源保证率指标值。

4. 土壤含水量

湿地土壤、水、植被是湿地三要素，湿地土壤含水量与湿地土壤、水两个基本要素相关。不同学者对不同区域、不同类型湿地土壤含水量的变化及其对湿地生态系统功能实现的影响进行了相关研究，其研究成果可以作为土壤含水量指标阈值确定的依据。徐治国等(2007)研究了三江平原湿地植被的土壤环境因子，得出毛果苔草湿地和小叶章湿地在 7~9 月 0~20 cm 深度的土壤含水量为 18%~44%；徐辉(2014)分析了闽江河口湿地不同植被、月份、深度对土壤含水量特征的影响，得出互花米草植被在 0~20 cm 深度的土壤含水量为 46.88%~59.8%，短叶左芷植被在 0~20 cm 深的土壤含水量为 39.04%~57.72%；许秀丽等(2014)探求鄱阳湖典型洲滩湿地不同植被类型下地下水、土壤水的变化特征，得出鄱阳湖(主要植被为藜蒿、芦苇、灰化薹草)夏季土壤含水量为 30%~50%。以上研究表明，不同类型的湿地植被能适应不同含水量的土壤，湿地土壤含水量一般在 20%~60% 时植被能正常生长。另有研究表明，土壤水分含量达到饱和水的 50%~90% 时对土壤中 N、P 等元素矿质化最适宜(崔保山和杨志峰，2002)；李丽等(2011)研究了地下水位和土壤含水量对若尔盖木里苔草沼泽甲烷排放通量的影响。结果表明，7 月 0~40 cm 深度的土壤含水量为 130.55%~303.65%，且与甲烷排放通量之间呈显著正相关关系。以上研究说明湿地土壤含水量在 50%以上有利于为湿地植被提供养分，且土壤含水量越高，越有利于湿地生态系统固碳功能的发挥。李玫等(2014)测定了若尔盖典型苔草湿地不同退化程度湿地土壤的含水量，并分析其随土壤深度变化的纵向变化规律，得出在 0~20cm 深度，未退化湿地土壤含水量为 70%~80%，轻度退化湿地土壤含水量为 65%~75%，中等退化湿地土壤含水量为 60%~70%，严重退化湿地土壤含水量为 30%~50%。综合以上文献确定，湿地土壤含水量与湿地生态系统健康阈值的关系，见表 3-9，土壤含水量指标标准化值由公式(3-26)计算得到。

$$y = \begin{cases} 10 & (x \geqslant 1) \\ 6(x-0.5)+7 & (0.5 \leqslant x < 1) \\ \dfrac{40}{3}(x-0.2)+3 & (0.2 \leqslant x < 0.5) \\ 15x & (0 \leqslant x < 0.2) \end{cases} \tag{3-26}$$

式中，y 为湿地生态系统健康得分；x 为土壤含水量指标值。

表 3-9　土壤含水量与湿地生态系统健康阈值关系表

土壤含水量/%	湿地生态系统健康分值	健康级别
>100	10	好
50～100	7～10	好
20～50	3～7	中
0～20	0～3	差

5. 土壤 pH

国家将土壤酸碱度分为强酸性(pH<4.5)、酸性(4.5≤pH<5.5)、弱酸性(5.5≤pH<6.5)、中性(6.5≤pH≤7.5)、弱碱性(7.5<pH≤8.5)、碱性(8.5<pH≤9.5)、强碱性(pH>9.5)7 个等级。湿地土壤多呈微酸性至中性，pH 大多为 5.5～7，随土壤深度的增加而逐渐增大，底土多呈中性。其中，盐化沼泽土的 pH 最高，可以达到 9 左右，泥炭土的 pH 最低，一般在 4～6(吕宪国，2004)。土壤 pH 对有机质和全氮的影响主要与土壤微生物的活动有关，当土壤 pH 在中性范围内时，土壤微生物活性最强，在强酸性或强碱性范围内时，土壤微生物活性受到限制，土壤有机碳密度、TN 等与土壤 pH 呈显著负相关(白军红等，2002b；董洪芳等，2010)。当湿地土壤 pH 集中在 5.6～6.8 时，物种丰富度与土壤 pH 呈现明显的线性关系；土壤 pH 为 6.6 左右时，物种丰富度最大。此外，土壤的 pH 还决定土壤矿质元素的溶解度和分解速度，土壤 pH 在 6～7 的微酸状态下时，养分的有效性最高，对植物的生长最适合(徐治国等，2006)。根据以上分析确定，湿地土壤 pH 与湿地生态系统健康阈值的关系，见表 3-10，土壤 pH 指标标准化公式见式(3-27)。

表 3-10　土壤 pH 与湿地生态系统健康阈值关系表

土壤 pH	湿地生态系统健康分值	健康级别
>9.5	0	差
9～9.5	0～3	
8～9	3～7	中
7～8	7～10	
6～7	10	好
5.5～6	7～10	
4.5～5.5	3～7	中
4～4.5	0～3	差
<4	0	

$$
y = \begin{cases}
0 & (x > 9.5) \\
57 - 6x & (9 < x \leqslant 9.5) \\
39 - 4x & (8 < x \leqslant 9) \\
31 - 3x & (7 < x \leqslant 8) \\
10 & (6 < x \leqslant 7) \\
6x - 26 & (5.5 < x \leqslant 6) \\
4x - 15 & (4.5 < x \leqslant 5.5) \\
6x - 24 & (4 < x \leqslant 4.5) \\
0 & (x \leqslant 4)
\end{cases} \tag{3-27}
$$

式中，y 为湿地生态系统健康得分；x 为土壤 pH 指标值。

6. 土壤重金属含量

土壤重金属含量是反映土壤状况的重要指标，根据《中华人民共和国环境保护行业标准土壤环境监测技术规范(HJ/T 166—2004)》(国家环境保护局，2004)中土壤内梅罗污染指数评价标准(表 3-11)，构建了如表 3-12 的土壤重金属含量指标值(即内梅罗污染指数)与湿地生态系统健康之间的阈值关系，其中的土壤重金属含量指标标准化通过公式(3-28)计算。

表 3-11　土壤内梅罗污染指数评价标准(国家环境保护局，2004)

等级	内梅罗污染指数	污染等级
Ⅰ	$P_N \leqslant 0.7$	清洁(安全)
Ⅱ	$0.7 < P_N \leqslant 1.0$	尚清洁(警戒限)
Ⅲ	$1.0 < P_N \leqslant 2.0$	轻度污染
Ⅳ	$2.0 < P_N \leqslant 3.0$	中度污染
Ⅴ	$P_N > 3.0$	重污染

表 3-12　土壤重金属含量与湿地生态系统健康阈值关系表

土壤重金属含量指标值(内梅罗污染指数值)	湿地生态系统健康分值	健康级别
$P_N \leqslant 0.7$	10	好
$0.7 < P_N \leqslant 1.0$	7~10	
$1.0 < P_N \leqslant 2.0$	3~7	中
$2.0 < P_N \leqslant 3.0$	0~3	差
$P_N > 3.0$	0	

$$
y = \begin{cases}
10 & (x \leqslant 0.7) \\
17 - 10x & (0.7 < x < 1.0) \\
11 - 4x & (1.0 < x \leqslant 2.0) \\
9 - 3x & (2.0 < x \leqslant 3.0) \\
0 & (x > 30)
\end{cases} \tag{3-28}
$$

式中，y 为湿地生态系统健康得分；x 为土壤重金属含量指标值(即内梅罗综合污染指数值)。

7. 土壤质地

本书采用了世界土壤数据库(HWSD)的土壤数据，该数据库采用了美国农业部(United States Department of Agriculture, USDA)土壤质地分类系统(图 3-4)。

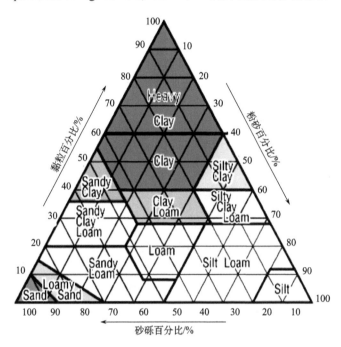

图 3-4　USDA 土壤质地分类系统(Fischer et al., 2008)

图 3-4 中土壤质地分类主要依据土壤中黏粒、粉砂和砂砾的含量(Fischer et al., 2008)，这 3 种粒子保持水和养分的能力均是黏土>壤土>砂土，根据图 3-4，查阅每种类型土壤黏粒、粉砂和砂砾的含量，并根据土壤保持水分和养分相对能力的大小，对土壤质地进行湿地生态系统健康赋分，结果见表 3-13。

表 3-13　土壤质地与湿地生态系统健康阈值关系表

编码	土壤质地	黏粒(<0.002mm)/%	粉砂(0.002~0.05mm)/%	砂砾(0.05~2.00mm)/%	分值	健康级别
1	黏土(重型)	60~100	10~40	30~70	10	
2	粉砂质黏土	40~60	40~60	20~40	8	好
3	黏土	40~60	40~60	30~75	7	
4	粉砂质黏壤土	28~40	60~72	20~40	6	中
5	黏壤土	28~40	60~72	36~65	6	
6	粉砂土	0~12	88~100	0~20	2	差

续表

编码	土壤质地	黏粒(<0.002mm)/%	粉砂(0.002~0.05mm)/%	砂砾(0.05~2.00mm)/%	分值	健康级别
7	粉砂质壤土	0~28	72~100	0~50	3	差
8	砂质黏土	25~55	45~65	62~85	5	
9	壤土	8~28	72~92	36~65	5	中
10	砂质黏壤土	20~35	65~80	58~90	5	
11	砂质壤土	0~20	80~100	70~95	3	差
12	壤质砂土	10~15	85~100	70~100	4	中
13	砂土	0~10	90~100	88~100	1	差

8. 生物多样性指数

生物多样性指数计算主要参考 2012 年环境保护部南京环境科学研究所发布的《中华人民共和国国家环境保护标准区域生物多样性评价标准(HJ 623—2011)》，根据该评价标准中生物多样性状况的分级标准，建立生物多样性与湿地生态系统健康之间的阈值关系，见表 3-14。

表 3-14　生物多样性分级标准及其与湿地生态系统健康阈值关系表

生物多样性等级	生物多样性指数	湿地生态系统健康分值	健康等级
高	BI≥60	10	
中	30≤BI<60	7~10	好
一般	20≤BI<30	3~7	中
低	BI<20	0~3	差

根据表 3-14 确定生物多样性指标标准化公式为

$$y = \begin{cases} 10 & (x \geqslant 60) \\ (x-30)/10+7 & (30 \leqslant x < 60) \\ 2(x-20)/5+3 & (20 \leqslant x < 30) \\ 3x/20 & (x < 20) \end{cases} \tag{3-29}$$

式中，y 为湿地生态系统健康得分；x 为生物多样性指标值。

9. 净初级生产力

有关净初级生产力对湿地生态系统评价贡献的研究探索，刘玉松(2012)进行辽河口湿地生态系统健康评价时，将 NPP[单位：$g/(m^2 \cdot a)$]的分级标准定为大于 1700(10 分)、1300~1700(7 分)、1000~1300(5 分)、600~1000(5 分)、小于 600(1 分)；杨予静等(2013)对三峡库区忠县汝溪河流域生态系统健康进行评价时，制定 NPP 的 5 级分级标准是很健康(>1000)、健康(800~1000)、较健康(600~800)、一般病态(400~600)、病态(<400)；

罗治敏(2006)进行三峡库区大宁河流域湿地生态系统健康评价时，将 NPP[单位：g/(m²·a)]分为 6 个级别(0~200、200~350、350~450、450~550、550~700、700~900)；龙笛和张思聪(2006)进行滦河湿地生态系统健康评价时，将 NPP[单位：g/(m²·a)]分为 6 级(1 级：大于 1000；2 级：800~1000；3 级：600~800；4 级：400~600；5 级：200~400；6 级：小于 200)；王宗明等(2009)研究发现，三江平原草地 NPP 均值为 430 g/(m²·a)左右，典型小叶章沼泽湿地的 NPP 为 750 g/(m²·a)左右；王玮等(2013)研究得出，巴音布鲁克国家级高寒草原湿地 NPP 为 50~350 g/(m²·a)。

　　综上述文献可知，不同区域不同类型的湿地生态系统 NPP 值相差较大。不同学者构建的湿地生态系统评价体系中，对 NPP 的分级范围相差也较大，大多根据评价区域的 NPP 的范围划定分级。本书基于前人研究成果构建的指标体系拟适用于不同区域不同类型的湿地生态系统。为了能比较评价结果，同时考虑了前人研究结果的最大值和最小值，确定了 NPP 与湿地生态系统健康级别之间的阈值关系(表 3-15)和 NPP 标准化公式(式 3-30)。

表 3-15　净初级生产力与湿地生态系统健康阈值关系表

净初级生产力/[g/(m²·a)]	湿地生态系统健康分值	健康等级
≥1700	10	好
1000~1700	7~10	
400~1000	3~7	中
0~400	0~3	差

$$y = \begin{cases} 10 & (x \geqslant 1700) \\ 3(x-1000)/700 + 7 & (1000 \leqslant x < 1700) \\ (x-400)/150 + 3 & (400 \leqslant x < 1000) \\ 3x/400 & (x < 400) \end{cases} \tag{3-30}$$

式中，y 为湿地生态系统健康得分；x 为净初级生产力指标值。

10. 净初级生产力变化趋势

　　根据先验知识，自然状态下，湿地生态系统净初级生产力变化不会太多，杨予静等(2013)的研究表明，2005~2009 年，三峡库区忠县汝溪河流域生态系统，NPP 年际变化为-6%~30%，这里尝试将净初级生产力变化趋势与湿地生态系统健康阈值关系确定为表 3-16，NPP 变化趋势的标准化方法见式(3-31)。

$$y = \begin{cases} 10 & (x > 0.3) \\ 20x + 4 & (-0.05 < x \leqslant 0.3) \\ 12x + 3.6 & (-0.3 < x \leqslant 0.05) \\ 0 & (x \leqslant -0.3) \end{cases} \tag{3-31}$$

式中，y 为湿地生态系统健康得分；x 为净初级生产力变化趋势指标值。特殊情况处理如下：

表 3-16　净初级生产力变化趋势与湿地生态系统健康阈值关系表

净初级生产力变化率/%	湿地生态系统健康分值	健康等级
>30	10	好
15~30	7~10	
−5~15	3~7	中
−30~−5	0~3	差
<−30	0	

(1) 当年和上一期 NPP 均为 0 时，净初级生产力变化趋势标准化后值为 0；

(2) 上一期 NPP 为 0，当年 NPP 不为 0 时，净初级生产力指标向着健康的方向变化，根据当年的 NPP 值确定 NPP 变化趋势标准化值，见式(3-32)。

$$y = \begin{cases} 4 & 0 < x < 400 \\ x/100 & 400 \leqslant x \leqslant 1000 \\ 10 & x > 1000 \end{cases} \quad (3\text{-}32)$$

式中，y 为净初级生产力变化趋势标准化后的湿地生态系统健康得分；x 为评价单元内当年的 NPP 值。

11. 栖息地适宜性指数

栖息地适宜性指数计算过程中已经进行了标准化，此处无需再进行标准化，即按照 3.2.3 小节中栖息地适宜性指数的公式进行计算，得到的结果即为已经标准化后的指标得分。

12. 栖息地适宜性指数变化趋势

栖息地适应性指数变化趋势是栖息地适宜性指数近两期的值相减，与湿地生态系统健康呈正相关关系，根据本书的支撑项目"国家林业局湿地生态系统评价体系"中多个评价试点所积累的经验，尝试确定栖息地适宜性指数变化趋势与湿地生态系统健康阈值关系，见表 3-17；该指标的标准化公式见式(3-33)。

表 3-17　栖息地适宜性指数变化趋势与湿地生态系统健康阈值关系表

栖息地适宜性指数变化趋势	湿地生态系统健康分值	健康等级
>4	10	好
2~4	7~10	
−1~2	3~7	中
−3~−1	0~3	差
<−3	0	

$$y = \begin{cases} 10 & (x > 4) \\ 1.5x - 4 & (2 < x \leqslant 4) \\ 4(x+1)/3 + 3 & (-1 < x \leqslant 2) \\ 1.5x + 4.5 & (-3 < x \leqslant -1) \\ 0 & (x \leqslant -3) \end{cases} \tag{3-33}$$

式中，y 为湿地生态系统健康得分；x 为栖息地适宜性指数变化趋势指标值。

13. 土地利用强度

土地利用强度与湿地生态系统健康呈负相关关系，由土地利用强度公式计算出来的土地利用强度值为 1～10，土地利用强度与湿地生态系统健康阈值关系，见表 3-18；其标准化公式见式(3-34)。

表 3-18 土地利用强度与湿地生态系统健康阈值关系表

土地利用强度	湿地生态系统健康分值	健康等级
1～3	7～10	好
3～7	3～7	中
7～10	0～3	差

$$y = \begin{cases} 11.5 - 1.5x & (1 \leqslant x < 3) \\ 10 - x & (3 \leqslant x \leqslant 10) \end{cases} \tag{3-34}$$

式中，y 为湿地生态系统健康得分；x 为土地利用强度指标值。

14. 土地利用强度变化趋势

土地利用强度值范围是 1～10，因此，土地利用强度变化趋势值范围是 0～9，根据本书的支撑项目"国家林业局湿地生态系统评价体系"多个评价试点所积累的经验，湿地生态系统状况没有明显好转或严重退化，本年度和上一期土地利用强度变化较小，本节确定土地利用强度变化趋势与湿地生态系统健康阈值关系，见表 3-19，该指标标准化方法见式(3-35)。

表 3-19 土地利用强度变化趋势与湿地生态系统健康阈值关系表

土地利用强度变化趋势	湿地生态系统健康分值	健康等级
<-5	10	好
-5～-1.5	7～10	
-1.5～1.5	3～7	中
1.5～5	0～3	差
>5	0	

$$y = \begin{cases} 10 & (x < -5) \\ 3(1.5 + x)/3.5 + 7 & (-5 \leqslant x < -1.5) \\ 4(1.5 - x)/3 + 3 & (-1.5 \leqslant x < 1.5) \\ 3(5 - x)/3.5 & (1.5 \leqslant x < 5) \\ 0 & (x \geqslant 5) \end{cases} \tag{3-35}$$

式中，y 为湿地生态系统健康得分；x 为土地利用强度变化趋势指标值。

15. 湿地面积变化率

针对湿地面积变化率的研究，国内学者蒋卫国(2003)进行辽河三角洲湿地生态系统健康评价时，将湿地生态系统面积减小比例(%)分为 5 个等级(<1、1~2、2~5、5~8、>8)；王利花(2007)进行若尔盖高原湿地生态系统健康评价时，与湿地生态系统健康由好到差的 5 个等级对应的湿地面积变化比例(%)是>0、−0.05~0、−0.15~−0.05、−0.25~−0.15、<−0.25；王磊等(2011)进行江苏盐城海岸带湿地生态系统健康评价时，将湿地面积变化比例(%)分为 5 个等级(<0.1、0.1~0.3、0.3~0.5、0.5~0.7、>0.7)。可见，不同学者对湿地面积变化反映湿地生态系统健康状况变化的认识相差较大，国家林业局《国际重要湿地生态特征变化预警方案(试行)》中，确定湿地面积变化绝对值为 0~5%时，可以看作湿地面积无明显变化，而变化绝对值为 5%~10%时，认为有一定变化，而湿地面积减少 10%以上，认为湿地面积变化(减少)明显，需要对其进行预警。参考上述资料，确定湿地面积变化率与湿地生态系统健康之间的阈值关系(表 3-20)和湿地面积变化率标准化公式[式(3-36)]。

表 3-20　湿地面积变化率与湿地生态系统健康阈值关系表

湿地面积变化率/%	湿地生态系统健康分值	健康等级
>0.25	10	好
0.05~0.25	7~10	好
−0.05~0.05	3~7	中
−0.25~−0.05	0~3	差
<−0.25	0	差

$$y = \begin{cases} 10 & (x > 0.25) \\ 3(x - 0.05)/0.2 + 7 & (0.05 < x \leqslant 0.25) \\ 40x + 5 & (-0.05 < x \leqslant 0.05) \\ 15x + 3.75 & (-0.25 < x \leqslant -0.05) \\ 0 & (x \leqslant -0.05) \end{cases} \tag{3-36}$$

式中，y 为湿地生态系统健康得分；x 为湿地面积变化率指标值。特殊情况处理如下：

(1)当年和历史时期评价单元内湿地面积均为 0 时，湿地面积变化率标准化后值为 0；

(2)历史时期湿地面积为 0，当年湿地面积不为 0 时，湿地面积变化率指标向着健康的方向变化，根据湿地面积在整个评价单元内的比例来确定湿地面积变化率标准化值，见式(3-37)。

$$y = \begin{cases} 5 + 10x & 0 < x < 0.5 \\ 10 & 0.5 \leqslant x \leqslant 1 \end{cases} \tag{3-37}$$

式中，y 为湿地面积变化率标准化后的湿地生态系统健康得分；x 为当年湿地面积在评价单元内的比例。

16. 湿地面积变化趋势

湿地面积变化趋势为近两期的湿地面积变化率的差值，根据本书的支撑项目"国家林业局湿地生态系统评价体系"多个评价试点的评价结果，人为干扰较小的状态下，本年度和上期湿地生态系统面积相差不会太大，本节确定湿地面积变化趋势与湿地生态系统健康阈值关系(表 3-21)，湿地面积变化趋势标准化方法见式(3-38)。

表 3-21　湿地面积变化趋势与湿地生态系统健康阈值关系表

湿地面积变化趋势/%	湿地生态系统健康分值	健康等级
＞0.3	10	好
0.1～0.3	7～10	
−0.1～0.1	3～7	中
−0.3～−0.1	0～3	差
＜−0.3	0	

$$y = \begin{cases} 10 & (x > 0.3) \\ 15x + 5.5 & (0.1 < x \leqslant 0.3) \\ 20x + 5 & (-0.1 < x \leqslant 0.1) \\ 15x + 4.5 & (-0.3 < x \leqslant -0.1) \\ 0 & (x \leqslant -0.3) \end{cases} \tag{3-38}$$

式中，y 为湿地生态系统健康得分；x 为湿地面积变化趋势指标值。特殊情况处理如下：

(1) 当年和上一期评价单元内湿地面积均为 0 时，湿地面积变化趋势标准化后值为 0；

(2) 上一期湿地面积为 0，当年湿地面积不为 0 时，湿地面积变化趋势指标向着健康的方向变化，根据湿地面积在整个评价单元内的比例来确定湿地面积变化趋势标准化值，计算公式为式(3-37)，此时 y 为湿地面积变化趋势标准化后的湿地生态系统健康得分，x 为当年湿地面积在评价单元内的比例。

17. 人口密度

人口密度与湿地生态系统健康呈负相关关系，人口密度越大，对湿地生态系统健康压力越大，许多学者在进行湿地生态系统健康评价时，人口密度的分级各不相同(表 3-22)，据此确定本书中人口密度指标与湿地生态系统健康阈值关系(表 3-23)，及人口密度的标准化公式(式 3-39)。

表 3-22　前人进行湿地生态系统健康评价时人口密度分级　　（单位：人/km²）

参考文献	1 级	2 级	3 级	4 级	5 级	6 级
上官修敏，2013	<200	200~400	400~600	600~800	>800	—
杨予静等，2013	<100	100~300	300~500	500~700	>700	—
龙笛和张思聪，2006	<100	100~300	300~500	500~700	700~900	>900
蒋卫国，2003	<100	100~250	250~400	400~600	>600	—

表 3-23　人口密度与湿地生态系统健康阈值关系表

人口密度/(人/km²)	湿地生态系统健康分值	健康等级
<100	10	好
100~300	7~10	好
300~600	3~7	中
600~900	0~3	差
>900	0	差

$$y = \begin{cases} 10 & (x < 100) \\ 3(300-x)/200 + 7 & (100 < x \leqslant 300) \\ 4(600-x)/300 + 3 & (300 < x \leqslant 600) \\ (900-x)/100 & (600 < x \leqslant 900) \\ 0 & (x \geqslant 900) \end{cases} \tag{3-39}$$

式中，y 为湿地生态系统健康得分；x 为人口密度指标值。

18. 居民湿地保护意识

　　本书所采用问卷调查来评估湿地周边居民的湿地保护意识的方法是首次尝试，没有其他的资料可以参考，支持本书的"国家林业局湿地生态系统评价体系"项目在执行过程对全国 54 块湿地进行了湿地生态系统评价工作，从对这 54 块湿地周边居民进行问卷调查的过程中了解到，当前国内湿地周边居民对湿地基本知识掌握较少、湿地保护意识普遍偏低，据此尝试确定居民湿地保护意识与湿地生态系统健康阈值关系(表 3-24)，该指标标准化方法见式(3-40)。

表 3-24　居民湿地保护意识与湿地生态系统健康阈值关系表

居民湿地保护意识/%	湿地生态系统健康分值	健康等级
30~100	7~10	好
5~30	3~7	中
0~5	0~3	差

$$y = \begin{cases} 3(x-0.3)/0.7+7 & (0.3 < x \leqslant 1) \\ 4(x-0.05)/0.25+3 & (0.05 < x \leqslant 0.3) \\ 60x & (0 \leqslant x \leqslant 0.05) \end{cases} \tag{3-40}$$

式中，y 为湿地生态系统健康得分；x 为居民湿地保护意识指标值。

3.3　大气环境健康遥感诊断指标体系

大气为地球生命繁衍、人类发展提供了理想的环境。它的状态和变化时时刻刻影响着人类的生存与发展。人类活动或自然因素将某些物质排放到大气中，使得正常的大气组成成分和其生物化学性质发生变化，这些变化又反过来导致人类的生存环境恶化，进而危及人类的生存和健康。尤其是近几十年来，随着中国工业的快速发展和污染防治的疏忽，我国的大气环境质量急剧下降，大气污染问题日益严重，特别是近年来频发的雾霾等空气污染事件，使得可吸入性颗粒物 PM_{10}、$PM_{2.5}$ 等专业术语快速被公众关注和熟知，其所引发的空气污染等环境问题也得到政府和相关部门的重视。诚然，这对于改善我国空气质量、维护大气环境健康具有里程碑式的意义，但不能忽视的是可吸入性颗粒物只是众多空气组成成分的一种，目前我国尚未建立起一套针对整个大气圈健康的指标体系，而曹春香研究员于 2011 年提出"环境健康遥感诊断"的学科方向时，即明确包含了"大气环境健康遥感诊断"的子方向，其出发点和核心之处在于用遥感手段诊断大气环境健康，而诊断的前提是首先需要建立一套科学合理的大气环境健康指标体系。

综合目前已有研究中对大气环境健康研究的成果，本指标体系的建立主要集中关注与大气质量关系最为密切的几个组成成分的指标参数，包括气溶胶光学厚度、颗粒物浓度、温度和湿度、温室气体和污染气体含量等，下面将具体介绍这些参数因子，以及它们的遥感反演方法。

3.3.1　气溶胶光学厚度

大气气溶胶作为地-气系统中一个非常重要的组成成分，在地球辐射收支平衡和全球气候变化中扮演着重要角色。大气气溶胶不仅可以通过吸收和散射太阳辐射来影响气候系统的变化，而且可以通过微物理过程影响云的形成，进而影响水循环，并且可以通过化学过程改变大气成分或组成，进而影响大气环境。

一般而言，气溶胶浓度可以用垂直和水平两种方式描述：气溶胶光学厚度(aerosol optical depth)和水平气象视距(horizontal meteorological range)。其中，气溶胶光学厚度是气溶胶最重要的参数之一，是表征大气浑浊度的重要物理量，也是确定气溶胶气候效应的一个关键因子，还是影响大气订正精度的主要因素之一。卫星观测资料包含了丰富的气溶胶光学特性的时空变化信息，因此利用卫星遥感估测大气气溶胶光学厚度已成为气溶胶研究乃至全球气候变化研究领域中的一个热门课题。

目前，有很多基于卫星遥感反演气溶胶光学厚度的方法，包括单通道反射比、多通道反射比、密集植被暗背景、陆地上空对比度降低、用于 TOMS 资料的紫外方法等。

当前比较有代表性的气溶胶光学厚度遥感反演算法主要有两种：一种是通过路径辐射项求取气溶胶光学厚度的暗像元(dense dark vegetation，DDV)算法；另一种是通过透过率求取气溶胶光学厚度结构函数对比(contrast reduction，CR)算法。

1. 暗像元算法

陆地上的稠密植被、水体覆盖区及湿地土壤在可见光波段反射率很低，在卫星图像上称为暗像元。遥感模拟及观测研究表明，在晴空无云的暗像元上空，卫星观测反射率随大气气溶胶光学厚度单调递增，利用这种关系反演大气气溶胶光学厚度的算法，称为暗像元方法。暗像元方法利用大多数陆表在红(0.60～0.68 μm)和蓝(0.40～0.48 μm)波段反射率低的特性，根据归一化差值植被指数(NDVI)或近红外通道(2.1 μm)反射率进行暗像元判识，并依据一定的关系假定这些暗像元在可见光红或蓝通道的地表反射率，用于反演气溶胶光学厚度。暗像元算法基于表观反射率的大气贡献项，即利用卫星观测的路径辐射反演气溶胶光学厚度。它是目前陆地上空气溶胶遥感应用最为广泛的算法。

对于干旱、半干旱，以及城市等高反射率地区，气溶胶光学厚度的反演还存在不少困难，主要是因为以上地区地表的非均一性使确定地表反射率的精度变得非常困难。另外，当地表反射率升高时，气溶胶的指示作用降低。在通常情况下，地表反射率较低时，传感器接收的辐射值随气溶胶的增多而迅速增大，浓密植被法就是利用在浓密植被地区红、蓝波段的地表反射率和气溶胶光学厚度的这种关系来反演光学厚度的。随着地表反射率增大，辐射值随气溶胶的增加而增大的幅度变小，当反射率增大到一定程度时，辐射值将不再变化，甚至出现随气溶胶的增加而降低的趋势。

2. 结构函数法

大多数可见光通道的气溶胶遥感算法是基于暗地表上的反演理论，但对于中高纬度地区的冬季或干季，大多数像元是亮地表，将在暗地表上以路径辐射为主的反演算法用在亮地表上会产生很大的反演误差。因此，在陆地亮地表上发展了结构函数法来替代暗像元法反演气溶胶光学厚度。

结构函数法同样采用可见光红、蓝通道数据。该方法假设在同一地区、一段时间内地表反射率不变。那么，利用"清洁日"(指气溶胶光学厚度极小日)大气作为参考，可以反演"污染日"(指气溶胶光学厚度较大日)大气的气溶胶光学厚度。该算法通过对一段时间内多日卫星观测数据的分析，将其中最为干洁的一天作为"清洁日"，通过地面观测或其他途径来确定"清洁日"气溶胶光学厚度，将其作为背景的气溶胶信息。假定地表目标无变化，由透射函数的变化就能获取其他"污染日"的气溶胶光学厚度。与基于大气路径辐射对卫星信号的贡献项反演气溶胶光学厚度的暗像元法相比，该算法主要利用表观反射率的地表贡献项来反演气溶胶光学厚度。它为干旱、半干旱地区和城市区域等亮地表上空的气溶胶光学厚度反演提供了一条新的途径。

暗像元算法和结构函数算法，虽然是从不同角度反演了气溶胶光学厚度，但都对地表反射率作了假设，都是在地表特性已知的前提条件下来获取气溶胶信息。其中，DDV 算法通过大量的实验数据拟合了红、蓝波段与 2.1μm 的线性关系，基于此，求取了红、蓝波段的"真实"地表反射率，然后代入"6S"等大气辐射传输模型，通过查找表求解大气中气溶胶的含量。CR 算法则利用地表反射率不变这一特性作为前提条件，利用"清洁日"大气作为污染日大气的参考，基于大气总透过率反演气溶胶光学厚度。对两种算法的原理进行分析，暗像元算法不适用于广泛存在亮地表的城市地区；结构函数算法对于遥感大范围均一地表特征的区域上空的气溶胶光学厚度，可能会造成较大误差。两种算法都存在各自的局限性，适用于不同地表特征条件下气溶胶光学厚度的反演。

综上所述，气溶胶光学厚度代表了大气的光学特性，是大气辐射和大气光学中很重要的物理量。它反映了整层大气中颗粒物对太阳辐射的削弱程度，也就是反映了该大气层中颗粒物含量的多少或空气污染的程度。可见，气溶胶光学厚度是环境健康遥感诊断的重要参数之一，需要进行高精度的测算。

3.3.2　颗粒物浓度

大气颗粒物是一种重要的空气污染物，大气中的悬浮颗粒物会通过对可见光的消光作用导致地面能见度下降，从而对大气环境质量产生严重影响，同时又可以通过呼吸道吸入等直接影响人类健康。因此，大气颗粒物是大气环境监测的基本参数，也是大气环境研究的前沿领域之一，对于环境健康诊断有着重要意义。

1. 大气颗粒物及分类

大气中的悬浮颗粒物(SPM)是指悬浮在大气中的固体、液体颗粒物的总称，可分为一次污染物和二次污染物：一次污染物是直接进入大气中的颗粒物，其粒径大小一般为 $1\sim20~\mu m$，大部分大于 2.5 μm；二次污染物颗粒较小，其大小一般为 $0.01\sim1.0~\mu m$，是大气中气态污染物之间及气态污染物与尘粒之间相互发生化学或光化学反应产生的。通常根据大气颗粒物的粒径大小，对大气颗粒物分类命名。其中，对环境健康影响较大、引起人们普遍重视的有总悬浮颗粒物(TSP)、可吸入颗粒物(PM_{10})及可入肺颗粒物($PM_{2.5}$)。总悬浮颗粒物是指能悬浮在空气中，空气动力学当量直径≤100 μm 的颗粒物，包括可吸入颗粒物和部分降尘。可吸入颗粒物是指悬浮在空气中，可被呼吸道吸入的直径≤10 μm 的颗粒物。可入肺颗粒物则是指可被吸入肺中的直径≤2.5 μm 的悬浮颗粒物。

大气中的悬浮颗粒物对人体健康的负面影响包括对城市大气能见度、气候、空气质量、生态环境等的影响，其都与 TSP、PM_{10} 以及 $PM_{2.5}$ 的数量和质量有关。大气颗粒物浓度的测量，主要是根据颗粒物的物理性质(包括力学、电学、光学等)与颗粒物数量或质量之间的关系，通过相应的仪器设备进行的。根据测量具体操作方法的不同，大气颗粒物的测试方法可分为捕集测定法和浮游测定法。捕集测定法是指先通过各种手段捕集空气中的微粒，然后再测定其浓度的方法；而浮游测定法是指能保持空气中的浮游颗粒仍为浮游状态而测定其浓度的方法。

2. 大气颗粒物浓度及其遥感反演方法

当前大气颗粒物污染监测以地面监测为主。由于网点布局相对稀少、分散，监测的总体污染状况受监测站点周围环境污染要素的影响较大，且地面监测站点不能全面、动态地反映城市环境质量状况。而基于遥感技术可以监测大范围长时间序列的环境变化，其成本较低、效率较高，因此在大气颗粒物监测中发挥着越来越重要的作用。

基于遥感方法反演大气颗粒物（如 PM_{10}、$PM_{2.5}$）浓度不是直接建立遥感光谱值与颗粒物浓度之间的模型，而是先基于暗像元算法、结构函数算法等反演得到气溶胶光学厚度，然后通过垂直校正和湿度校正，建立气溶胶光学厚度与颗粒物浓度之间的线性或非线性关系，最后基于该关系模型反演得到颗粒物浓度。通过地面监测得到的实测值可以对反演结果进行验证。目前，基于此方法思路已有很多研究，如基于 MODIS 数据，采用暗像元算法反演了气溶胶光学厚度，然后根据气溶胶光学厚度与地表可吸入颗粒物浓度的线性关系，得到可吸入颗粒物（PM_{10}）浓度的直接反演体系；利用地面连续点监测、地基监测和卫星遥感监测等不同方法，监测 NO_2 浓度、平均水汽含量及 PM_{10}、$PM_{2.5}$ 的浓度等；基于环境一号卫星 CCD 数据，利用暗像元算法反演陆地气溶胶，并对其进行高度校正和湿度校正，得到 PM_{10}。

3. 大气颗粒物对空气质量及环境健康的影响

大气颗粒物污染是影响环境健康的主要危害因素之一。2002 年，世界卫生组织的估计表明，全球城市大气颗粒物污染造成每年至少 100 万居民死亡和 740 万失能调整生命年（指发病到死亡所损失的全部健康寿命年）的损失，且这些失能调整生命年损失的 50% 发生在大气颗粒物污染较严重的东南亚地区。

环境保护部发布的 2010 年上半年全国环境质量状况公告表明，受 2010 年春季沙尘天气影响，环保重点城市优良天数比例同比下降 0.3 个百分点，空气中二氧化硫、二氧化氮平均浓度与上年同期基本持平，可吸入颗粒物浓度同比上升 0.002 mg/m³。自 2005 年以来，环保重点城市空气质量优良天数比例首次出现下降，可吸入颗粒物浓度首次上升。颗粒物不但影响城市景观，还影响生态系统。这些颗粒物随雨沉降，其特殊的化学成分会腐蚀雕像和建筑外墙，破坏城市景观；腐蚀枝叶，影响植物生长；渗入地表后，破坏土壤成分，腐蚀植物根部，进而破坏生态平衡。

有关大气颗粒物与人类健康的研究也很多。例如，大气颗粒物浓度增加将导致心血管疾病死亡率增加，大气总悬浮物浓度每增加 100 μg/m³，心血管疾病死亡率增加 24%。颗粒物一旦到达肺间质部位，就会通过不同途径和机制转运到肺外组织，如进入血液循环系统，在人体内重新分配，到达全身各个部位，深入影响人体健康。研究表明，PM_{10} 每增加 10 μg/m³，人类总死亡率升高 0.51%、呼吸系统疾病与心血管疾病等相关疾病引起的死亡率增加 0.68%。而细颗粒物 $PM_{2.5}$ 比粗颗粒物 PM_{10} 的危害更强。最近的一项统计调查表明，$PM_{2.5}$ 质量浓度每增加 10 μg/m³，则由各种疾病、心肺疾病、肺癌导致的死亡风险分别增加 4%、6%、8%。

大气颗粒物，尤其是 PM_{10}、$PM_{2.5}$ 作为大气质量的重要指标，是衡量环境健康状况的主要指标之一。大气颗粒物的浓度不仅是影响空气质量的关键参数,同时也对心血管、呼吸道疾病的发病率有着重要影响,是环境健康遥感诊断的重要参数之一。

3.3.3　温度与湿度

全球变暖一直是一个焦点话题,它从各个方面对人类生存环境产生重要影响。全球变暖主要指的是气温,其与大气组成、结构等的变化有密切关系,而大气温度,尤其是低层大气温度的变化在一定程度上可以反映全球气候的变化趋势。温度和湿度是相互影响、相互作用的一对变量,其在整个大气层上的变化可由垂直廓线来表示。大气温度廓线和湿地廓线是大气环境基本且重要的参数,它们表征大气状况,对大气环境及地球表层环境健康有重要影响。

在晴空情况下,从卫星红外观测资料反演大气温度、湿度,主要有以下 3 种方法。

1. 统计方法

预先收集到探空资料和与其匹配的卫星观测值,直接建立大气温度廓线、湿度廓线与卫星观测值间的统计回归方程。此类方法包括最小二乘法、岭回归解、神经网络方法等。统计回归算法具有计算速度快、稳定性强、算法简单、便于处理大量数据等优点,其计算结果可作为物理方法的初估场,唯一的不足是在计算回归方程系数时,需要大量实测样本。

2. 物理方法

这种方法是直接对辐射传输方程进行物理求解,使用 n 个离散通道的观测值,待求函数用有限多个参数表示,把解泛函方程化为解代数方程组,如最优光滑解法、Smith迭代法等方法。物理反演方法的关键是需要解决仪器通道大量透射率的快速、精确计算问题,以便选择较好的初始解。物理反演方法的优点是不需事先统计资料,在任何情况下均可得到很可靠的结果,但它不能计入一些方程的因子,且用插值公式作数值积分时也有不小的误差。在用物理反演法求解不稳定的方程,以及非线性问题中,都要涉及初始预设值,因此如何选取初始预设值是一个重要问题,它直接影响到结果的合理性、精确程度及迭代的收敛速度。

3. 统计-物理方法

如 3I(improved initialization inversion)法,即改进初估值反演法,它的特点是考虑了比统计法更多的描述大气辐射传输过程的物理计算,采用模式识别方法从 TOVS 初估值反演(TIGR)数据集中选取统计意义上的最佳初估解,再由贝叶斯算法反演出大气温、湿廓线。

本小节引入一种比较常用的经验统计方法——特征向量法。特征向量法是从卫星观测值反演大气温度、湿度、臭氧的一个有效的计算方法,它采用事先由大气廓线及模拟辐射值决定的统计关系,在实际反演时,用二氧化碳、水汽窗区等通道的辐射值反演温、湿廓线。特征向量统计方法中的回归因子由大量的样本廓线及其模拟辐射值回归得到，对模拟值用的特征向量进行了压缩，使反演效率更高，增加了反演稳定性，同时减小了随机噪声的影响。

目前，基于以上各种方法反演大气温度廓线和湿度廓线的研究已有很多。例如，RM-NN 方法利用 RM（radiance transfer model）模型 MODTRAN4 和动态学习神经网络 NN（neural network）从 MODIS 数据中反演近地表空气温度，该方法能够合理地利用先验知识，从 MODIS 数据中比较精确地反演近地表空气温度。基于 IMAPP（international MODIS/AIRS preprocessing package）软件包和用特征向量统计法反演大气温度、湿度等垂直廓线的算法，通过与无线电探空值及欧洲中期天气预报中心 ECMWF 客观分析场的比较结果表明，该方法所获得的温度、水汽反演结果与探空观测及 ECMWF 大气廓线分布一致。

除了基于可见光和红外资料反演大气温度廓线和湿度廓线外，还可以基于激光雷达或微波探测仪器得到大气温度和湿度状况。例如，利用瑞利-拉曼-米氏散射激光雷达可以实现对流层和平流层大气温度和密度的探测。作为多参数大气探测系统，该激光雷达也实现了夜间至 25 km、白天至 5 km 高度气溶胶的探测能力。利用该激光雷达对合肥地区对流层温度、平流层逆温现象、对流层和平流层气溶胶做了探测和分析，并给出若干典型结果。分析表明，该激光雷达数据可靠，可用于大气温度、气溶胶的常规观测和分析研究。

基于遥感方法反演的大气温度和湿度，提供了大气环境状况的基础数据，为了解环境健康提供了基础保障，对于大气环境遥感研究及环境健康遥感诊断起着非常重要的作用。因此，环境健康遥感诊断不可缺少大气温度和湿度的遥感反演。

3.3.4　温室气体与污染气体含量

近年来，随着全球经济和社会的发展，工业化进程的不断加速，人类对于自然资源的过分开采和不合理利用，造成自然环境破坏。工业废气和汽车尾气排放，以及森林乱砍滥伐等各种因素造成了大气中 CO_2、CH_4 等温室气体，NO_2、SO_2 等污染气体急剧增多，使得全球气温上升、冰雪融化、海平面上升和植被变化，加剧了气候变化的进程，同时光化学烟雾、酸雨等灾害频发，给生态环境和人类健康带来了严重危害。气候变化和人类活动向大气排放的温室气体和污染气体已经影响着人类赖以生存和发展的基础，威胁着人类社会的可持续发展，对它们的监测已经成为目前世界各国政府工作和专家学者科学研究的热点内容。

1. 温室气体含量

温室气体是指大气中能吸收地面反射的太阳辐射，并重新发射辐射的一些气体，如水蒸气、CO_2、CH_4 等。它们的作用是使地球表面变得更暖，从而造成温室效应，导致全球变暖，影响人类生存环境。

基于遥感方法反演温室气体，主要是利用红外光谱信息，该波段区域含有丰富的诊断性光谱特征，可以有效地用于温室气体的反演和监测。温室气体探测星载传感器通常采用临边和天底两种观测方式。临边观测方式具有较高的垂直分辨率和较强的敏感性，但视场内云出现概率大；天底观测方式的垂直分辨率差，但视场内云的出现概率小，具有较好的水平分辨率，并且能够反演地表参数，如表面温度和发射率。因此，本节只讨论天底观测方式下的温室气体含量反演。

开展温室气体含量反演需要以下几个基本条件：①基于逐线计算辐射传输模型的快速参数化模型，模拟计算大气的辐射传输过程；②先验知识；③最小化代价函数方案。

1) 前向模型

精确的前向模型是成功反演的保障。它必须全面考虑辐射传输的物理过程，在给定大气廓线、光谱数据库、辅助数据的情况下，准确快速地计算出传感器入瞳处的辐射亮度。目前，还没有在整个红外波段都表现优异的逐线计算的辐射传输计算模型，大气辐射测量（ARM）计划的逐线计算辐射传输模式（LBLRTM）是痕量气体反演比较常用的前向模型。通常用于痕量气体探测的传感器都会根据自身的科学目的，以及达到此目的所使用的波段来选择在所选波段性能优异的前向模型或者在已有前向模型的基础上开发特定的前向模型。

2) 先验知识

由于遥感反演问题本质上是病态问题，没有唯一解，必须借助于已掌握的先验知识，给解施加约束条件，使得在仪器的噪声水平之内，得到可以接受的解。先验知识由先验状态的均值和其协方差矩阵组成。观测之前，先验知识必须在统计意义上最能代表待反演参数的真实状态，先验知识应该基于相互独立的真实状态的数据总体，如气候数据、其他观测数据和大气模型产生的数据。大气温室气体反演中使用的先验知识主要来源于3 个方面：已有数据库的温室气体廓线数据，如 AFGL 大气廓线数据库、TIGR 初始猜测值数据库等；地面观测数据，如美国国家海洋和大气管理局（NOAA）的气候监测与诊断实验室独立观测数据、国际平流层变化观测网（NDSC）分布于世界各地的地面观测站的地面观测数据等；一些大气化学模型产生的数据等。

3) 最小化代价函数方案

通常可以用式(3-41)来描述观测向量和真实状态向量之间的关系。

$$y = F(x, b) + \varepsilon \tag{3-41}$$

式中，y 为观测向量（测量的红外辐亮度）；$F(x, b)$ 为前向模型函数；x 为状态向量（待反演的大气参数）；b 为前向模型所有的其他参数：压强、温度、其他组分的廓线、地表发射率、仪器的光谱响应函数和光谱数据库；ε 为由仪器噪声引起的测量误差。反演就是要从给定 y 的条件下反求出 x。对于大气温室气体遥感反演来说，问题是非线性和欠定的。目前，对这类问题的解法主要是在利用先验知识的同时，利用非线性迭代方法或者使用神经网络方法求得统计意义上的最优解。

2. 污染气体含量

由于人类活动，尤其是工业生产的发展，导致了大气质量日益恶化。大气中的 NO_2、

SO_2 等污染气体含量越来越多,给大气环境和人类健康带来了严重影响。因此,对大气环境状况进行连续大面积的监测已是我们面临的重要任务,其中,监测污染气体的浓度是其重要的组成部分。目前,监测大气污染气体有多种方法,主要包括传统的化学方法和新型的遥感方法。传统的化学方法依靠环境监测站监测大气污染气体,其具有数据可信度高、获取容易、能够瞬时获取等优点,但耗时耗力,获取的只是特定点上的数据,难以扩展到面,且难以得到气体的垂直分布信息。遥感方法,如光谱学分析等,由于其快速、广泛、大范围获取信息的特点,已逐渐被广泛用于大气污染气体的反演和监测。

常用的大气污染气体光谱遥感监测技术主要有傅氏变换红外光谱(FTIR)技术、差分光学吸收光谱(DOAS)技术、激光长程吸收技术,以及差分吸收激光雷达(DIAL)技术。下面分别介绍以上几种常用的遥感监测技术。

1)傅氏变换红外光谱技术

FTIR 技术是一种传统方法,可以测量许多化学成分的光谱信息,包括多种污染气体,还有大的有机分子或者酸性有机物,如丙烯醛、苯、氯仿等。对于在红外大气窗口 3~5 μm、8~12 μm 有特征吸收光谱的气体分子都可采用 FTIR 技术对其浓度进行探测。

FTIR 技术的基本结构有单站和双站两种方式。红外光源经准直后成平行光出射,经过 100 m 到几百米的光程距离,由望远镜系统接收,经干涉仪后到红外探测器上。由探测器测量得到干涉图,经快速傅氏变换得到气体成分的光谱信息。然后,用多元最小二乘法进行光谱分析,对吸收光谱与实验室参考光谱进行最小二乘拟合,参考光谱最好是同样的光谱仪对标准浓度气体测量所得到的。

FTIR 技术在红外光谱分析方面有着明显优势,一次可以获得全部光谱(2~15μm)数据;不需要光谱扫描,光强利用效率高,没有分光元件,可以同时对多种分子进行测量。

2)差分光学吸收光谱技术

DOAS 技术已广泛用于大气环境监测,该技术主要是以大气中的痕量污染气体对紫外和可见光波段的特征吸收光谱为基础,通过特征吸收光谱鉴别大气中污染气体的类型和浓度,因此适用于在该波段有特征吸收的气体分子,如标准污染物 NO_2、SO_2、CO、O_3 和芳香族有机物苯、甲苯、甲醛等。在一束通过环境空气的光中,DOAS 技术可以获得多种污染气体的平均浓度,从而可以同时监测多种气体成分,并具有很高的探测灵敏度,但是由于在短波区(200~230 nm)的瑞利散射和 O_2 吸收,测量的最长光程一般只有几百米。

瑞士的 OPSIS 公司和美国热电子公司已有商用的 DOAS 系统,可用于城市空气污染监测,可对城区大范围的多种污染分子同时监测,DOAS 技术也被广泛用于污染源的监测,对化工厂、水泥厂等的生产过程和排放监测。

3)激光长程吸收技术

激光的高单色性、方向性和高强度,使其成为大气监测的理想工具。在激光长程测量中,激光监测系统一般有两种工作方式:一种是利用大气本身的后向散射,得到污染气体随距离的分布，这就是后面要介绍的差分吸收激光雷达技术；另一种是利用地面物体或是角反射器的反射来获得光程平均浓度，称为激光长程吸收。如果在光路中不同的距离使用反射目标，可以获得距离分辨的浓度分布。激光长程吸收测量一般采用单站工作方式，激光束直接发射进入大气中，部分光由后向反射器或建筑物反射回来，用望远系统进行接收，根据工作波长选择探测器件，回波信号与许多因素有关，如激光功率、测量距离、接收系统的口径，以及反射物的反射率等。对于空气中的低浓度、有毒气体成分，如甲醛、HCl、HF、NH_3，标准污染物 CH_4、CO、SO_x、NO_x 等的遥感反演及监测，都可以采用激光长程吸收技术。

4) 差分吸收激光雷达技术

激光差分雷达技术是利用大气本身的后向散射回波来进行测量实现的。大气的气溶胶的 Mie 后向散射截面较大，回波强度较强，易于接收测量，可以实现很高的距离分辨率，具有大范围实时的特点。测量光程可达几十千米，主要是对大气平流层、对流层的痕量气体成分进行测量。DIAL 技术已成为测量气体分子浓度空间分布的一种有力工具。基于 DIAL 技术已成功地对 O_3、CH_4、CO、SO_2、NO_2 等各种温室气体进行反演测量。

3.4　自然灾害遥感诊断指标体系

考虑到自然灾害种类繁多，本节将从地质灾害、气象灾害和传染病灾害三个典型领域着手论述一般自然灾害遥感诊断的指标体系。

3.4.1　地　质　灾　害

在自然灾害中，地质灾害占有很重要的地位。一般情况下，岩性脆弱、构造发育、植被稀疏、地形陡峻的地段，在强降水过程中容易发生地质灾害。据估计，我国由地质灾害造成的损失约占所有灾害损失的35%。暴雨往往是诱发崩塌、滑坡及泥石流的直接因素。一般暴雨多呈面型分布，由其引发的地质灾害也多表现为区域性。采用传统的调查方法不仅因面积大难以做到实时性，也难以保证真实性、准确性和实时性。相反，遥感技术中的"星载雷达技术"能够穿透云雨，不受气候条件影响。利用该技术可以实时、准确地开展突发性地质灾害调查。遥感对地观测技术是当代高新技术中的重要组成部分，是 20 世纪末开始执行的"对地观测系统"(EOS)计划的主体，具有实时性、宏观性等特点。利用全球卫星定位系统可以准确监测地质灾害的形变与蠕动情况，从卫星遥感图像上可实时准确地反映地质灾害的具体情况，监测重点灾害点的发展演化趋势，加强地质灾害发生的预见性。因此，将遥感技术应用于地质灾害调查中尤为重要。

遥感技术应用于地质灾害诊断，可以追溯到 20 世纪 70 年代末期，当前发达国家的研究已经较为深入。日本利用遥感图像编制了全国 1∶5 万地质灾害分布图；欧盟各国在大量滑坡、泥石流遥感诊断的基础上，对遥感技术方法进行了系统总结，指出了识别不同规模或不同亮度的滑坡和泥石流所需遥感图像的空间分辨率，概括了遥感技术结合地面调查的分类方法，总结了 GPS 测量及雷达数据在监测滑坡活动上的应用。

遥感技术在我国起步较晚，但发展较快。到目前为止，基于遥感技术进行地质灾害调查的国土面积已有 80 余万平方千米。该项工作是在为山区大型工程建设，以及大江大河洪涝灾害防治服务中逐渐发展起来的。20 世纪 80 年代初，湖南省率先开展了遥感技术对洞庭湖地区水利工程地质环境及地质灾害的调查工作，先后在雅砻江二滩、红水河龙滩、长江三峡、黄河龙羊峡、金沙江下游溪落渡、白鹤滩及乌东清等电站库区开展大规模的区域性滑坡、泥石流遥感调查；80 年代中期起，利用航空技术分别在宝成、宝天、成昆等铁路沿线进行大规模航空摄影，为调查地质灾害分布提供了信息源。90 年代起，在主干公路及京九铁路沿线也使用了该技术。近年来，在全国范围内开展的“省级国土资源遥感综合调查”中，各省(区)都专门设立了“地质灾害遥感综合调查”课题，目的是识别地质灾害微地貌类型和活动性，并且评价地质灾害对大型工程施工及运行的影响。近 20 年的实践，摸索了一套较为合理、有效的滑坡、泥石流等地质灾害遥感调查方法，即利用遥感数据，以目视解译为主，以计算机图像处理为辅，解译成果与现场验证相结合，综合分析，多方检验(钟颐和余德清，2004)。

(1)遥感技术能够调查与研究的孕灾背景。利用遥感技术有效地调查研究地质灾害的孕灾背景是地质灾害调查中最基础而又最重要的工作内容。地质灾害的孕灾背景主要有以下 8 种因子：①时日降水量；②多年平均降水量；③地面坡度；④松散堆积物厚度及分布；⑤构造发育程度；⑥植被发育状况；⑦岩土体结构；⑧人类工程活动程度。气象卫星能够实时监测降水强度与降水量；陆地资源卫星不仅具有全面系统调查地表地物的能力，其红外波段及微波波段还具有调查分析地下浅部地物特征的能力。因此，上述 8 种因子的孕灾背景中，第①种与第②种因子可通过气象卫星与地面水文观测站调查统计，其他因子可通过陆地资源卫星结合实地踏勘资料获得。

(2)遥感技术在地质灾害现状调查与区划方面的作用。地质灾害作为一种特殊的不良地质现象，无论是滑坡、崩塌或泥石流等灾害个体，还是由它们组合成的灾害群体，在遥感图像上呈现的形态、色调、纹理结构等均与周围的背景存在一定的区别。因此，滑坡、崩塌或泥石流等地质灾害的规模、形态特征均能从遥感影像上直接判读圈定。通过地质灾害遥感解译，可以对研究区域内已经发生的地质灾害点和地质灾害隐患点进行系统全面的调查，查明其分布、规模、形成原因、发育特点、发展趋势和影响因素等；在此基础上进行地质灾害区划，评价易发程度；为防治地质灾害隐患、建立地质灾害监测网络提供基础资料。

(3)遥感技术对地质灾害动态监测与预警。地质灾害发生是缓慢蠕动的地质体(如滑坡体等)从量变到质变的过程。通常情况下，地质灾害体的蠕动速率很小且稳定，一旦突然增大则预示灾害即将到来。由于全球卫星定位系统差分精度达毫米级，可以满足对蠕动地质体监测的精度要求。因此，利用卫星定位系统能全方位、全过程地进行地质灾害动态监测，从而有效地进行预测、预报，甚至临报和警报。

(4)遥感技术为灾情实时调查与损失评估提供可靠的技术手段。地质灾害的破坏包括人员与牲畜伤亡，交通设施、水工建筑等财产损失，以及土地、森林、水域等自然资源的毁坏。利用遥感技术进行地质灾害调查,除人员与牲畜的伤亡数据难以统计外,对工程设施及自然资源毁坏情况均可进行实时准确的调查与评估,从而为救灾工作提供准确的依据(李志勇等,2010)。

3.4.2　气象灾害

全球气候变暖、厄尔尼诺、拉尼娜等现象的出现,引起了全球气候的异常。全球一部分地区发生了几十年甚至几百年不遇的严重旱灾,而另一部分地区却遭受了多年未遇的雪灾和冻害等。台风、冰雹、龙卷风等灾害也在全球各地频频发生,气象作为人类赖以生存的自然环境的一个重要组成部分,它的任何变化都会对自然生态系统,以及社会经济系统产生重大影响。全球气象变化的影响将是全方位的和多层次的,既包括正面影响,也包括负面效应。但目前它的负面更受关注,因为不利影响可能会危及人类的健康和生存。气候变暖后,极端事件,如厄尔尼诺、干旱、洪涝、沙尘暴等发生频率和强度可能会增加。由这些极端事件引起的后果也会加剧,如干旱发生频率和强度的增加将加重草地土壤侵蚀,增大荒漠化和沙漠化的趋势,破坏自然生态系统,进而危及人类健康和生活质量。气象灾害也影响主要农作物及畜牧业的生产、主要江河流域的水资源供给、人类居住环境与人类健康,以及能源需求等,给人类社会带来不可估量的损失。因此,利用卫星遥感技术对我国气象灾害进行监测有着非常重要的意义。

气象卫星是从外层空间利用遥感对地球及其大气层进行气象观测的人造地球卫星,具有范围大、实时性,连续完整的特点,并能把云图等气象信息发给地面用户。气象卫星携带的气象传感器能够接收和测量地球及其大气的可见光、红外与微波辐射,并将它们转换成电信号传送到地面接收站。地面接收站再把电信号复原成各种云层、地表和洋面图片,经进一步的图像处理后就可以发现天气变化的趋势。气象卫星带有多种仪器,能实现多种项目的观测,生成多种观测产品,能提供卫星云图、干旱监测、积雪及火灾监测、沙尘暴监测、海冰及海温监测、城市热岛监测等应用服务。目前,气象卫星在气象、海洋、农业、林业等领域中都有着广泛的应用。

1. 卫星云图

卫星云图通常是指气象观测仪器中对云敏感的通道的探测数据进行处理加工和各种投影变换后获得的图像信息产品。其原理是把卫星仪器探测到的辐射测量值转换成云图,十分直观,只要掌握云对各种光谱段的反射、辐射和散射特性,即可识别云的类型。云和地球表面反射的太阳短波辐射,以及大气散射,均可显示在可见光云图上,即通常的真彩色云图。通常浅色调区代表高反射目标,如云、雪等地物;深色调区代表低反射率目标,如水。反射率又与云的厚度、云粒子的大小和分布,以及云的成分相关。在红外云图上,浅色调表示冷区,暗色调表示暖区,其与大气的吸收强弱密切相关,从而帮助人们识别冷暖空气的分布及其流动。预报员通过云图的动画就能感知天气系统的发生发展过程和预测重要天气的来临,可以估算出台风路径及预报登陆时间,也可以估算降水的分布和强度。

2. 干旱监测

气象卫星干旱监测是指利用极轨气象卫星传感器计算出关于土壤干旱和农作物受旱及其程度等信息的产品。极轨气象卫星是围绕太阳同步轨道运行的卫星，其携带的可见光、红外遥感仪器可以在较低的轨道上以较高的地面分辨率对全球进行监测。目前，在轨运行的业务极轨气象卫星主要有美国的 NOAA 系列（NOAA12、NOAA14、NOAA16 和 NOAA17）和中国的"风云一号"（FY-1）系列（FY1C 和 FY1D）。

3. 暴雨监测

暴雨主要是由中小尺度天气系统直接影响造成的，常规气象资料受时空分辨率的限制难以准确地监测其范围和强度。综合应用实时性强、时空分辨率高的静止气象卫星多通道扫描资料估计降水，可以弥补常规气象观测资料时空分辨率的不足，从而比较准确地监测暴雨发生的强度、范围和面积。利用逐时 GMS-5 红外、可见光通道资料估算出逐像元逐时降水量，将连续 24 小时估值进行累加得到日降水量估值，然后结合常规日雨量观测资料对日降水量估值进行融合订正，得到各像元观测点的日降水量，按暴雨、大暴雨分级标准得到辽宁省暴雨遥感监测图像。

4. 火灾监测

地面物体都通过电磁波向外放射辐射能，不同波长的辐射率是不同的，通常当温度升高时，辐射峰值波长移向短波方向。以 FY-1C 为例，当地表处于常温时，辐射峰值在传感器 4、5 通道（10.3～12.5 μm）的波长范围，而当地面出现火点等高温目标时，其峰值就移向通道 3（3.55～3.93 μm），使通道 3 的辐射率增大数百倍，利用这一原理，通过连续不断地观测，就可以及时发现火点。大兴安岭火灾监测中，气象卫星发挥了巨大作用，也极大地推动了我国利用卫星遥感技术监测火灾技术发展和业务的应用。

5. 沙尘暴监测

沙尘是我国北方经常发生的灾害性天气现象，强烈的沙尘天气有时也会影响到南方的一些地区，乃至影响到朝鲜和日本。根据其造成的大气水平能见度的差异，沙尘天气被划分为 3 类，即扬尘、浮尘和沙尘暴。由于沙尘暴顶部与地表和云层在反照率与表层温度上均存在着差异，因而可以利用气象卫星监测沙尘暴。目前，利用可见光和红外多光谱卫星通道信息判别沙尘暴仍是较好的方法之一，但夜间仍难以进行沙尘暴的观测。

此外，气象卫星还可以进行海洋赤潮、洪涝、冰冻、植被、城市热岛的监测，可见其应用领域非常广泛。

3.4.3　传染病灾害

遥感技术用于传染病的监测是一种间接方法，它通过环境参数与媒介生物、疾病之间的数理统计学关系来确定，通过所获得的模型，将遥感卫星所探测到某一地区的各项环境参数代入模型，就可以间接地获得反映该地区的传染病信息，从而有针对性地提出传染病预防或控制对策。

遥感数据使科学家能够研究地表的生物和非生物成分。自从 1972 年 Landsat-1 发射以来，公共卫生领域的研究者就已经探索了可能与疾病传播媒质和人类传播风险相关的遥感环境因素。其中，大部分研究者主要使用 MSS、TM、AVHRR 和 SPOT 数据。在许多研究中，都是使用遥感数据获取植被覆盖度、景观结构和水体 3 类变量（钟少波，2006）。

1971 年，NASA 与 NOMCD（new orleans mosquito control district）合作，研究彩色与彩红外航空被动摄影用于与蚊子栖息地有关的植被研究。通过对新奥尔良 80 hm² 的实验区进行研究，结果表明，遥感方法对蚊子栖息地有十分高的识别率。由此拉开了航天遥感在流行病研究的序幕，相继有航空被动光学辐射计、航空主动雷达辐射计，航天被动光学辐射计包括高空间分辨率、低时间分辨率的 Landsat-1 和 Landsat-2 的 MSS 数据，低空间分辨率、高时间分辨率的 AVHRR、SPOT-HRV 数据等，航天主动雷达辐射计等被用于流行病的研究与分析。这些研究工作，主要分为以下三个部分：直接或间接通过遥感获取环境因素；针对流行病特征选择遥感传感器和设计遥感数据获取方法；解决传统方式在获取数据方面存在的问题。

在利用遥感技术进行媒介传播疾病研究的过程中，首先要了解所要研究的媒介传播疾病的流行病学特征及其与环境因素的关系，建立相应的"环境因素-媒介-疾病"之间的模型，判断与疾病（媒介）密切相关的环境因素能否用遥感技术进行监测，以及应用何种遥感数据能将相应的环境因素信息充分地表达出来，并制订合理的分级标准。然后，选择该疾病的典型流行区作为试验现场，将遥感所提取或反演的环境参数与现场流行病学调查所获得的疾病信息、媒介信息等资料进行整理和统计分析，得到"遥感-参数-疾病（媒介）"模型，确定遥感环境参数的"阈值"水平和"危险"水平，并选择其他试验区，进一步验证和优化所获得的模型，确认模型的可信性，经反复试验成熟后再进行实际推广使用。有些不能被遥感监测到的环境因素，可寻找能够被遥感监测的、与疾病或媒介相关的其他间接指标来替代（张世清和姜庆五，2003）。

CHAAR（The center for health applications of aerospace related technologies）分析总结了可以使用遥感反演的一些生态环境要素，这些生态环境因素要么是适合各种各样的疾病病原体繁殖的场所，要么是疾病媒介的滋生地。表 3-25 列举了遥感可以反演的参数和一些典型的疾病。当然，对于其他疾病，只要能够找到与这些因素之间的联系，使用遥感进行诊断研究也是可能的。

遥感目前已经广泛用于疾病的监测研究中（杜鹃和关泽群，2007），如莱姆病（Glass et al., 1995; Estrada-pena, 1999）、疟疾（Hay et al., 2000; Rogers et al., 2002）、血吸虫病（周晓农和杨国静，1999；刘臻等，2004）、肾出血热（方立群等，2003）、禽流感（方立群，2005；钟少波，2006）、锥虫病（Rogers, 2000; Robinson et al., 1997; Hendrickx et al., 2000）等。曹春香（2010）等根据候鸟的迁徙路线，综合利用 RS 与 GIS 的方法，获取了与高致病性禽流感相关的一些环境影响因子，构建了中国高致病性禽流感的预测模型并加以验证；徐敏（2011）采用 GIS 空间分析的方法，分析了近年来中国霍乱的时空分布特征，并结合海洋遥感数据对浙江省霍乱的发病趋势进行了预测；高孟绪等（2010）对喜马拉雅旱獭鼠疫的潜在空间分布进行了分析；常超一等(2010)根据从墨西哥到世界主要城市的航班信息建立了甲流感早期传播的动力学模型。这些研究案例对于推动空间信息技术在公共卫生领域的应用发挥了非常重要的作用。

表 3-25　遥感能够获取的与疾病相关的地理生态环境要素

因素	疾病	环境
植被/作物类型	南美锥虫病	森林，锥猎蝽亚科在干燥和退化的林地生活环境
	汉坦病	宿主的首选食物源
	黑热病	带菌者/宿主生活环境的浓密森林
	莱姆病	宿主的首选食物源和生活环境
	疟疾	饲养/休眠/摄取食物的生活环境
	鼠疫	草原土拨鼠和其他宿主生活环境
	血吸虫病	与农业相关的蜗牛，人类肥料的使用
	锥虫病	采采蝇生活环境(森林，村庄四周，取决于种类)
	黄热病	宿主(猴子)的生活环境
植被绿度	汉坦病	啮齿目宿主源的时间选择
	莱姆病	宿主、带菌者生活环境的形成和移动
	疟疾	生活环境创建的时间选择
植被绿度	鼠疫	草原土拨鼠中心区的定位
	血吸虫病	采采蝇的生存
群落交错区	黑热病	城市内部和周五有利于宿主(如狐狸)生活环境
	莱姆病	鹿和其他宿主的群落交错区生活环境；人类/带菌者接触风险
森林砍伐	南美锥虫病	在地方病流行区的新定居地
	疟疾	生活环境的创建(为需要阳光照射水池的带菌者)；生活环境的破坏(为需要阴凉的水池的带菌者)
	黄热病	已感染的工人往带菌者存在的森林迁移；疾病宿主(猴子)寻找新的生活环境的迁移
森林修补	莱姆病	鹿和其他宿主的生活环境的要求
	黄热病	宿主(猴子)的生活环境，迁移路线
淹没的森林	疟疾	蚊子的生活环境
一般洪水淹没	疟疾	蚊子的生活环境
	血吸虫病	蜗牛生活环境
	圣路易斯脑炎	蚊子生活环境
永久水体	丝虫病	蚊子的生活环境
	疟疾	蚊子的生活环境
	盘尾丝虫病	蚴幼虫的生活环境
	血吸虫病	蜗牛的生活环境

续表

因素	疾病	环境
湿地	霍乱	与弧菌有联系的内陆水体
	脑炎	蚊子的生活环境
	疟疾	蚊子的生活环境
	血吸虫病	蜗牛的生活环境
土壤水	蠕虫病	蚯蚓的生活环境
	莱姆病	扁虱的生活环境
	疟疾	带菌者的生活弧菌
	血吸虫病	蜗牛的生活环境
沟渠	疟疾	旱季蚊子的生活环境；水坑；泄漏水体
	盘尾丝虫病	蚋幼虫的生活环境
	血吸虫病	蜗牛的生活环境
城市景观	南美锥虫病	为锥猎蝽亚科提供生活环境的居民区
	登革热	城市蚊子的生活环境
	丝虫病	城市蚊子的生活环境
	黑热病	房屋的质量
海洋水色	霍乱	浮游植物的开花；营养化；沉积
海面温度	霍乱	浮游植物的开花(海洋环境的冷水上涌)
海面高度异常	霍乱	内陆弧菌污染的潮水的移动

3.5　人居环境健康遥感诊断指标体系

人居环境指的是人类生存发展的场所，同时也是人类利用自然、改造自然的主要场所，它随着人类生产力的发展不断演化。人居环境的形成是社会生产力的发展引起人类生存方式不断变化的结果。在这个过程中，人类从被动地依赖自然到逐步地利用自然、主动地改造自然，最后到与自然和谐共处，形成可持续发展的关系。关于"宜居"人居环境的具体条件，目前尚未有统一的标准。但"宜居"研究和建设目标方面所取得的共识成为共同遵循的准则，即人们认为最适合自己居住、生活、发展的地方。"宜居条件"既包含优美、整洁的自然生态环境，较高的经济发展水平，完善的基础设施，便捷的交通网络；又包含社会风尚、政府管理、公共服务等人文环境；让人们可以感觉到舒适、安全、便利，有期待并乐意在这里生活、工作、发展(张叔敏，2005)。

安全是第一位的。如果一个国家或地区社会秩序混乱、人们的私有财产得不到保障，那么这个国家或地区的移民会大量增加，因此，良好的社会秩序和健全的财产法律是发展的根本保障。优雅的自然生态环境是人人都向往的居住场所。温度、湿度、地貌景观，尤其是水等气候因素是反映自然环境的主要参数。从南北极、沙漠地区、热带雨林人烟稀少的全球人口分布状况可以看出，温和的气候和适宜的湿度是人类选择居住地的主要指标。沙漠中的各种文明古迹表明，水是人类发展的重要因素，在一定阶段，水源枯竭将成为文明没落的开端。

在自然生态环境方面，宜居环境应该具备以下4个方面的内容。

(1)应该拥有新鲜空气、洁净的水、安静整洁的生活环境，噪声较小，居民日常生活受影响程度较低(唐如辉，2010)。

(2)应该拥有宜人、宽敞的居住空间和完善的绿化系统，人工景观与自然环境协调互融，人们容易与自然亲密接触，和谐共生。

(3)气候宜人，较适合人的生存和日常行为活动，保留居住大空间尺度内部一定比例的自然山水景观，营造"花园城市""山水城市"的意境，让人们在工作之余随时感受大自然的气息。

(4)灾害较少。

在社会经济和人文环境方面，应该满足以下6个方面的基本要求。

(1)完善的基础设施：完善的内外交通网络，高效的社会公共服务体系，让人们生活出行方便、舒适、有效率。

(2)高就业率：政府、企业、社会为居民提供更多、更好的就业机会，提供较好的就业、创业的社会环境，失业后能享有就业技能培训和基本保障。让人们对自己的生活充满期待。

(3)高收入水平：人们拥有足够的可支配收入，才能改善自己基本保障的条件，尤其是住房条件。拥有住房以后，人们就有安心立命的住所，就会对工作和生活的地方有归属感。

(4)和谐社会环境：拥有较高法治制度保障、完善的防灾预警系统，社会秩序井然，社会公共安全度较高，犯罪率较低，让人们的生活拥有安全、可靠的社会环境(吴良镛，2004)。

(5)文明的公民社会：让公民接受良好教育，使公民综合素质提高，遵守法律、维护公共道德，拥有高尚的社会风范、习俗、信仰，以及和谐的邻里关系。

(6)文化底蕴深厚，在继承和弘扬地方文化方面体现鲜明的地域特色。丰富的社区文化，让居民拥有精、气、神。

目前，国际上人居环境研究以国家级研究与实践、人居环境影响评价，以及基于"3S"技术[①]人居环境数据库的建立为主，以城市、社区、建筑三大层次研究居多，如19世纪末，伴随城市发展面临的问题而产生的宜居城市的研究，探讨了宜居城市的内涵、影响因素及评价指标体系的建立，但是由于影响城市宜居性的因素的复杂性，以及理解、评价角度的多样性，尚未形成统一意见，仍处于探索发展阶段。英国经济学家信息社于2011年8月30日公布最新一期全球最适合居住城市报告，中国大陆有8个城市上榜，排名最好的是北京，第72名；中国台北排名第61名，与前一次调查相同；中国香港排名第31名，在两岸三地城市中排名最高。其与中国居民的现实感受严重不符，充分说明了这一点。

---

① "3S"技术是遥感(RS)技术、地理信息系统(GIS)技术、全球定位系统(GPS)的统称。

国内人居环境研究自 20 世纪 80 年代起步以来发展迅速。吴良镛先生等在 90 年代初提出了建设中国人居环境科学的构想。人居环境科学(science of human settlement)是一门以包括乡村、集镇、城市等在内的所有人类聚居形式为研究对象的科学,它着重研究人与环境之间的相互关系,强调把人类聚居作为一个整体,从政治、社会、文化、技术等各个方面,全面地、系统地、综合地加以研究。国内学者主要集中在宜居城市层次的研究,如张文忠等对城市内部居住环境评价的指标体系和方法进行了探讨;宁越敏、李嘉菲等以特定城市为例,对人居环境的内涵、评价方法进行了探讨;一些学者对区域尺度上的人居环境研究做了尝试,如温倩、刘钦普等对省域范围内城市人居环境质量的空间差异进行了定量分析;2007 年,中国城市科学研究会研究编制的《宜居城市科学评价标准》的发布,表明我国城市人居环境科学评价指标体系已初步建立。

遥感和地理信息系统等空间信息技术为人居环境健康诊断提供了强有力的技术支持,加速了人居环境科学的发展。例如,柴峰和李君(2003)根据现代人居环境科学理论及我国人居环境发展要求,提出了一种基于 RS 和 GIS 的构建人居环境信息系统的方法,并将人居环境信息系统作为人居环境科学研究的技术平台和一种可以实际操作的研究开发工具,用于支持人居环境各方面科学研究工作。吴秀芹等(2010)选取沙化严重但近期沙化防治效果显著的宁夏盐池县北部风沙区为案例,基于 SPOT 5 遥感影像将沙区聚落按居民点与周边土地的空间关系分成 11 种类型,并抽象成 3 个基本模式;同时,构建由三大支撑系统的 30 项指标组成的聚落人居评价指标体系,对 11 种类型聚落中的典型案例进行人居环境质量评价。

城市是人居环境问题最集中的区域,也是最需要诊断和治理的区域。遥感能够提供土地覆被类型数据及相关的环境指标,增强环境健康诊断的客观性,提高环境健康诊断的速度。城市人居环境健康诊断也是城市规划的科学依据。何静(2011)基于 HEI 和地质灾害图对重庆市人居环境自然适宜性进行了综合定量评价,并采用自然裂点法对研究区人居环境适宜度进行分级,定量分析重庆市人居环境自然适宜性的空间格局,其对重庆区域差异化的发展具有参考价值,为减轻个别城市的人口压力及 "宜居重庆" 的长远规划提供科学依据和决策支持。

农村环境是农村居民生活和发展的基本条件,农村环境的破坏及污染不仅严重影响农村居民的生活和身体健康,而且直接制约整个国家、区域的发展,因此,准确客观地评价农村环境质量则是农村环境整治工作的关键,是农村环境得到有效保护和社会经济协调发展的前提。朱亮等(2011)以渝北、万州和秭归移民区作为三峡典型区,利用面向对象分类和监督分类相结合的方法,从高分辨率遥感影像提取了农村居民点,并分析农村居民点空间分布规律特征,发现农村居民点分布受海拔、坡度、坡向、道路、水源等因素制约,该结论为农村居民点布局的合理规划提供了参考和依据。

3.6 小　结

本章在第 2 章关于环境健康遥感诊断指标体系的一般构建方法的基础上,重点介绍了典型领域的环境健康遥感诊断指标体系所包含的常见指标因子。这些典型领域包括森林健康、湿地健康、大气环境健康、自然灾害及人居环境 5 个方面。其中，针对森林健康遥感诊断指标体系，主要介绍植被结构参数、植被覆盖度、叶面积指数和生物量 4 类指标；针对湿地健康遥感诊断指标体系，首先提出特别针对湿地生态系统的"要素-景观-社会"概念模型，在此基础上选择指标并确定每种指标的计算方法、划分湿地生态系统健康等级、确定诊断指标与湿地生态系统健康之间的阈值关系，从而构建完整的湿地健康遥感诊断指标体系；针对大气环境健康遥感诊断指标体系，主要围绕气溶胶光学厚度、颗粒物浓度、温度和湿度、温室气体和污染气体含量 4 类指标因子展开介绍；针对自然灾害遥感诊断指标体系，则分别从地质灾害、气象灾害、传染病灾害 3 个方面总结了指标体系的一般构成和应用准则；针对人居环境健康遥感诊断指标体系，在考虑宜居环境对自然生态、社会人文方面要求的基础上，主要面向城市和农村环境介绍了指标体系的构建与应用。

参 考 文 献

白军红, 邓伟, 张玉霞. 2002a. 内蒙古乌兰泡湿地环带状植被区土壤有机质及全氮空间分异规律. 湖泊科学, 14(2): 145-151.

白军红, 邓伟, 朱颜明, 等. 2002b. 湿地土壤有机质和全氮含量分布特征对比研究——以向海与科尔沁自然保护区为例. 地理科学, 22(2): 232-237.

鲍云飞. 2009. 基于多源遥感数据的森林参数提取方法研究. 北京: 中国科学院博士学位论文.

柴峰, 李君. 2003. 基于 RS 和 GIS 的人居环境信息系统研究. 计算机应用研究, 11: 90-94.

陈伟. 2011. 毛乌素沙地植被覆盖度遥感反演对比分析研究. 北京: 中国科学院硕士学位论文.

陈宜瑜. 1995. 中国湿地研究. 长春: 吉林科学技术出版社.

崔保山, 杨志峰. 2002. 湿地生态系统健康评价指标体系 II 方法与案例. 生态学报, 22(8): 1231-1239.

崔保山, 杨志峰. 2006. 湿地学. 北京: 北京师范大学出版社.

戴靓. 2013. 县域土地生态质量的空间分异及其主控因子识别. 南京: 南京大学硕士学位论文.

董洪芳, 于君宝, 孙志高, 等. 2010. 黄河口滨岸潮滩湿地植物-土壤系统有机碳空间分布特征. 环境科学, 31(6): 1594-1599.

董张玉, 刘殿伟, 王宗明, 等. 2014. 遥感与 GIS 支持下的盘锦湿地水禽栖息地适宜性评价. 生态学报, 34(6): 1503-1511.

杜娟, 关泽群. 2007. GIS 在流行病学研究中的应用. 现代预防医学, 34(19): 3691-3693.

方立群, 曹春香, 陈国胜, 等. 2005. 地理信息系统应用于中国大陆高致病性禽流感的空间分布及环境因素分析. 中华流行病学杂志, 26(11): 839-842.

方立群, 曹务春, 陈化新, 等. 2003. 应用地理信息系分析中国肾综合征出血热的空间分布. 中华流行病学杂志, 24(4): 265-270.

傅伯杰, 陈利顶. 1996. 景观多样性的类型及其生态意义. 地理学报, 51(5): 454-462.

高海峰, 白军红, 王庆改, 等. 2011. 霍林河下游典型洪泛区湿地土壤 pH 和土壤含水量分布特征. 水土保持研究, 18(1): 268-271.

国家环境保护局. 1995. 中华人民共和国国家标准土壤环境质量标准(GB15618—1995).

国家环境保护局. 2004. 中华人民共和国环境保护行业标准——土壤环境监测技术规范(HJ/T166-2004).

何静. 2011. 基于栅格数据的重庆市人居环境自然适宜性评价. 成都: 西南大学硕士学位论文.

何祺胜. 2010. 基于多源遥感数据的森林生物量协同反演研究. 北京中国科学院博士学位论文.

胡海德, 李小玉, 杜宇飞, 等. 2012. 生物多样性遥感监测方法研究进展. 生态学杂志, 6: 1591-1596.

胡鸿兴, 张岩岩, 何伟, 等. 2009. 神农架大九湖泥炭藓沼泽湿地对镉 (II), 铜 (II), 铅 (II), 锌 (II) 的净化模拟. 长江流域资源与环境, 18(11): 1050-1057.

胡嘉东, 郑丙辉, 万峻. 2009. 潮间带湿地栖息地功能退化评价方法研究与应用. 环境科学研究, 22(2): 171-175.

环境保护部南京环境科学研究所. 2012. 区域生物多样性评价标准(HJ623—2011). 北京: 中国环境科学出版社.

姜明, 吕宪国, 杨青. 2006. 湿地土壤及其环境功能评价体系. 湿地科学, 4(3): 168-173.

蒋卫国. 2003. 基于 RS 和 GIS 的湿地生态系统健康评价. 南京: 南京师范大学硕士学位论文.

焦立新. 1999. 评价指标标准化处理方法的探讨. 安徽农业技术师范学院学报, 13(3): 7-10.

李丽, 雷光春, 高俊琴, 等. 2011. 地下水位和土壤含水量对若尔盖木里苔草沼泽甲烷排放通量的影响. 湿地科学, 9(2): 173-178.

李九一, 李丽娟, 姜德娟, 等. 2006. 沼泽湿地生态储水量及生态需水量计算方法探讨. 地理学报, 61(3): 289-296.

李晓文, 方精云, 朴世龙. 2003. 近 10 年来长江下游土地利用变化及其生态环境效应. 地理学报, 58(5): 659-667.

李艳红. 2004. 寿光市湿地生态系统特征及健康评价研究. 济南: 山东师范大学硕士学位论文.

李志勇, 陈虹, 卢汉民. 2010. 遥感技术在地质灾害调查中的应用. 测绘技术装备, 12(1): 30-31.

刘臻, 史培军, 宫鹏, 等. 2004. 血吸虫病流行要素的遥感监测方法研究进展. 中华流行病学杂志, 25(8): 719-722.

刘纪远, 邵全琴, 樊江文. 2009. 三江源区草地生态系统综合评估指标体系. 地理研究, 28(2): 273-283.

刘静玲, 杨志峰. 2002. 湖泊生态环境需水量计算方法研究. 自然资源学报, 17(5): 604-609.

刘梦鑫, 邬群勇, 卢毅敏. 2014. 加权人口密度连续分布模拟模型. 地球信息科学学报, 16(2): 199-206.

刘玉松. 2012. 辽河口湿地生态系统健康评价及承载力分析. 阜新: 辽宁工程技术大学硕士学位论文.

龙笛, 张思聪. 2006. 滦河流域生态系统健康评价研究. 中国水土保持, 3: 14-16.

罗治敏. 2006. 基于遥感信息的流域生态系统健康评价. 北京: 中国科学院遥感应用研究所硕士学位论文.

吕宪国. 2004. 湿地生态系统保护与管理. 北京: 化学工业出版社.

吕宪国. 2008. 中国湿地与湿地研究. 石家庄: 河北科学技术出版社.

马劲松, 刘晓峰, 左天惠. 2010. 南京市土地利用强度指数异质性研究. 测绘科学, 35(4): 49-51.

倪晋仁, 刘元元. 2006. 受损河流的生态修复. 科技导报, 24(7): 17-20.

上官修敏. 2013. 黄河三角洲湿地生态系统健康评价研究. 济南: 山东师范大学硕士学位论文.

史吉晨, 介冬梅, 李思琪, 等. 2014. 东北芦苇湿地土壤有效硅与 pH 及物质组成的关系. 天津农业科学, 20(5): 64-70.

孙妍. 2009. 基于 RS 和 GIS 的若尔盖高原湿地景观格局分析. 长春: 东北师范大学硕士学位论文.

孙贤斌, 刘红玉, 傅先兰. 2010. 土地利用变化对盐城自然保护区湿地景观的影响. 资源科学, 32(9): 1741-1745.

谭长银, 刘春平, 周学军, 等. 2003. 湿地生态系统对污水中重金属的修复作用. 水土保持学报, 17(4): 67-70.

唐如辉. 2010. 人居环境宜居性评价. 长沙: 湖南师范大学硕士学位论文.

王磊, 丁晶晶, 任义军, 等. 2011. 江苏盐城淤泥质海岸带湿地生态系统健康评价. 南京林业大学学报: 自然科学版, 35(4): 13-17.

王玮, 常学礼, 吕世海, 等. 2013. 高寒草原湿地自然保护区生态系统健康评价. 生态学杂志, 22(10):

2780-2787.

王智, 蒋明康, 秦卫华. 2007. 中国生物多样性重点保护区评价标准探讨. 生态与农村环境学报, 23(3): 93-96.

王戈戎, 杜凤国. 2006. 松花江三湖湿地生物多样性评价. 北华大学学报(自然科学版), 7(3): 278-280.

王红丽, 李艳丽, 张文佺, 等. 2008. 湿地土壤在湿地环境功能中的角色与作用. 环境科学与技术, 31(9): 62-66.

王计平, 邹欣庆, 左平. 2007. 基于社区居民调查的海岸带湿地环境质量评价——以海南东寨港红树林自然保护区为例. 地理科学, 27(2): 249-255.

王利花. 2007. 基于遥感技术的若尔盖高原地区湿地生态系统健康评价. 长春: 吉林大学硕士学位论文.

王堂尧, 景志明. 2013. 邛海湿地流域生物多样性评价. 西昌学院学报(自然科学版), 27(4): 22-25.

王新闻, 王世东, 张合兵. 2013. 基于 MOD17A3 的河南省 NPP 时空格局. 生态学杂志, 32(10): 2797-2805.

王秀兰, 包玉海. 1999. 土地利用动态变化研究方法探讨. 地理科学进展, 18(1): 83-89.

王治良, 王国祥. 2007. 洪泽湖湿地生态系统健康评价指标体系探讨. 中国生态农业学报, 15(6): 152-155.

王宗明, 国志兴, 宋开山, 等. 2009. 2000~2005 年三江平原土地利用/覆被变化对植被净初级生产力的影响研究. 自然资源学报, 24(1): 136-146.

文科军, 马劲, 吴丽萍, 等. 2008. 城市河流生态健康评价体系构建研究. 水资源保护, 24(2): 50-52.

邬建国. 2000. 景观生态学——概念与理论. 生态学杂志, 19(1): 42-52.

吴秀芹, 张艺潇, 吴斌, 等. 2010. 沙区聚落模式及人居环境质量评价研究——以宁夏盐池县北部风沙区为例. 地理研究, 29(9): 1683-1694.

肖风劲, 欧阳华. 2002. 生态系统健康及其评价指标和方法. 自然资源学报, 17(2): 203-209.

徐辉. 2014. 闽江河口湿地土壤含水量时空变化特征. 黑龙江科技信息, 4: 179-179.

徐新良, 刘纪远, 庄大方. 2012. 国家尺度土地利用/覆被变化遥感监测方法. 安徽农业科学, 40(4): 2365-2369.

徐治国, 何岩, 闫百兴, 等. 2006. 植物 N/P 与土壤 pH 对湿地植物物种丰富度的影响. 中国环境科学, 26(3): 346-349.

徐治国, 闫百兴, 何岩, 等. 2007. 三江平原湿地植物的土壤环境因子分析. 中国环境科学, 27(1): 93-96.

杨程程, 依艳丽, 吕久俊, 等. 2010. 辽河三角洲湿地重金属在土壤及植被中的分布特征. 安徽农业科学, 38(20): 10852-10855.

杨予静, 李昌晓, 丽娜·热玛赞. 2013. 基于 PSR 框架模型的三峡库区忠县汝溪河流域生态系统健康评价. 长江流域资源与环境, 22(S1): 66-74.

张峥, 刘爽, 朱琳, 等. 2002. 湿地生物多样性评价研究——以天津古海岸与湿地自然保护区为例. 中国生态农业学报, 10(1): 76-78.

张世清, 姜庆五. 2003. 遥感技术在媒介传播疾病研究中的研究中的应用. 国外医学医学地理分册, 24(2): 89-93.

张叔敏. 2005. 济南市人居环境质量综合评价及优化对策研究. 济南: 山东师范大学硕士学位论文.

张祥伟. 2006. 湿地生态需水量计算. 水利规划与设计, 2: 13-19.

钟颐, 余德清. 2004. 遥感在地质灾害调查中的应用及前景探讨. 中国地质灾害与防治学报, 15(1): 134-136.

钟少波. 2006. GIS 和遥感应用于传染病流行病学研究——以乙肝和高致病性禽流感为例. 北京: 中国科

学院博士学位论文.

周然, 李树华, 王曦, 等. 2009. 天津湿地土壤重金属污染对比分析研究. 天津科技, 36(4): 41-43.

周晓农, 杨国静, 孙乐平, 等. 1999. 地理信息系统在血吸虫病研究中的应用. 中国血吸虫病防治杂志, 11(6): 378-381.

朱亮, 吴炳方, 张磊. 2011. 三峡典型区农村居民点格局及人居环境适宜性评价研究. 长江流域资源与环境, 20(3): 325-331.

朱万泽, 范建容, 王玉宽, 等. 2009. 长江上游生物多样性保护重要性评价——以县域为评价单元. 生态学报, 29(5): 2603-2611.

朱智洺, 冯步云, 刘磊. 2010. 沿海湿地生态系统健康预警指标体系的设计. 生态与农村环境学报, 26(5): 436-441.

庄大昌, 丁登山, 任湘沙. 2003. 我国湿地生态旅游资源保护与开发利用研究. 经济地理, 23(4): 554-557.

宗玮, 林文鹏, 周云轩, 等. 2011. 基于遥感的上海崇明东滩湿地典型植被净初级生产力估算. 长江流域资源与环境, 20(11): 1355-1360.

Assessment M E. 2005. Ecosystems and Human Well-being: Wetlands and Water. Washington, DC: World Resources Institute.

Baer S G, Rice C W, Blair J M. 2000. Assessment of soil quality in fields with short and long term enrollment in the CRP. Journal of Soil and Water Conservation, 55(2): 142-146.

Brown M T, Vivas M B. 2005. Landscape development intensity index. Environmental Monitoring and Assessment, 101(1-3): 289-309.

Chen T S, Lin H J. 2011. Application of a landscape development intensity index for assessing wetlands in Taiwan. Wetlands, 31(4): 745-756.

Estrada-Pena A. 1999. Geostatistics and remote sensing using NOAA AVHRR satellite imagery as predictive tools in tick distribution and habitat suitability estimations for Boophilus microplus (Acari: Ixodidae) in South America. Veterinary Parasitology, 81(1): 73-82.

Fennessy M S, Jacobs A D, Kentula M E. 2004. Review of Rapid Methods for Assessing Wetland Condition. EPA/620/R-04/009. Washington, DC: US Environmental Protection Agency.

Fischer G, Nachtergaele F, Prieler S, et al. 2008. Global Agro-Ecological Zones Assessment for Agriculture (GAEZ 2008). Rome, Italy: IIASA, Laxenburg, Austria and FAO.

Fish U S, Service W. 1986. North American Waterfowl Management Plan.

Gaughan A E, Stevens F R, Linard C, et al. 2013. High resolution population distribution maps for Southeast Asia in 2010 and 2015. PLoS ONE, 8(8): e55882.

Glass G E, Schwartz B S, Morgan J M, et al. 1995. Environmental risk factor for Lyme disease identified with geographic information systems. American Journal of Public Health, 85 (7): 944-948.

Glenz C, Massolo A, Kuonen D, et al. 2001. A wolf habitat suitability prediction study in Valais (Switzerland). Landscape and Urban Planning, 55(1): 55-65.

Hanski I, Ovaskainen O. 2003. Metapopulation theory for fragmented landscapes. Theoretical Population Biology, 64(1): 119-127.

Hay S I, Omumbo J A, Craig M H, et al. 2000. Earth observation, geographic information systems and Plasmodium falciparum malaria in sub-Saharan Africa. Advances in Parasitol, 47(1): 173-174.

He W, Zhang Y Y, Tian R, et al. 2013. Modeling the purification effects of the constructed Sphagnum wetland on phosphorus and heavy metals in Dajiuhu Wetland Reserve, China. Ecological Modelling,

252(1): 23-31.

Hendrickx G, Napala A, Slingenbergh J H, et al. 2000. The spatial pattern of trypanosomosis prevalence predicted with the aid of satellite imagery. Parasitology, 120(2): 121-134.

Kent D M, Reimold R J, Kelly J M, et al. 1992. Coupling wetlands structure and function: developing a condition index for wetlands monitoring. Springer, 559-570.

Lin B, Shang H, Chen Z. 2013. The assessment of wetland ecosystem health by means of LDI: a case study in Baiyangdian wetland, China. Journal of Food, Agriculture & Environment, 11(2): 1187-1192.

Mack J J. 2006. Landscape as a predictor of wetland condition: an evaluation of the landscape development index (LDI) with a large reference wetland dataset from Ohio. Environmental Monitoring and Assessment, 120(1-3): 221-241.

Robinson T, Rogears D, Williams B. 1997. Mapping tsetse habitat suitability in the common fly belt of Southern Africa using multivariate analysis of climate and remotely sensed vegetation data. Med. Vet. Entomol, 11(3): 235-245.

Rogers D J. 2000. Satellites, space, time and the African trypanosomiases. Advances in Parasitol, 47(1): 129-171.

Rogers D J, Randolph S E, Snow R W, et al. 2002. Satellite imagery in the study and forecast of malaria. Nature, 415(6872): 710-715.

Spencer C, Robertson A I, Curtis A. 1998. Development and testing of a rapid appraisal wetland condition index in south-eastern Australia. Journal of Environmental Management, 54(2): 143-159.

Victorian Government. 2007. Index of Wetland Condition Review of Wetland Assessment Methods. Melbourne: the Victorian Government Department of Sustainability and Environment.

Wu S S, Qiu X M, Wang L. 2013. Population estimation methods in GIS and remote sensing: a review. GIScience & Remote Sensing, 42(1): 80-96.

第4章 环境健康遥感诊断指标体系案例应用

针对第3章聚焦的森林、湿地、大气、灾害、人居环境五个典型领域，基于指标体系构建的技术流程和初步结果，本章分别有针对性地详述三类环境健康遥感诊断指标体系的示范应用案例，分别是：①中国"树流感"暴发风险遥感诊断；②若尔盖、青海湖及黄河三角洲国家级自然保护区的湿地环境健康遥感诊断；③北京市大气环境健康遥感诊断。通过具体的案例应用，能够进一步加深对于指标体系构建理论和方法的理解掌握，并对具体领域的学术科研和实际应用提供借鉴参考。

4.1 中国"树流感"暴发风险遥感诊断

本节基于"树流感"病菌对气候条件的适宜性先验知识，选取了月均降水量、月均最高温、月均最低温以及相对湿度作为风险预测的气候因子。利用模糊数学理论确定每个气候因子的隶属函数，利用层次分析法确定每个气候因子的权重，综合计算得到"树流感"在中国的适生度分布图。结果表明，"树流感"在中国的适生度分布从西南-东北方向以及东南-西北方向均是逐渐降低的，在靠近沿海纬度较低的区域，适生度明显较高，这可能与该部分区域的湿度较大、气温较高有关。将该方法应用于"树流感"严重疫区美国加利福尼亚州，得到加州的适生性预测结果，通过与实际发生区域的对比分析，确定本研究适生等级的划分标准，对前面得到的"树流感"在中国的适生度分布图进行分级。最后引入了植被覆盖图，剔除全国的非林地区域，得到"树流感"在中国的潜在适生区分布图(刘诚，2013)。

4.1.1 "树流感"及其起源和发展

"树流感"是一种发生在植物上的病害，相当于植物"口蹄疫"，在美国被人们称为"Sudden Oak Death"，简称"SOD"(邵丽娜等，2008)。该病是由栎树猝死病菌(*Phytophthora ramorum*)感染引起的一种毁灭性林木和观赏植物病害，具有广泛快速传播的特点，能够在短时间内对林木造成致命伤害，从入侵到全部树叶变褐只需2到3周的时间(廖太林和李百胜，2004；ODA，2011)。从1993年栎树猝死病被发现至今20年余年的时间里，该病的影响范围在逐渐扩大。"树流感"能造成栎属、石栎属、落叶松等多种林木及苗圃快速大范围的死亡，已极大破坏了北美及欧洲部分国家的森林资源，严重影响了当地的生态保护、造成了大量的经济损失(Fera，2010)。2010年，美国农业部(United States Department of Agriculture，USDA)动植物卫生检验局(Animal and Plant

Health Inspection Service，APHIS)公布的"树流感"寄主植物总计达 127 种(属)，新的寄主植物还在不断被发现(APHIS，2010；陈培昶和池杏珍，2008)。

由于"树流感"的高危险性，世界许多国家如美国、加拿大、澳大利亚、新西兰、韩国以及欧盟各国纷纷将它列为重要的危险性检疫对象，如美国农业部门 USDA、爱尔兰农渔食部门(Department of Agriculture，Fisheries and Food)、欧盟植物保护组织(European and Mediterranean Plant Protection Organization，EPPO)、加拿大食品安全局(Canadian Food Inspection Agency, CFIA)、英国环境、食品和乡村事务部(Department for Environment，Food and Rural Affairs，DEFRA)等(Chronology, 2011)。2011 年 1 月英国的英格兰西南部和威尔士部分地区的日本落叶松首先遭遇了"树流感"的袭击并迅速扩散，致使政府不得不伐倒约 1 万英亩树林(Forestry Commission, 2012)。在我国，2001 年我国质量监督检验检疫总局发出了紧急通知，要求加强来自美国、德国、荷兰与栎树猝死病菌寄主植物有关的苗木、原木、板(方)材、木片及黏附土壤的检疫，严防"树流感"病原菌栎树猝死病菌传入中国。2006 年 12 月和 2007 年 2 月，我国在进口的比利时和德国的杜鹃上分别检测到栎树猝死病菌，这也是我国首次截获该病害(陈小龙等，2007；吴品珊等，2007)。2011 年我国再次在引自德国和意大利的观赏植物苗木上检出栎树猝死病菌(植物检疫处，2011)。

1993 年，引起"树流感"的病原菌首次在德国和荷兰的杜鹃花上被发现。同年，在洛杉矶海岸的杜鹃花属与荚莲属植物上也检测出了这种疫霉属真菌，它会导致细枝的凋萎。1996 年在美国加利福尼亚中北部沿海密花石栎上首次暴发"树流感"，并迅速在当地传播扩散导致栎树和石栎短时间大面积死亡，从而引起了广泛关注(Davidson et al.，2005; Kliejunas，2010)。2001 年 Werres 正式将引起栎树猝死病的病菌命名为栎树猝死病菌(*Phytophthora ramorum*)(Werres et al.，2001)。

2006 年欧洲和地中海植物保护组织 EPPO 对"树流感"在全球的分布进行了描绘，目前该病主要分布于北美与欧洲部分国家与地区(PQR, 2006)。在欧洲，栎树猝死病主要分布在奥地利、比利时、捷克、丹麦、爱沙尼亚、芬兰、法国、德国、爱尔兰、意大利、拉脱维亚、荷兰、挪威、波兰、葡萄牙、斯洛伐克、斯洛文尼亚、西班牙、瑞典、瑞士、英国等 21 个国家。在北美，栎树猝死病主要分布在加拿大大不列颠哥伦比亚省和美国加利福尼亚州、俄勒冈州、华盛顿州。北美是"树流感"影响最严重的地区之一。自 1996 年加利福尼亚州暴发栎树猝死病以来，该病已造成美国加州上万棵栎树和石栎树的毁灭，它在美国的感染区及防疫区由加州逐渐扩大到俄勒冈州、华盛顿州以及其他州的部分地区(APHIS，2009)。在欧洲，2001 年英国开始重视并防疫病菌的传入，2002 年英国在荚蒾上首次发现病菌。随后在英国南部的红橡木、荷兰的欧洲山毛榉和美国红橡木上再次发现病菌。2009 年英国的英格兰西南部和威尔士部分地区的日本落叶松首次暴发"树流感"，致使政府不得不伐倒约 1 万英亩(约 4000hm^2)森林。截至 2012 年 3 月，英国已受害落叶松的立木材积估计高达 678 000m^3，区域穿越了英国西部边缘(英格兰、威尔士、苏格兰、北爱尔兰)以及马恩岛(Isle of Man)、爱尔兰共和国(Forestry Commission, 2012)。不过该病害目前在中国尚未发现。

4.1.2　"树流感"遥感诊断数据源

本节所使用到的诊断数据主要包括物种分布数据、气象数据、土地覆盖数据、野外调查数据以及基础地理数据。

1. 物种分布数据

本研究收集的"树流感"在全球的暴发分布数据(locality records)一方面来自美国加利福尼亚大学伯克利分校的 Kelly 实验室基于 WebGIS 开发的 OakMapper 系统,该系统提供了加利福尼亚州自"树流感"暴发以来的调查数据(调查时间为 2000 年到 2010 年),数据为矢量格式,暴发点是监测区的随机采样点。该数据集是当前最完善的加州"树流感"暴发数据。另一部分来自公开发表的相关论文文献、网络资料,收集了美国俄勒冈、荷兰、英国、爱尔兰等地的"树流感"暴发分布信息。

基于 ArcGIS 软件的地理配准功能,把 JPEG 格式的分布图与全球各国行政区划矢量图进行配准,并生成"树流感"在这些地区的暴发点空间分布矢量图。然后把两部分的暴发点矢量图进行综合得到了"树流感"在全球的暴发点矢量数据图层。删除重复点,得到暴发点数据共 1771 个,物种分布如图 4-1 所示。

2. 气象数据

本节收集的气象数据是用于"树流感"适生区预测的基础环境数据,包括中国气象数据与全球气象数据两部分。其中中国气象数据为近 10 年多年平均数据,全球气象数据包括 1950~2000 年间的 WorldClim 气象数据和 1960~1990 年间的相对湿度数据,所有气象数据是多年月平均数据,假定在气候条件稳定的情况下不考虑时相的差异。

中国气象数据来自中国气象数据共享服务网,为中国地面气候资料月值数据集。数据集为中国 752 个基本、基准地面气象观测站及自动站 1951~2004 年气候资料月值数据集,主要来源于各省、自治区、直辖市气候资料处理部门逐月上报的《地面气象记录月报表》的信息化资料。气候数据的原始文件类型为 ASCII 码文件。此处提取了数据集中 2001~2010 年间每个月的平均气温、极端最高气温、极端最低气温、降水量、相对湿度等气候因子。

由于收集的气象数据文件类型为 ASCII 码文件且存在数据缺失,因此对气象数据的处理包括以下几方面的内容:① 缺失数据处理。即删除原始文件中含有表示空白或现象未出现的值(32744 和−32744)以及表示缺测值(32766 和−32766)的站点记录。② 格式转换。即以各要素标准单位将 ASCII 文件数据转换为浮点型数据。③ 计算变量的月均值。这里我们通过多年平均统计得到 2001~2010 年各站点的 1~12 月的月均最高温(10 年内各个月的极端最高气温的均值)、月均最低温(10 年内各个月的极端最低气温的均值)、月均降水量(10 年内各个月的降水量均值)、月均相对湿度(10 年内各个月的相对湿度均值)。④ 对气候点数据进行空间化处理。

(a) 美国物种点分布图

(b) 欧洲物种点分布图

图 4-1 "树流感"物种分布示意图

为了得到气象要素的面状图层，需要选择合适的插值方法。在不考虑海拔高度对气温、降水的空间分布影响的背景下，选择普通克立格方法进行气候因子点图层的空间插值处理。最后得到了 2001～2010 年中国大陆地区 12～翌年 5 月这 6 个月的月均最高气温、月均最低气温、月均降水量、月均相对湿度的栅格图层。

本节使用的全球气象数据来自 Worldclim 全球气象数据集，数据格式为 ESRI 格式，使用环境数据集的空间分辨率为 30 角秒(约 1 km)。数据层是由气象站收集的月均气象数据插值面来，变量包括 1950～2000 年间每个月的月均降水量、月均最大平均气温、月均最小平均气温以及 19 个派生的生态气候变量。此处使用的变量包括月均降水量、月均最大平均气温（即累年月均最高温）、月均最小平均气温（即累年月均最低温）。19 个派生的生态气候变量如表 4-1 所示。此外还收集了全球 1960～1990 年间的月均相对湿度数据，数据原始分辨率为 8km，重采样为 1km。

表 4-1　19 个生态气候变量及解释

环境变量	解释
BIO1	Annual Mean Temperature 年均温
BIO2	Mean Diurnal Range 每日温差月均值
BIO3	Isothermality（BIO2/BIO7）昼夜温差与年温差比值
BIO4	Temperature Seasonality 温度变化方差
BIO5	Max Temperature of Warmest Month 最热月最高温
BIO6	Min Temperature of Coldest Month 最冷月最低温
BIO7	Temperature Annual Range 年温变化范围
BIO8	Mean Temperature of Wettest Quarter 最湿季度均温
BIO9	Mean Temperature of Driest Quarter 最干季度均温
BIO10	Mean Temperature of Warmest Quarter 最暖季度均温
BIO11	Mean Temperature of Coldest Quarter 最冷季度均温
BIO12	Annual Precipitation 年降水量
BIO13	Precipitation of Wettest Month 最湿月降水量
BIO14	Precipitation of Driest Month 最干月降水量
BIO15	Precipitation Seasonality（Coefficient of Variation）降水量变化方差
BIO16	Precipitation of Wettest Quarter 最湿季度降水量
BIO17	Precipitation of Driest Quarter 最干季度降水量
BIO18	Precipitation of Warmest Quarter 最暖季度降水量
BIO19	Precipitation of Coldest Quart 最冷季度降水量

3. 中国土地覆盖数据

为了获取"树流感"寄主植物分布数据，本节收集了中国 1 km 土地覆盖图。数据来源于中国西部环境与生态科学数据中心。数据集在评价已经有土地覆盖数据的基础上，基于证据理论，将 2000 年中国 1∶10 万土地利用数据、中国植被图集（1∶100 万）的植被型分类、中国 1∶10 万冰川图、中国 1∶100 万沼泽湿地图和 MODIS 2001 年土地覆盖产品（MOD12Q1）进行了融合，最终基于最大信任度原则进行决策，产生了新的、IGBP 分类系统的 2000 年中国土地覆盖数据。新的土地覆盖数据在保持了中国土地利用数据的总体精度的同时，补充了中国植被图中对植被类型及植被季相的信息，更新了中国湿地图，增加了中国冰川图最新信息，使分类系统更加通用（冉有华等，2009）。IGBP 分类系统见表 4-2，中国 1 km 土地覆盖分布如图 4-2 所示。

表 4-2　IGBP 土地覆盖分类系统定义

类别	名称	解释
1	常绿针叶林	覆盖度>60%和高度超过 2 m，且常年绿色，针状叶片的乔木林地
2	常绿阔叶林	覆盖度>60%和高度超过 2 m，且常年绿色，具有较宽叶片的乔木林地
3	落叶针叶林	覆盖度>60%和高度超过 2 m，且有一定的落叶周期，针状叶片的乔木林地
4	落叶阔叶林	覆盖度>60%和高度超过 2 m，且有一定的落叶周期，具有较宽叶片的乔木林地
5	混交林	前四种森林类型的镶嵌体，且每种类型的覆盖度不超过 60%
6	郁闭灌木林	覆盖度>60%，高度低于 2 m，常绿或落叶的木本植被用地
7	稀疏灌木林	覆盖度在 10%～60%，高度低于 2 m，常绿或落叶的木本植被用地
8	有林草地	森林覆盖度在 30%～60%，高度超过 2 m，和草本植被或其他林下植被系统组成的混合用地类型
9	稀树林地	森林覆盖度在 10%～30%，高度超过 2 m，和草本植被或其他林下植被系统组成的混合用地类型
10	草地	由草木植被类型覆盖，森林和灌木覆盖度小于 10%
11	永久湿地	常年或经常覆盖着水(淡水、半咸水或咸水)与草本或木本植被的广阔区域，是介于陆地和水体之间的过渡带
12	农田	指由农作物覆盖，包括作物收割后的裸露土地。永久的木本农作物可归类于合适的林地或者灌木覆盖类型
13	城市与建筑用地	被建筑物覆盖的土地类型
14	农业与自然植被镶嵌体	由农田、乔木、灌木和草地组成的混合用地类型，且任何一种类型的覆盖度不超过 60%
15	冰川	常年由积雪或者冰覆盖的土地类型
16	裸地与稀疏植被	裸地、沙地、岩石，植被覆盖度不超过 10%
17	水体	海洋、湖泊、水库和河流，可以是淡水或咸水

4. 野外调查数据

该数据主要用于诊断"树流感"可能暴发区域的森林健康程度。本节收集云南省屏边县以及重庆市巫溪县的森林资源地面调查数据，数据采集时间为 2012 年 8 月。其中云南省屏边县共调查样地 16 个，采集植物样本 19 个；重庆市巫溪县共调查样地 16 个，采集植物样本 23 个。调查参数包括：土壤类型、海拔、郁闭度、乔木层与灌木层的主要物种、种群密度、高度、盖度，以及枯落物厚度，单木树种、最大树高、平均胸径、平均冠幅。

5. 基础地理数据

本节所使用的基础地理数据主要为全国 1∶100 万行政区划图，以及全球各国行政区划图，用于确定研究区域的边界范围。

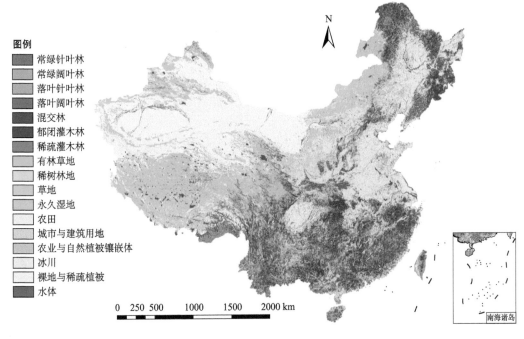

图 4-2　中国 1 km 土地覆盖图（17 类）

4.1.3　AHP-模糊综合评价与指标体系构建

本节介绍了对"树流感"适生性及风险进行诊断预测的指标因子的筛选以及基于构建的指标体系和 AHP-模糊综合评价方法的遥感诊断。

1. AHP-模糊综合评价原理

AHP-模糊综合评价是将层次分析法和模糊综合评价结合起来，使用层次分析法确定评价指标体系中各指标的权重，用模糊综合评价方法对模糊指标进行评定。模糊综合评判模型的基本原理是：首先确定被评价对象的评价因子集合和评判标准集。然后建立每个因子的权重和隶属度函数，经模糊变换建立模糊关系矩阵；最后经模糊运算并归一化处理求得模糊综合评判结果集，从而构建一个综合评判模型。

针对"树流感"在中国的潜在适生区预测，影响病菌繁殖与传播的主要预测因子具有一定程度的模糊性，没有十分明确有界限，如病菌的限制生存气候条件、最适生存气候条件等。模糊综合评价法评价指标的模糊性在一定程度上消除了测评者的主观性，该方法能较全面地综合评价主体的意见，客观反映评价对象的隶属程度，从而为"树流感"在中国的适生区诊断预测提供较为客观的依据。"树流感"在中国的潜在适生区预测和风险诊断模糊综合评价模型的建立包括以下几个步骤。

1) 确定评价对象的评价因子集合 U

基于病菌的繁殖期、气候适宜性的先验知识，确定影响病菌生存传播的主要因子，建立评价因子集合 $U=(U_1, U_2, U_3, \cdots, U_n)$，其中 U_i 为单个评价因子。

2) 确定评判标准集合 V

评判标准集合 $V=(V_1, V_2, V_3, \cdots, V_m)$，其中，$V_j$ 为评判等级层次。

3) 建立隶属函数及模糊关系矩阵 $\boldsymbol{R}$

选取适合的数学模型，建立每个评价因子的隶属函数，进而可以计算得到每个评价因子对不同适生等级模糊子集的隶属度。隶属度构成一个模糊关系矩阵 $\boldsymbol{R}$：

$$\boldsymbol{R} = \begin{bmatrix} r_{11} & r_{12} & \cdots & r_{1m} \\ r_{21} & r_{22} & \cdots & r_{2m} \\ \vdots & \vdots & & \vdots \\ r_{n1} & r_{n2} & \cdots & r_{nm} \end{bmatrix} \tag{4-1}$$

矩阵 $\boldsymbol{R}$ 中第 i 行第 j 列元素 r_{ij}，表示某个被评事物从因素 u_i 来看对 v_j 等级模糊子集的隶属度。

4) 确定评价因子的权重集 $\boldsymbol{W}$

使用层次分析法确定评价因子的权重集 $\boldsymbol{W}=(W_1, W_2, W_3, \ldots, W_n)$，权重满足公式 (4-2)。

$$\sum_{i=1}^{n} W_i = 1, \quad W_i \geqslant 0 \tag{4-2}$$

5) 计算模糊综合评价矩阵 $\boldsymbol{Y}$

综合评价指数 $\boldsymbol{Y}$ 的计算公式如下：

$$\boldsymbol{Y} = \boldsymbol{W} \times \boldsymbol{R} = (y_1 \quad y_2 \ldots y_m) \tag{4-3}$$

式中，y_i 表示评价目标对评判等级 v_j 的隶属程度。

2. 评价指标因子的筛选

"树流感"的发生与环境条件有着密切的关系。实验研究表明，病菌生长的最低气温、最高气温以及最适宜温度范围分别为 2℃、30℃、18～22℃；当温度低于 12℃时寄主叶片的感染率急剧下降；温度为 12℃和 30℃时，叶片感染率分别为 50% 和 37%；在温度为 18℃时，叶片感染率为 92%；当温度高于 30℃时，菌丝停止生长，寄主叶片感染率很低。极端低温 <−25℃会杀死病菌 (Werres et al., 2001)。Davidson 通过温度与病菌孢子繁殖力的相关分析发现两者显著相关 (Davidson et al., 2005)。

栎树猝死病菌适合于阴冷潮湿环境下生长，另外病菌能在空气传播并通过雨水污染灌溉水体，进而感染寄主植物(Meentemeyer et al., 2004)。2005 年 Davidson 研究了加州栎树猝死病菌在混合常绿林中的传播规律，认为雨季更利于孢子的滋生，而雨季也是孢子和随后的植物感染的主要限制条件。病菌的生长繁殖季在 12～5 月，在温暖多雨的 5 月病菌的繁殖能力达到最高，雨量与病菌繁殖能力成正相关关系(Davidson et al., 2005)。Turner 研究认为湿度对病菌孢子的产生起至关重要的作用，当湿度为 100%时，孢子产生能力达到最高(Turner and Jennings, 2008)。至少 60 天的较宜生存气候能使病菌传播并感染植物，是有效的病菌传播风险因子。

Meentemeyer 等与邵立娜等分别于 2004 年、2008 年选择了降水量、最高气温、最低气温和相对湿度这 4 个变量作为"树流感"适生预测因子预测美国及中国的适生区。2010 年 Václavík 利用气象因子(降水量、相对湿度、最高最低气温)、地形因子(高程、地形湿度指数、潜在太阳辐射)以及寄主分布建立预测模型，结果表明病菌与气温和降水显著相关，与高程和潜在太阳辐射几乎不相关(Václavík et al., 2010)。根据病菌的这些生态学特性，并调研总结国内外学者选择的"树流感"适生区预测因子，本研究选取的"树流感"适生评判因子为以下 4 个环境变量：累年月均降水量、月均最高气温、月均最低气温和月均相对湿度。

3. 指标因子隶属函数确定

评判标准集合 $V=(V_1, V_2, V_3, \cdots, V_m)$，其中，$V_j$ 为评判等级层次，这里把"树流感"的适生等级分为 4 个层次，分别为最适宜区域、中等适宜区域、不适宜区域、极不适宜区域。

应用模糊综合评价方法建立每个指标因子的数学模型，得到隶属函数，进而可以计算每个因子对不同适生等级模糊子集的隶属度。

(1)月均降水量。雨季有利于病菌的滋生，雨量与病菌繁殖能力成正相关关系，降水量越高，病菌的繁殖能力越高。这里，当月均降水量不小于 125 mm 时，隶属函数值为 1；当月均降水量小于 125 mm 时，与隶属度值呈指数关系。

$$\mu_1(x) = \begin{cases} 1 & x \geqslant 125 \\ e^{\frac{x-125}{125}} & x < 125 \end{cases} \tag{4-4}$$

(2)月均最高温。病菌生长的最低温、最高温以及最适宜温度范围分别为 2 ℃、30 ℃、18～22 ℃。这里，当月均最高温在 18～22 ℃范围内时，隶属函数值为 1；当月均最高气温高于 30 ℃或低于 2 ℃时，隶属函数值为 0；当月均最高气温在 22～30 ℃或 2～18 ℃时，与隶属度值呈线性关系。

$$\mu_2(x) = \begin{cases} 1 & 18 \leqslant x \leqslant 22 \\ 1 - \dfrac{x-22}{8} & 22 \leqslant x \leqslant 30 \\ \dfrac{x-2}{16} & 2 \leqslant x < 18 \\ 0 & x < 2 \text{ 或 } x > 30 \end{cases} \tag{4-5}$$

(3)月均最低温。病菌与最低温的定量关系未知。这里认为，当月均最低温高于 0℃时，隶属函数值为 1；当月均最低温低于 0℃时，隶属函数值为 0。

$$\mu_3(x) = \begin{cases} 1 & x \geqslant 0 \\ 0 & x < 0 \end{cases} \tag{4-6}$$

(4)相对湿度。湿度对病菌孢子的产生起至关重要的作用，当湿度为 100%时，孢子生产能力达到最高。这里，当相对湿度高于 80%时，隶属函数值为 1；当相对湿度在 40%～80%范围内时，与隶属度呈线性关系；当相对湿度低于 40%时，隶属函数值为 0。

$$\mu_4(x) = \begin{cases} 1 & x \geqslant 80 \\ \dfrac{x-40}{40} & 40 < x < 80 \\ 0 & x \leqslant 40 \end{cases} \tag{4-7}$$

4. 指标因子权重计算

选择层次分析法来确定评价因子权重。层次分析法是一种将定性分析与定量分析相结合的多目标决策分析方法，由于它能够有效分析目标准则体系层次间的非序列关系，有效地综合测度决策者的判断和比较，且系统简洁、实用，在社会、经济、管理等许多方面得到越来越广泛的应用。该法的基本思路是：将复杂问题分解为若干层次和若干因素，对两两指标之间的重要程度作出比较判断，建立判断矩阵，计算判断矩阵的最大特征值以及对应特征向量，得出不同方案重要性程度的权重，为最佳方案的选择提供依据。

应用层次分析法确定"树流感"评价因子权重的具体步骤如下。

1)确定目标与评价因素集

本研究已确定的评价因素集为月均最高温、月均最低温、月均降水量、月均相对湿度。

2)构建判断矩阵并进行一致性检验

判断矩阵的构建采用 1～9 标度方法，根据给定的方案重要性标度，通过每个要素之间的两两比较，对重要性赋予一定数值构建判断矩阵。各级标度的含义如表 4-3 所示。获得的判断矩阵记为 $A = (a_{ij})_{n \times n}$，其中 $a_{ij}(i = 1, 2, \cdots, n)$ 表示方案 $A_i(i = 1, 2, \cdots, n)$ 与方案 $A_j(j = 1, 2, \cdots, n)$ 比较的相对重要程度。

表 4-3　判断矩阵标度的含义

标度	含义
1	表示二要素比较，同样重要
3	表示二要素比较，一个要素比另一个要素稍微重要
5	表示二要素比较，一个要素比另一个要素明显重要
7	表示二要素比较，一个要素比另一个要素强烈重要
9	表示二要素比较，一个要素比另一个要素极端重要
2、4、6、8	上述相邻判断的中值

在构建过程中，软件会自动对判断矩阵进行一致性检验，检验权重分配是否合理。如公式 $CR = CI / RI$，其中，CR 为判断矩阵的随机一致性比率；CI 为判断矩阵一般一致性指标，$CI = \dfrac{1}{n-1}(\lambda_{max} - n)$；$RI$ 为判断矩阵的平均随机一致性指标，RI 值见表 4-4。

表 4-4　判断矩阵的平均随机一致性指标 RI 值

矩阵阶数	1	2	3	4	5	6	7	8	9	10
RI	0	0	0.58	0.90	1.12	1.24	1.32	1.41	1.45	1.49

CI 越小，说明一致性越大。如果 CR<0.1，则认为该判断矩阵通过一致性检验，否则就不具有满意一致性。

3）计算特征根和特征向量

根据判断矩阵，采用方根法求出最大特征根所对应的特征向量 W，所求特征向量即为各评判因素重要性排序，也就是权重的分配。

表 4-5 所示为模型最终计算得到的适生因子判断矩阵以及特征值。得到评价因子的权重集 $W=(W_1, W_2, W_3, W_4) = (0.3704, 0.3850, 0.0594, 0.1852)$。

表 4-5　"树流感"病菌评价指标因子判断矩阵

因子	平均降水量	平均最高温	平均最低温	相对湿度	W_i
平均降水量	1	1	6	2	0.3704
平均最高温	1	1	7	2	0.385
平均最低温	0.1667	0.1429	1	0.3333	0.0594
相对湿度	0.5	0.5	3	1	0.1852

注：随机一致性比率 CR=0.0011。

最后根据式(4-3)计算模糊综合评价矩阵，其中 W 为各个因子的权重集，R 为 4 个环境变量因子构成的集合。

4.1.4　"树流感"风险诊断结果分析

以中国 2001～2010 年间的年均气象数据为基础，基于 AHP-模糊综合评价方法预测"树流感"在中国的适生区预测。首先根据建立的各个评价因子隶属函数，以 ArcGIS 软件为平台利用栅格计算功能计算 4 个环境变量在 12～5 月这 6 个月份中的平均隶属度栅格图层，然后计算出"树流感"在中国的综合适生度。计算得到的适生度范围为(0,1)，在这里把结果范围线性拉伸到(0,100)，使结果更具可读性。其中，适生度值越趋于 100，表示适生度越高，适生度值越趋于 0，表示适生度越小。

1. "树流感"在中国的适生度分布

图 4-3 所示为基于 AHP-模糊综合评价方法得到的"树流感"在中国的适生度分布诊断专题图。从适生度诊断结果可以看出，"树流感"在中国的适生度分布从西南往东北方向是逐渐降低的，在靠近沿海纬度较低的区域，适生度明显较高，这与该区域的湿度较大、气温较高有关。以长江流域为界，在中国东南部沿海地区、中部地区以及西部四川盆地的栎树猝死病菌的适生度较高，而东北和西北部地区的栎树猝死病菌适生度较低；在西北部地区，青海和西藏的栎树猝死病菌适生度要比周边地区略低。最适宜区域主要有福建、广东、湖南、江西、浙江、台湾，以及湖北、安徽、广西的部分地区。本研究的预测结果与病菌适于生长在高湿适温环境这一适生条件基本一致。该结果与邵立娜等（2008）用 CLIMEX 模型预测栎树猝死病原在中国的适生区结果以及 2007 年 Kluza 用 GARP 模型预测栎树猝死病菌在亚洲的适生分布结果基本一致。

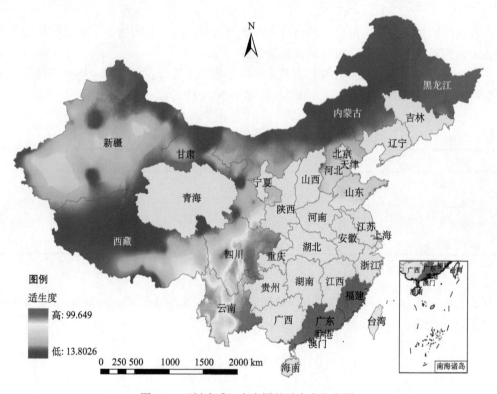

图 4-3　"树流感"在中国的适生度分布图

2. "树流感"在中国的适生分级

上一小节中得到的适生度数值可以反映出"树流感"在我国的适生分布变化趋势情况，但适生值无法反映真正的适生程度。为了得到"树流感"在中国不同区域的适生等级，需要选择合适的阈值对"树流感"在中国危险适生程度进行划分。之前我们确定了

"树流感"的适生评判 4 个等级：最适宜区域、中等适宜区域、不适宜区域、极不适宜区域，下面将确定划分"树流感"适生等级的标准。

前面介绍到，美国加利福尼亚州是"树流感"严重疫区，该地区与中国均位于北半球，且纬度相似，物候一致。因此把前面建立的 AHP-模糊综合评价模型应用于"树流感"严重疫区美国加利福尼亚州，通过对比加州的适生度值与中国的适生度值，确定等级划分的阈值。这里我们假设严重疫区美国加利福尼亚州的气候条件为"树流感"最适宜气候条件。在 ArcGIS 中利用 Spatial Analyst Tools-Extraction by Mask 工具以加州地区为掩膜把各气象因子栅格图层裁剪出来，并计算 4 个环境变量在 12～5 月这 6 个月中的平均隶属度栅格图层。然后计算出"树流感"在加州的综合适生度。得到"树流感"在美国加州的适生度分布图，如图 4-4 所示。

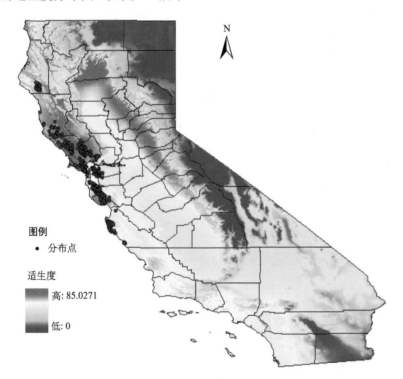

图 4-4　"树流感"在美国加州的适生度分布示意图

在 ArcGIS 中利用 Spatial Analyst Tools-Extraction by Point 工具把物种分布点的适生度值提取出来，并加以统计。删除其中的一个异常值(–9999)，得到的统计信息如表 4-6 所示。

统计结果表明，AHP-模糊综合评价方法得到的"树流感"暴发分布点的适生值变化范围 62.67～81.04，平均适生值为 70.97。根据以上的统计信息，采用等差法对适生值的大小作出划分标准，并认为预

表 4-6　物种分布点适生度统计

类别	数值
数据个数	1114
平均值	70.97
最大值	81.04
最小值	62.67
标准偏差	3.95

测结果与实际近似一致：$A>80$ 为最适宜；$60<A<80$ 为中等适宜；$40<A<60$ 为不适宜；$A<40$ 为极不适宜。

　　在 ArcGIS 中利用重分类功能对上节得到的适生度分布结果进行分类，得到如图 4-5 所示的"树流感"在中国的适生分级专题图。

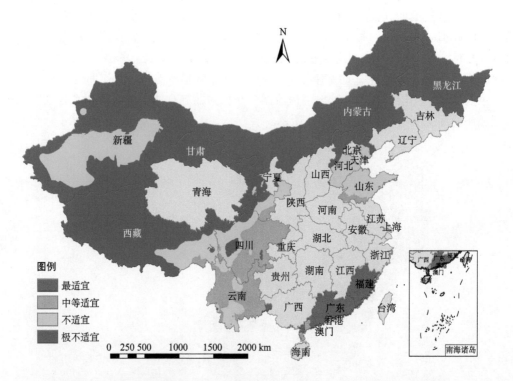

图 4-5　基于 AHP-模糊综合评价方法的"树流感"在中国的适生分级专题图

　　统计表明，最适宜区域总面积为 92.06 万 km^2，占中国国土总面积的 9.59%，包括广西、广东、福建、江西，以及贵州、湖南、湖北的部分区域，以及台湾西南部的小部分区域，云南只有极少部分区域为最适宜。中等适宜区域总面积为 140.05 万 km^2，占国土总面积的 14.60%，包括云南、贵州、四川、重庆、湖北、安徽、江苏以及浙江的部分区域，以及台湾大部分区域。最适宜区域与中等适宜区域面积占总面积的 24.2%。

3. "树流感"在中国的潜在适生区

　　应用 ArcGIS 的空间叠置分析功能，把"树流感"寄主植被分布图与适生分级分布专题图进行空间叠置分析，得到"树流感"在我国的潜在分布，如图 4-6 所示。

　　在有林地区范围内，最适宜区域面积为 48.88 万 km^2，比剔除有林地之前的面积几乎减少了 43.18 万 km^2；中等适宜区域面积为 49.38 万 km^2，比剔除有林地之前的面积减少了 90.67 万 km^2。对这些森林覆盖区域应着重关注"树流感"发生的潜在风险。

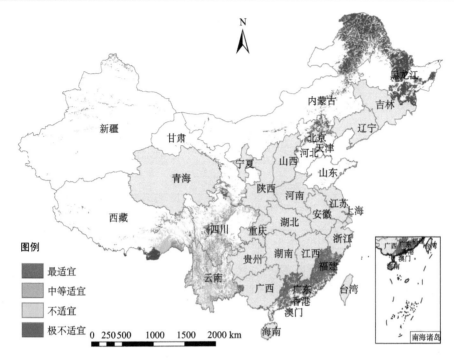

图 4-6 基于 AHP-模糊综合评价方法的 "树流感" 在中国的潜在适生分布图

4.2 湿地国家级自然保护区环境健康遥感诊断

为了验证本书构建的湿地生态系统健康遥感诊断指标体系及模型的科学性和实用性，本节选择不同区域不同类型的 3 个代表性湿地国家级自然保护区作为案例地开展湿地生态系统健康遥感诊断。

《全国湿地保护工程规划》(2004～2030 年)将中国湿地划分为 8 大区域：东北湿地区、黄河中下游湿地区、长江中下游湿地区、滨海湿地区、东南和南部湿地区、云贵高原湿地区、蒙新干旱半干旱湿地区和青藏高寒湿地区。国家林业局发布的《全国湿地资源调查技术规程》中将中国湿地类型划分为近海及海岸湿地、河流湿地、湖泊湿地、沼泽湿地和人工湿地五大类。其中近海与海岸湿地、沼泽湿地和湖泊湿地是非常重要的三类湿地，因此，本节分别选择属于云贵高原湿地区的沼泽湿地——四川若尔盖湿地国家级自然保护区、青藏高寒湿地区的湖泊湿地——青海湖国家级自然保护区及黄河中下游湿地区的近海与海岸湿地——黄河三角洲国家级自然保护区作为本研究的案例地。

4.2.1 若尔盖国家级自然保护区

1. 研究区概况

四川若尔盖国家级自然保护区地处青藏高原东北边缘，四川省阿坝藏族羌族自治州若尔盖县境内的西南部，地理位置为东经 102°29′～102°59′，北纬 33°25′～34°00′，如图 4-7 所示。保护区以保护黑颈鹤等珍稀野生动物及湿地生态系统为主，东西宽 47 km，南北长 63km，总面积为 166570hm²。若尔盖湿地是中国第一大高原沼泽湿地，拥有世界上面积最大、保存最完好的高原泥炭沼泽，是青藏高原高寒湿地生态系统的典型代表(窦亮等，2013)，也是中国已知黑颈鹤繁殖地中繁殖种群最大的地区(李筑眉和李凤山，2005)。

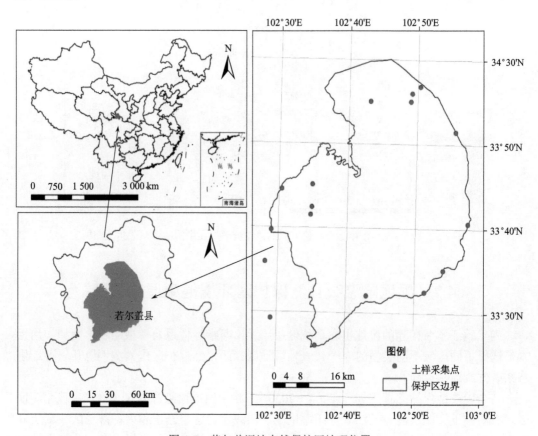

图 4-7　若尔盖湿地自然保护区地理位置

　　若尔盖保护区为高原浅丘沼泽地貌，区内丘陵断续分布，丘顶浑圆，区内地势东南高，西北低，海拔最高为 3697 m，最低为 3422 m，相对高差为 50～100 m。保护区属高原寒温带湿润气候，春季气温回升缓慢，倒春寒频繁，解冻期长；秋季雨热同期，气温较高，降水集中。冬季寒冷干燥多风、日照强，降雪少，昼夜温差大。据若尔盖县气象资料，区内年平均气温为 0.7 ℃，气温年较差为 21.40 ℃，年降水量为 493.60～836.70 mm，相对湿度为 78%。

　　保护区属黄河水系，西面离黄河 30 km。区内的主要河流是黑河(墨曲)及其支流达水曲，黑河是黄河上游的一级支流，从南向北纵贯本区注入黄河。区内河流迂回曲折，水流平稳缓慢，形成大面积的沼泽地和众多牛轭湖。湖泊沼泽化明显，水质较差，浑浊，腐殖质含量较高。区内地表水主要受细菌和腐殖质污染，不符合国家饮用水标准。除细菌指标外，地下水的其他指标都符合国家饮用水标准，可供牛羊饮用。

保护区地处中国生物多样性保护的关键区域，主要生态系统类型有湿地、草地、灌丛、荒漠四大类型。区内具有丰富多样的植被与动物类型，区内维管植物共计50科165属414种，占全国湿地高等植物总数的20.61%，有中国特有盾果草属(*Thyrocarpus* Hance)、细穗玄参属(*Scrofella* Maxim.)、羽叶点地梅属(*Pomatosace* Maxim.)等5属；兽类15科39种；鸟类28科149种；两栖类2科3种；爬行类3科3种；鱼类2科2亚科15种；昆虫61种。其中，国家一级重点保护动物9种，二级重点保护动物30种(郝云庆等，2008)。

保护区涉及辖曼、唐克、嫩洼、红星、阿西和班佑6个乡及阿西、辖曼、黑河、向东、分区5个国有牧场。乡镇居民经济来源以旅游业和畜牧业为主。保护区旅游资源丰富，包括若尔盖花湖、黄河九曲第一湾、热尔大坝等著名景点。保护区畜牧资源得天独厚，在保护区建立以前，其范围内已有牧民居住和放牧，经统计，2013年保护区共有牧民上千户，人均收入达到7230元/年。

目前，若尔盖湿地面临的干扰和威胁主要包括气候变暖引起的沼泽退化、过度放牧导致的草场不断退化及对保护区植被有较大危害的兽类，如黑唇鼠兔(*Ochotona curzoniae*)、喜马拉雅旱獭(*Marmota himalayana* Hodgson)等对草场的破坏。

2. 数据收集与处理

由表3-1可知，计算湿地生态系统健康各诊断指标的数据来源多样，主要包括统计数据、实地采样数据、遥感数据与产品、问卷调查数据4类。下面依次介绍若尔盖保护区这4类数据的收集及处理。

1)统计数据收集及处理

若尔盖案例区的水质、水源保证率(water guaranteed rate，WGR)、生物多样性指数(biodiversity index，BI)3个指标的数据源是统计数据和文献资料，这些数据在整个研究区中往往只有一个数据，但这些指标又是指标体系的重要组成指标，因此本研究就将每个格网的结果都取相同的值。统计数据和文献资料获取后按照3.2.3小节的指标计算公式计算指标值，再按3.2.5小节的标准化公式计算出标准化后的数值即可。数据来源及计算结果见表4-7。

表4-7　若尔盖案例区水质、水源保证率、生物多样性指数的数据来源及计算结果

指标	数据来源	标准化结果
水质	保护区管理局提供数据	7
水质变化趋势	保护区管理局提供数据 文献(田应兵和熊明标，2004)	5
水源保证率	四川若尔盖湿地国家级自然保护区综合科学考察报告 文献(万鹏等，2011)	0.657
生物多样性指数	若尔盖动植物名录	6.8936

2) 实地采样数据收集及处理

2014 年 8 月 19~21 日,本研究进入若尔盖国家级自然保护区进行实地调查,在保护区内外采集土壤样本,记录样本采集点的 GPS 位置、周边土地利用类型、植被覆盖类型及覆盖度。本次野外调查共采集到 17 个土壤样本,土样采集点分布如图 4-19 所示;记录 64 个 GPS 点;记录沼泽、半沼泽、草甸、半退化草甸、退化草甸、沙地 7 种土地利用类型;记录高原嵩草(*Kobresia pusilla*)、纤弱早熟禾(*Poa malaca*)、火绒草(*Leontopodium leontopodioides*)、西伯利亚蓼(*Polygonum sibiricum*)、高原红柳(*Tamarix ramosissma*)等 17 种植被覆盖类型。土壤样本点的布设遵循几个规则:①采样点的布设总体上均匀分布,不能进入的地方可考虑在周边相同类型的区域采点;②采样点离铁路、公路至少 300m 以上,尽量取到自然状态下的湿地土壤;③点样数目为 15~30 个;④每个采样点周边采集 3 次土壤合成一个土壤样本,由 XDB-LH-55×35 规格铝盒封装。返回北京后,将土壤样品送到北京市理化分析测试中心进行检验,得到土壤含水量、土壤 pH,以及铜(Cu)、锌(Zn)、铅(Pb)、铬(Cr)、镉(Cd)5 种重金属元素的含量。去掉不在保护区范围内的两个点,剩余 15 个土样检验结果见表 4-8。

表 4-8   若尔盖案例区土壤样品检验结果

样点编号	含水量/%	pH	镉/(mg/kg)	铬/(mg/kg)	铜/(mg/kg)	铅/(mg/kg)	锌/(mg/kg)
REG-1	55.20	6.39	0.13	45.90	25.10	26.60	46.50
REG-2	70.00	7.23	0.15	43.10	19.00	14.90	42.20
REG-3	69.30	5.74	0.25	44.90	22.90	27.80	57.70
REG-4	43.80	5.53	0.14	73.50	17.30	25.80	69.70
REG-7	63.80	7.48	0.14	58.10	13.60	31.60	58.50
REG-8	44.70	5.46	0.29	33.60	11.70	23.50	65.80
REG-9	65.00	6.40	0.15	33.80	13.70	21.60	62.40
REG-10	65.90	5.82	0.12	40.60	13.40	21.40	45.20
REG-11	73.80	7.94	0.21	7.58	4.54	17.60	40.30
REG-12	22.60	5.78	0.17	59.30	15.80	26.40	49.90
REG-13	63.10	7.71	0.12	45.50	15.60	22.60	63.40
REG-14	22.70	7.08	0.20	102.00	19.90	38.70	93.40
REG-15	24.10	7.74	0.18	89.90	20.10	30.70	78.10
REG-16	44.30	7.94	0.32	87.20	16.00	22.50	79.60
REG-17	76.30	7.79	0.12	88.10	23.70	26.20	98.50
平均值	53.64	6.80	0.19	56.87	16.82	25.19	63.41
标准临界值			0.2	90	35	35	100

由表 4-8 可知,若尔盖保护区的湿地含水量平均值为 53.64%,相对较高;pH 为 5.46~7.94,平均值为 6.80,呈弱酸性至中性;5 种重金属含量的均值均未超过自然背景下的标

准值，但镉、铬、铅 3 个指标中有个别样点的含量超过了标准值。总的来说，若尔盖保护区土壤含水量较高、pH 呈中性，未受严重的重金属污染，土壤环境良好。

为了得到每个评价单元(8 km 格网)内的土壤含水量、pH 和重金属元素含量，需进行空间插值(1 km 空间分辨率)。在 ArcGIS 10.2 中完成，首先对数据的分布进行分析，并进行相应变换，使其基本符合正态分布，然后进行插值，尝试选择反距离加权插值法和简单克里金插值方法，并比较交叉验证的精度，选择精度更高的结果作为最终结果，若尔盖土壤各指标插值精度见表 4-9，计算土壤指标前还需要对插值的结果进行分区统计，然后计算各指标 8 km 格网的平均值，因此表 4-9 中各指标插值精度能满足本研究的需求。

表 4-9　若尔盖案例区土壤指标插值精度

土壤指标	含水量	pH	镉	铬	铜	铅	锌
平均误差	0.0138	−0.0053	0.0026	0.0037	−0.0040	0.0019	−0.0029
均方根误差	0.1089	0.9080	0.0324	0.1648	0.1248	0.1540	0.1067

3) 遥感数据与产品收集及处理

本研究计算景观指标所用的遥感数据是 Landsat MSS 和 HJ-1A/1B CCD 数据。Landsat 是美国 NASA 的陆地资源系列卫星，Landsat-1～ Landsat-3 在 1978 年 3 月之前发射，搭载 MSS 传感器。Landsat-1～Landsat-3 轨道高度为 920 km，轨道倾角为 99.125°，幅宽为 185 km，重访周期为 18 天。HJ-1A/1B 是国产环境与灾害监测预报小卫星星座 A、B 星，于 2008 年 9 月 6 日发射，HJ-1-A 星搭载了 CCD 相机和超光谱成像仪(HSI)，HJ-1-B 星搭载了 CCD 相机和红外相机(IRS)，在 HJ-1-A 卫星和 HJ-1-B 卫星上均装载两台 CCD 相机，其设计原理完全相同。HJ-1A/1B 星轨道高度为 649.093 km，轨道倾角为 97.9486°，单台扫描幅宽为 360 km，两台联合获取数据幅宽为 700 km，两台 CCD 相机组网后重访周期仅为两天。Landsat-1～Landsat-3 MSS 和 HJ-1A/1B CCD 传感器参数见表 4-10。

表 4-10　Landsat-1～Landsat-3 MSS 和 HJ-1A/1B CCD 传感器参数

卫星传感器	波段	波长范围/μm	分辨率/m
Landsat-1～Landsat-3 MSS	Band 4	0.5～0.6	78
	Band 5	0.6～0.7	78
	Band 6	0.7～0.8	78
	Band 7	0.8～1.1	78
HJ-1A/1B CCD	Band 1	0.43～0.52	30
	Band 2	0.52～0.60	30
	Band 3	0.63～0.69	30
	Band 4	0.76～0.90	30

　　本研究所用的 Landsat MSS 影像下载自美国地质调查局(USGS)数据共享网
(http://glovis.usgs.gov/), HJ-1A/1B CCD 影像下载自中国资源卫星应用中心数据服务平台
(http://218.247.138.121/DSSPlatform/), 共选取覆盖若尔盖保护区 3 个时相的 4 景影像,
影像的轨道行列号和获取时间见表 4-11。

表 4-11　若尔盖案例区遥感影像列表

卫星传感器	行列号	时间(年/月/日)
Landsat MSS	141/36	1977/7/14
Landsat MSS	141/37	1977/7/14
HJ1A CCD2	15/76	2014/7/26
HJ1B CCD2	17/76	2009/8/11

　　根据 3.2.3 小节中栖息地适宜性等 6 个景观指标的计算公式可知,计算这些指标需要
3 个时相的遥感影像,表 4-18 中两景 MSS 影像用于计算历史年份(1980 年左右)的指标
值,2009 年 HJ 影像用来计算相对现状年的前一个时期的指标,2013 年的 HJ 影像用来
计算评价现状年的指标。下载后的影像经过辐射定标、大气校正、几何校正几个预处理
步骤。辐射定标是指建立遥感传感器的数字量化输出值 DN 与其所对应视场中辐射亮度
值之间的定量关系;大气校正的目的是消除大气和光照等因素对地物反射的影响;几何
校正是指消除或改正遥感影像几何误差的过程。此外,MSS 影像还需要将两景影像镶嵌
后才能覆盖整个研究区,以上预处理步骤均在 ENVI 5.0 平台上完成。

　　辐射定标采用 ENVI 的 band Math 功能完成;大气校正采用 ENVI 软件的 FLAASH
模块完成;几何校正的参考影像下载自中国科学院遥感与数字地球研究所数据服务平台,
是经过几何精校正的中国行政区划 1990 年和 2006 年的 Landsat TM 影像,待纠正影像与
参考影像时间越接近校正结果会越好,因此 1990 年影像用来校正 MSS 影像,2006 年影
像用来校正 HJ CCD 影像。由于 HJ 数据的幅宽比较大,先对影像进行裁剪,保留研究区
及周边一部分区域,然后进行几何校正,每景影像选取 30~40 个控制点,影像的校正精
度保证在 1 个像元以内。

　　预处理完成后,采用最大似然监督分类方法进行分类,依据表 3-4,将研究区分为
沼泽湿地、湖泊、河流、低强度草地、高强度草地 5 类,分类后经过聚类、过滤、去除
和合并等处理,得到分类后研究区的土地利用图,依据实地采集的 64 个土地利用类型
GPS 控制点,对 2014 年分类结果的精度进行验证,其中 58 个点分类正确,正确率达
90.625%,并根据实地采集的土地利用类型 GPS 控制点和保护区管理局提供的若尔盖国
家级自然保护区新功能区划图,在 ArcGIS 10.2 中对解译结果进行人工修正,得到最终结
果,如图 4-8 所示。

　　为了后续的统计计算,将分类的最终结果转换为矢量文件,虽然经过了分类后处理,
但难免还存在一些单个或极少像元组成的错分斑块,根据国际惯例及中国第二次湿地资
源调查的规定,本研究将面积大于 8 hm² 以上的斑块提取出来进行后续计算。本研究的
评价单元是 8 km 的格网,因此景观指标也要在 8 km 的格网内分别统计,在研究区范围

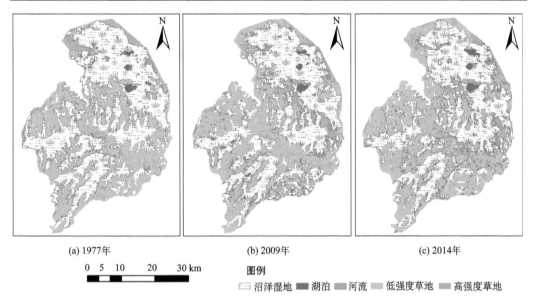

(a) 1977年　　　　　　　　　　　(b) 2009年　　　　　　　　　　　(c) 2014年

图例

0　5　10　　20　　30 km

▨ 沼泽湿地　■ 湖泊　■ 河流　■ 低强度草地　■ 高强度草地

图 4-8　若尔盖案例区土地利用分类结果

内，生成 8 km×8 km 的格网，用生成的格网将分类斑块进行分割，分割后分别计算每个格网内各类别的斑块面积和周长，然后分格网统计各类别的斑块面积和周长，最后按照 3.2.3 小节的指标计算公式和 3.2.5 小节的标准化公式计算出栖息地适宜性等 6 个景观指标的结果和标准化后的数值。

　　本研究所使用的另一种遥感产品是 MODIS NPP 产品，用来计算净初级生产力及其变化趋势，数据下载自美国蒙大拿州大学热动力学数值同化小组的共享数据，行列号和时间见表 4-12。

表 4-12　若尔盖案例区 NPP 产品列表

MODIS 产品	行列号	时间
MOD17A3	h26v05	2008 年
MOD17A3	h26v05	2013 年

　　表 4-12 中，2013 年的产品用来计算评价年份的净初级生产力指标，2008 年和 2013 年的产品共同计算净初级生产力变化趋势指标。数据下载后首先进行投影转换，根据表 4-13 所示的 MOD17A3 产品的数据集信息，第二个图层即是本研究所需要的 NPP 数据，且数值的有效范围是 0～65500，采用 MODIS 投影工具（MODIS reprojection tool，MRT），将数据集中的第二个图层转为本研究所用的 UTM 投影，在 ArcGIS 中运用属性值提取的方法提取出有效值，并乘以比例系数得到最终的 NPP 产品影像，空间分辨率为 1 km，时间分辨率为 1 年，单位为 kg C/m^2。用研究区的 8 km 格网分区统计每个格网的 NPP 平均值，即可按照 3.2.3 小节的指标计算公式和 3.2.5 小节的标准化公式计算出净初级生产力及其变化趋势的指标值和标准化后的数值。

表 4-13　MOD17A3 产品的数据集信息

HDF 数据集	单位	数据类型	数值范围	有效值范围	比例系数
Gridded 1 km Annual Gross Primary Productivity	kgC/m²	16-bit signed integer	0～65 500	0～65 500	0.000 1
Gridded 1 km Annual Net Primary Productivity	kgC/m²	16-bit signed integer	65 530～65 535	0～65 500	0.000 1
Gpp_Npp_QC_1km	%	8-bit unsigned integer	255～250	0～100	NA

本研究所用的土壤质地数据下载自寒区旱区科学数据中心的 1∶100 万的基于世界土壤数据库(HWSD)的中国土壤数据集(v1.1),该数据集中国境内数据源为第二次全国土地调查南京土壤所所提供的 1∶100 万土壤数据。

土壤数据的处理过程是先将影像转投影至UTM下,后与土壤数据库(HWSD. mdb)用ID字段匹配连接,匹配后的字段"T_USDA_TEX",即为土壤质地字段,将匹配后的影像另存为单独的影像,以便使与数据库连接的字段成为影像的固有字段,将土壤质地字段的值提取出来,然后用8 km格网进行分区统计,土壤质地是分离不连续的数据,适于采用主要类型法(predominant type method)(王莹等,2010)进行统计,即把格网内出现次数最多的值作为这个格网的土壤质地值,然后再查找表3-13得到每个格网的标准化值。

本研究所用的人口密度数据在 3.2.3 小节中已经有所介绍,数据处理方法先转投影后再进行分区统计每个格网的平均值,并将其作为每个格网的人口密度数据,根据 3.2.5 小节的标准化公式计算出人口密度标准化值。

4)问卷调查数据收集及处理

本研究在若尔盖保护区实地调查过程中,向保护区及其周边居民发放了 51 份调查问卷,发放对象分布在不同年龄、不同职业,且保持一定的男女比例。

统计表明,被调查对象男女比例基本一致,分别为47%和53%;被调查者的年龄分布在 17～60 岁,平均年龄为 28 岁,主要分布在 20～30 岁,占被调查总人数的 56.86%,如图 4-9(a)所示;被调查的职业分布在学生、农民等 8 个行业,其中以农民(主要是牧民)所占比重最高,达 31.37%,如图 4-9(b)所示。

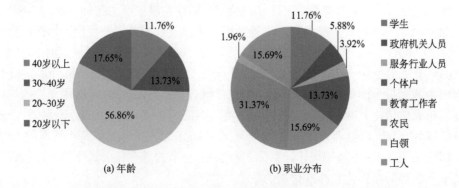

图 4-9　若尔盖案例区居民湿地保护意识问卷调查年龄及职业分布

对结果进行统计，按照 3.2.3(18) 中所述的方法统计问卷的分值，并按照式(3-24)及式(3-40)计算，计算结果表明，若尔盖区域调查问卷中，有 28 份问卷的分值超过 50 分，计算所得若尔盖区域的居民湿地保护意识分值为 0.549，标准化后的值为 8.067，说明若尔盖周边居民湿地保护意识较强。

为了更清晰地展示和比较整个案例区各个指标值的健康状况，将各个格网指标的平均值做成南丁格尔玫瑰图，如图 4-10 所示。

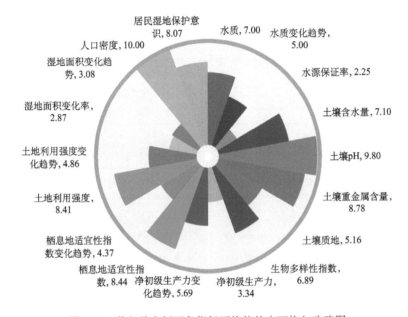

图 4-10　若尔盖案例区各指标平均值的南丁格尔玫瑰图

图 4-10 表明，若尔盖区域土壤指标和社会指标相对较好，其次是现状类景观指标，而水环境指标、生物指标和趋势类景观指标值较低。指标值为"差"的两个指标是水源保证率和湿地面积变化率，湿地面积变化率指标值为 2.87，说明近 5 年若尔盖区域湿地面积有减少的趋势，结合值最低的水源保证率指标分析，若尔盖沼泽湿地面积有减少趋势的主要诱因是水源保证不足引起的湿地萎缩，与实地调查和当地保护区工作人员介绍的情况一致，说明指标的计算结果可靠，符合实际情况。如何改善湿地水源涵养功能、提高水源保证率、恢复湿地面积、提高湿地植被净初级生产力等指标是今后若尔盖保护区需要着重保护和恢复的方面。

3. 层次分析法诊断

运用层次分析法进行湿地生态系统健康遥感诊断最重要的步骤是确定各指标的权重，若尔盖案例地的权重由以下 3 个方面分析确定。

1) 保护区工作人员提供参考

保护区管理局提供的部分指标的权重相对重要性建议(同一级各个指标的相对重要性大小，分值为 1~10 分)，见表 4-14。

表 4-14　若尔盖保护区管理局提供的部分指标的权重相对重要性建议

一级指标	相对重要性分值	二级指标	相对重要性分值
水环境指标	10	水质	8
		水源保证率	10
土壤指标	9	土壤重金属含量	6
		土壤 pH	8
		土壤含水量	10
生物指标	10	生物多样性指数	10
景观指标	10	栖息地适宜性指数	8
		湿地面积变化率	10
		土地利用强度	10
社会指标	9	人口密度	8
		居民湿地保护意识	10

注：表中调查内容为湿地项目调查时的指标，未涵盖本研究指标体系中的全部指标。

从表 4-14 中可以看出，根据保护区工作人员的经验，5 个一级指标都很重要，其中水环境指标、生物指标和景观指标的重要性稍高于土壤指标和社会指标。水环境指标中，水源保证率相比水质更重要；土壤指标中，土壤含水量最重要；生物多样性指数十分重要；景观指标中，湿地面积变化率和土地利用强度更为重要；社会指标中，湿地保护意识比人口密度对湿地生态系统健康的影响更为重要。

2）查阅文献

邹长新等（2012）在进行若尔盖湿地生态安全评价时，沙化土地面积比例、牧区人口密度、景观破碎化指数、区域开发指数等指标的权重对本研究有参考价值，沙化土地面积比例和区域开发指数与本节的土地利用强度类似，景观破碎化指数是本研究栖息地适宜性指数的一部分，牧区人口密度和本研究人口密度相同，通过文献权重设置可知，人口密度指标对若尔盖生态安全重要性小于另外几个指标，区域开发强度和沙化土地面积合起来的重要性略大于景观破碎化程度。

四川省若尔盖湿地是世界上最大的高原泥炭沼泽湿地和黄河流域上游重要的水源补给地，被中外学者誉为"中国西部高原之肾"（郝云庆等，2008），可见水源涵养对若尔盖湿地生态系统健康非常重要；同时，若尔盖湿地国家级自然保护区位于若尔盖高寒沼泽湿地的核心地带，地处中国生物多样性保护的关键区域，是世界上唯一的高原鹤类——黑颈鹤在中国最集中的分布区和最主要的繁殖地之一，可见生物多样性是评价若尔盖湿地生态系统健康的重要指标。

3）实地考察、访谈

笔者在若尔盖实地考察时，注意到若尔盖湿地现在面临的威胁主要有水源保证率不足引起的沼泽湿地萎缩及保护区内过度放牧引起的湿地植被退化。另外，当地居民基本都是不通汉语的藏民，湿地知识宣传难度较大。可见，水源保证率、湿地面积变化率、周边居民湿地保护意识这几个指标对若尔盖湿地生态系统健康有着重要的影响。

综合以上 3 点，用层次分析法计算出若尔盖湿地生态系统健康各诊断指标的权重大小，见表 4-15 和图 4-11。

表 4-15　若尔盖湿地生态系统健康遥感诊断各指标权重

一级指标	权重	二级指标编号	二级指标	权重
水环境	0.2015	I1	水质	0.0687
		I2	水质变化趋势	0.0431
		I3	水源保证率	0.0897
土壤	0.2014	I4	土壤含水量	0.0764
		I5	土壤 pH	0.0626
		I6	土壤重金属含量	0.0343
		I7	土壤质地	0.0281
生物	0.2096	I8	生物多样性指数	0.1094
		I9	净初级生产力	0.0600
		I10	净初级生产力变化趋势	0.0402
景观	0.3005	I11	栖息地适宜性指数	0.0564
		I12	栖息地适宜性指数变化趋势	0.0309
		I13	土地利用强度	0.0688
		I14	土地利用强度变化趋势	0.0378
		I15	湿地面积变化率	0.0688
		I16	湿地面积变化趋势	0.0378
社会	0.0870	I17	人口密度	0.0349
		I18	居民湿地保护意识	0.0521

由图 4-23 可知，若尔盖湿地生态系统健康遥感各诊断指标中，生物多样性指数在若尔盖湿地生态系统健康诊断中最为重要，其次是水源保证率及 3 个景观指标；土壤指标中，土壤含水量最为重要；另外，居民湿地保护意识也较为重要。重要性前 5 位的指标依次是生物多样性指数、水源保证率、土壤含水量、土地利用强度、湿地面积变化率。

得到权重后，通过加权求和计算得到每个格网的 WHI 值，若尔盖案例区由 AHP 方法得到的 WHI 空间分布图如图 4-12 (a) 所示。

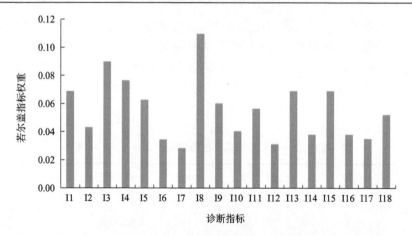

图 4-11　若尔盖湿地生态系统健康遥感各诊断指标权重

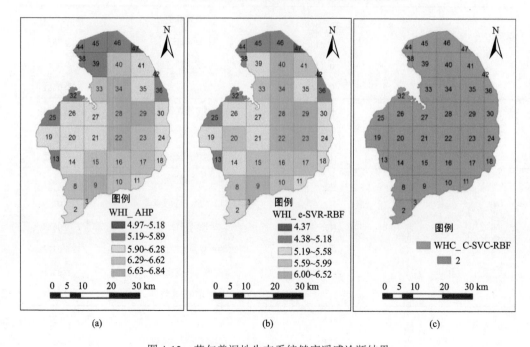

图 4-12　若尔盖湿地生态系统健康遥感诊断结果

(a)层次分析法计算结果；(b)支持向量机回归运算结果；(c)支持向量机分类结果

由图 4-12(a)可见，由 AHP 方法计算得到若尔盖案例地的 WHI 为 4.97～6.84，平均值为 6.14，整个案例地健康级别均为中等。从健康值的空间分布来看，研究区中部健康值高于边缘区域，健康值最高的格网 28、29、34、9、22 均处于保护区的核心区，健康值低的区域在北部、东部和西部的边缘地带，格网 42、47、36、38、25、44、45、13 均处于保护区的实验区。

4. 支持向量机诊断

根据图 4-11 中重要性前 5 位的指标，构建若尔盖案例区训练样本，并转换为 Weka

软件所支持的 ARFF 格式，分别进行支持向量机回归和分类的模型构建。

1）不同核函数对 SVR 模型的影响

这部分内容以 ε-SVR 为研究对象，选择不同的核函数建模，根据模型的精度比较不同的核函数对模型的影响，精度用 Kappa 系数、正确率、平均绝对误差（mean absolute error, MAE）、均方根误差（root mean squared error, RMSE）4 个参数来评价。首先介绍 SVR 模型的参数，模型的固有参数有两个：C（cost）和 ε（eps）。C 为惩罚系数，惩罚系数过大可能会导致模型过度拟合；ε 为不敏感区域的宽度，即允许的终止判据。4 种核函数中线性核函数没有专门需要设置的参数；多项式核函数有 3 个参数：d（degree）、γ（gamma）和 r（coef0）；RBF 核函数有一个参数 γ；sigmoid 核函数有 γ 和 r 两个参数。

首先选择 RBF 核函数，模型需要设置的参数是 C、γ 和 ε。先固定 γ 为 0.01，ε 为 0.001，通过调整 C 从 0.0001～10000 试算选择最佳拟合结果，将参数试算寻优过程分为两步：第一步为粗试算，选出 C 的大致范围；第二步为精试算，算出 C 的最优解（表 4-16、图 4-13）。

表 4-16　不同 C 值情况下的 ε-SVR_RBF 模型精度

C	γ	ε	相关系数	MAE	RMSE
0.0001	0.01	0.001	−0.2084	2.2752	2.6413
0.001	0.01	0.001	0.0397	2.2517	2.6176
0.01	0.01	0.001	0.8551	2.0179	2.3835
0.1	0.01	0.001	0.9418	0.8303	1.1354
1	0.01	0.001	0.9768	0.3853	0.5641
10	0.01	0.001	0.977	0.3443	0.5539
100	0.01	0.001	0.9724	0.3717	0.6067
1000	0.01	0.001	0.9724	0.3717	0.6065
10000	0.01	0.001	0.9724	0.3717	0.6065
2	0.01	0.001	0.9789	0.3532	0.533
2.7	0.01	0.001	0.9794	0.3428	0.5265
3	0.01	0.001	0.9793	0.3418	0.5272
4	0.01	0.001	0.979	0.3378	0.5298
5	0.01	0.001	0.9789	0.3357	0.5318

由表 4-16 和图 4-13 可知，相关系数随着 C 值的变化大致呈 S 型变化，当 $C<1$ 时，相关系数随 C 值的增加而迅速增加，MAE 和 RMSE 迅速减小；当 $C>1$ 时，相关系数不再随 C 值的变化而剧烈变化，而是稳定在 0.97 以上；当 $C>10$ 时，相关系数随着 C 值的增加而减小；当 $C>100$ 时，相关系数不再随 C 值的变化而变化，而是稳定为 0.9724。最高相关系数为 0.9794，因此暂选 2.7 作为最优 C 值。

确定了 C 值再试算 γ，固定 C 值为 2.7，ε 为 0.001，调整 γ 从 0.0001～1 试算，结果见表 4-17、图 4-14。

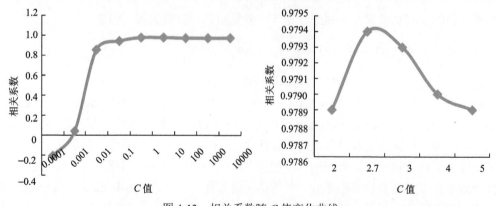

图 4-13　相关系数随 C 值变化曲线

表 4-17　不同 γ 值情况下的 ε-SVR_RBF 模型精度

C	γ	ε	相关系数	MAE	RMSE
2.7	0.0001	0.001	0.9715	0.4485	0.6654
2.7	0.001	0.001	0.9818	0.3556	0.4979
2.7	0.01	0.001	0.9794	0.3428	0.5265
2.7	0.1	0.001	0.8757	0.8592	1.2712
2.7	1	0.001	0.7459	1.3609	1.7447
2.7	0.002	0.001	0.9821	0.3353	0.4901
2.7	0.004	0.001	0.9832	0.3162	0.4756
2.7	0.0044	0.001	0.9832	0.3136	0.4744

　　由表 4-17、图 4-14 可知，相关系数随着 γ 值的变化大致呈抛物线形变化，$C<0.001$ 时，相关系数随 γ 的增加而增加，但变化幅度不大；$C>0.001$ 时，相关系数随 γ 值的增加而急剧减小，γ 值在 0.001～0.01 时，相关系数稳定在 0.98 以上。最高相关系数为 0.9832，因此暂选 0.0044 为最优 γ 值。

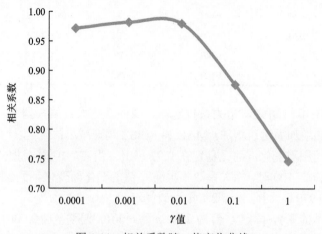

图 4-14　相关系数随 γ 值变化曲线

固定 C 为 2.7、γ 为 0.0044，ε 从 0.0001～1 试算，结果见表 4-18。由表 4-18 中可知，ε 值对相关系数的影响较小，ε 为 0.0001～0.01 时，相关系数不变，$\varepsilon<1$ 时，相关系数稳定在 0.98 以上，相关系数最高为 0.9833。

表 4-18　不同 ε 值情况下的 ε-SVR_RBF 模型精度

C	γ	ε	相关系数	MAE	RMSE
2.7	0.0044	0.0001	0.9832	0.3136	0.4745
2.7	0.0044	0.001	0.9832	0.3136	0.4744
2.7	0.0044	0.01	0.9832	0.3136	0.4744
2.7	0.0044	0.1	0.983	0.319	0.4782
2.7	0.0044	1	0.9789	0.3854	0.5308
2.7	0.0044	0.03	0.9833	0.3144	0.4736
2.7	0.0044	0.032	0.9833	0.3143	0.4732
2.7	0.0044	0.04	0.9833	0.3151	0.4736

经过以上一系列试算，初步确定模型的 3 个参数的最优值分别如下：C 为 2.7，γ 为 0.0044，ε 为 0.032。为了进一步确定参数的最优值，以初步确定的 3 个值为基础进行微调，最终得到最优参数是 C 为 25，γ 为 0.002，ε 为 0.001，此时相关系数为 0.984，MAE 为 0.292，RMSE 为 0.4633。

以上是核函数为 RBF 核函数的情况，下面对不同核函数对模型的影响进行比较分析，同上述步骤一样，分别选取线性核函数、多项式核函数和 Sigmoid 核函数来对数据进行模拟，选择最优参数，其结果见表 4-19。

表 4-19　不同核函数情况下的 ε-SVR 模型精度

核函数	C	γ	ε	r	d	相关系数	MAE	RMSE	运行时间/s
RBF	25	0.002	0.001	—	—	0.984	0.292	0.4633	0.08
线性	10	—	0.001	—	—	0.9731	0.4241	0.6218	5.82
多项式	1	0.0074	0.82	0.8	2	0.9799	0.3777	0.5268	0.07
Sigmoid	0.1	0.001	0.01	0.001	—	−0.2249	2.277	2.6431	0.08

由表 4-19 可知，RBF 核函数、线性核函数和多项式核函数的模型精度相差不是太大，但线性核函数达到最高相关系数时运行时间长，RBF 核函数精度最高，达 0.984，多项式核函数精度接近 0.98，运行时间最短。相关系数由大到小的排列分别是 RB 核函数>多项式核函数>线性核函数>Sigmoid 核函数。综合来看，RBF 核函数是 4 种核函数中最好的，这与其他学者得出的结论一致（武国正，2008；苏高利和邓芳萍，2006）。

2）ε-SVR 与 v-SVR 的比较

前面的研究表明，RBF 核函数是最优的核函数，因此本节选择 RBF 核函数对 ε-SVR

与 v-SVR 的模型结果进行比较。在 ε-SVR 中，需要确定不敏感损失函数中的参数 ε，而在某些情况下选择合适的 ε 不容易，v-SVR 是 ε-SVR 的一种变形算法，避免了 ε 的计算，简化了参数的调节。

运用与 ε-SVR 最优参数选择相同的方法，选择 v-SVR 的最优参数，v-SVR 多了一个参数 v，是用来控制支持向量数量的变量。先固定 C 为 1，γ 为 0.01，ε 为 0.001，v 值在 0.0001～1 调整并求其最优，得到 v 值的变化对模型精度的影响（表 4-20、图 4-15）。

表 4-20　不同 v 值情况下的 v-SVR_RBF 模型精度

v	C	γ	ε	相关系数	MAE	RMSE
0.0001	1	0.01	0.001	0.1326	2.3535	2.6795
0.001	1	0.01	0.001	0.8256	2.3297	2.6489
0.01	1	0.01	0.001	0.9061	2.0825	2.3395
0.1	1	0.01	0.001	0.963	0.6952	0.84
1	1	0.01	0.001	0.9764	0.3861	0.5698
0.8	1	0.01	0.001	0.9766	0.3843	0.5676
0.6	1	0.01	0.001	0.9766	0.3881	0.5663
0.69	1	0.01	0.001	0.977	0.3819	0.5622

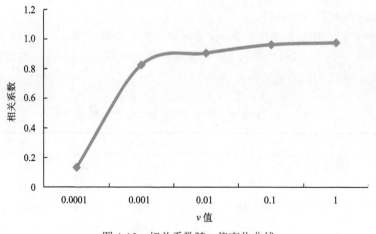

图 4-15　相关系数随 v 值变化曲线

表 4-21 和图 4-15 表明，相关系数随着 v 值的变化大致呈对数增长，$v < 0.01$ 时，相关系数随 v 的增加而迅速增加，MAE 和 RMSE 也迅速减小；$v > 0.01$ 时，相关系数稳定在 0.9 以上；当 v 为 0.69 时，相关系数最大，为 0.977，因此暂选 0.69 作为最优 v 值。

确定了 v 值再依次试算 C、γ 和 ε，得到最优的 C、γ 和 ε 分别是 2.8、0.0015 和 0.03。ε-SVR 与 v-SVR 的模型拟合结果比较见表 4-21。

由表 4-21 可知，ε-SVR 模型的相关系数高于 v-SVR 模型，而 MAE 和 RMSE 均小于 v-SVR。可见，虽然 v-SVR 算法简化了模型参数的调节，但在运行时间大致相等的情况下，精度高的 ε-SVR 模型优于 v-SVR 模型。

表 4-21 ε-SVR 与 v-SVR 模型精度比较

算法	相关系数	MAE	RMSE	运行时间/s
ε-SVR	0.984	0.292	0.4633	0.08
v-SVR	0.9825	0.337	0.4867	0.09

最终选择 ε-SVR_RBF 模型进行若尔盖区域的湿地生态系统健康遥感诊断, 结果如图 4-14(b)所示。支持向量机回归的结果表明, 整个若尔盖区域的湿地生态系统健康为 4.37~6.52, 平均值为 5.54, 健康级别均处于 "中" 级, 没有 "好" 和 "差" 的区域分布。湿地生态系统健康值在空间上呈现出从中间向边缘逐渐变低的分布, 健康值最高的几个格网是 34、28、29、9、40, 健康值最低的几个格网是 42、47、36、38、25、13、45, 位于保护区的北部、东部和西部边缘。

3) 不同核函数对 SVC 模型的影响

这部分内容研究支持向量机分类建模, 以 C-SVC 为研究对象, 选择不同的核函数建模, 根据模型的精度来比较不同的核函数对模型的影响, 参数的寻优过程与 SVR 相似, 首先选择 RBF 核函数, 固定 γ 为 0.01, ε 为 0.001, 不同 C 值对模型精度的影响见表 4-22 和图 4-16。

表 4-22 不同 C 值情况下的 C-SVC_RBF 模型精度

C	γ	ε	Kappa 系数	正确率/%	MAE	RMSE
0.0001	0.01	0.001	0	44	0.3733	0.611
0.001	0.01	0.001	0	44	0.3733	0.611
0.01	0.01	0.001	0	44	0.3733	0.611
0.1	0.01	0.001	0.7454	84	0.1067	0.3266
1	0.01	0.001	0.8116	88	0.08	0.2828
10	0.01	0.001	0.8106	88	0.08	0.2828
100	0.01	0.001	0.8433	90	0.0667	0.2582
1000	0.01	0.001	0.8195	88.5	0.0767	0.2769
10000	0.01	0.001	0.812	88	0.08	0.2828
105	0.01	0.001	0.8433	90	0.0667	0.2582
110	0.01	0.001	0.8353	89.5	0.07	0.2646
120	0.01	0.001	0.8276	89	0.0733	0.2708
130	0.01	0.001	0.8276	89	0.0733	0.2708

由表 4-22 和图 4-16 可知, Kappa 系数随着 C 值的变化大致呈 S 型变化, C>1 时, Kappa 系数稳定在 0.8 以上且随 C 值变化较小。最高 Kappa 系数为 0.8433, 因此暂选 105 为最优 C 值。

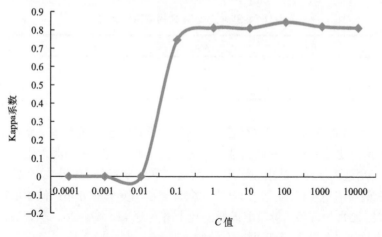

图 4-16　Kappa 系数随 C 值变化曲线

确定了 C 值再试算 γ，固定 C 值为 105、ε 为 0.001，使 γ 从 0.0001～100 试算，结果见表 4-23、图 4-17 所示。

表 4-23　不同 γ 值情况下的 C-SVC_RBF 模型精度

C	γ	ε	Kappa 系数	正确率/%	MAE	RMSE
100	0.0001	0.001	0.7802	86	0.0933	0.3055
100	0.001	0.001	0.8819	92.5	0.05	0.2236
100	0.01	0.001	0.8433	90	0.0667	0.2582
100	0.1	0.001	0.7188	82.5	0.1167	0.3416
100	1	0.001	0.4263	65.5	0.23	0.4796
100	10	0.001	0.266	57	0.266	0.5354
100	100	0.001	0	44	0.3733	0.611
100	0.002	0.001	0.8977	93.5	0.0433	0.2082
100	0.003	0.001	0.8977	93.5	0.0433	0.2082

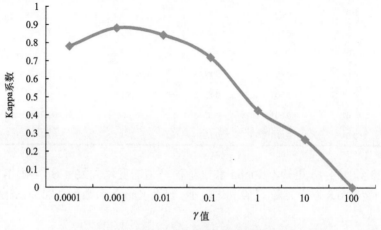

图 4-17　Kappa 系数随 γ 值变化曲线

由表 4-23、图 4-17 可知，Kappa 系数随着 γ 值的变化大致呈抛物线形变化，$r<0.001$ 时，Kappa 系数随 γ 的增加而增加，但变化幅度不大；$r>0.001$ 时，Kappa 系数随 γ 值的增加而急剧减小；γ 值为 $0.001\sim0.01$ 时，Kappa 系数稳定在 0.88 以上。Kappa 系数最高为 0.8977，因此暂选 0.002 为最优 γ 值。

固定 C 为 105，γ 为 0.002，ε 从 $0.0001\sim10$ 试算，结果见表 4-24。

表 4-24　不同 ε 值情况下的 *C*-SVC_RBF 模型精度

C	γ	ε	Kappa 系数	正确率/%	MAE	RMSE
100	0.002	0.0001	0.8977	93.5	0.0433	0.2082
100	0.002	0.001	0.8977	93.5	0.0433	0.2082
100	0.002	0.01	0.8977	93.5	0.0433	0.2082
100	0.002	0.1	0.898	93.5	0.0433	0.2082
100	0.002	1	0.8899	93	0.0467	0.216
100	0.002	10	−0.0053	29	0.4733	0.688
100	0.002	0.7	0.9057	94	0.04	0.2
100	0.002	0.9	0.9135	94.5	0.0367	0.1915

由表 4-24 可知，ε 值对分类精度的影响较小，ε 为 $0.0001\sim0.01$ 时，Kappa 系数不变；$\varepsilon<1$ 时，Kappa 系数稳定在 0.89 以上，Kappa 系数最高为 0.9135。进一步微调各个参数，最终得到最优参数如下：C 为 191，γ 为 0.002，ε 为 0.9，Kappa 系数为 0.9293，分类正确率为 95.5%。

对线性核函数、多项式核函数和 Sigmoid 核函数用同样的方式进行建模，选择最优参数，4 种核函数的最优参数和模型精度比较见表 4-25。

表 4-25　不同核函数情况下的 *C*-SVC 模型精度

核函数	C	γ	ε	r	d	Kappa 系数	正确率/%	MAE	RMSE	运行时间/s
RBF	191	0.002	0.9	—	—	0.9293	95.5	0.03	0.1732	0.09
线性	0.04	—	1	—	—	0.7879	86.5	0.09	0.3055	0.06
多项式	2.5	0.01	0.01	0	3	0.8977	93.5	0.0433	0.2082	0.05
Sigmoid	0.1	0.0001	0.423	0.01	—	65.5	0.23	0.4796	0.08	0.08

由表 4-25 可知，不同的核函数模型的精度相差很大，4 种核函数最优参数运行时间相差不多，但 RBF 核函数的分类精度最高，达 95.5%，Kappa 系数由大到小的排列分别是 RBF 核函数>多项式核函数>线性核函数>Sigmoid 核函数。综合来看，RBF 核函数是 4 种核函数中最好的。

4）*C*-SVC 与 *v*-SVC 的比较

基于以上尝试，选择最优核函数 RBF 核函数，进行 *C*-SVC 与 *v*-SVC 两种算法建模精度的比较。相比于 C-SVC，v-SVC 算法特殊的参数是 v，首先固定 γ 为 0.01，ε 为 0.001，v 在 0.0001~1 调整并求其最优，得到 v 值变化对模型精度的影响（表 4-26、图 4-18）。

表 4-26　不同 v 值情况下的 v-SVC_RBF 模型精度

v	γ	ε	Kappa 系数	正确率/%	MAE	RMSE
0.0001	0.01	0.001	0.5483	71	0.1933	0.4397
0.001	0.01	0.001	0.818	88.5	0.0767	0.2769
0.01	0.01	0.001	0.8118	88	0.08	0.2828
0.1	0.01	0.001	0.8263	89	0.0733	0.2708
0.2	0.01	0.001	0.819	88.5	0.0767	0.2769
0.3	0.01	0.001	0.8111	88	0.08	0.2828
0.4	0.01	0.001	0.8257	89	0.0733	0.2708
0.5	0.01	0.001	0.7928	87	0.0867	0.2944
0.6	0.01	0.001	0.7767	86	0.0933	0.3055
0.015	0.01	0.001	0.8266	89	0.0733	0.2708
0.16	0.01	0.001	0.8583	91	0.06	0.2449
0.17	0.01	0.001	0.8505	90.5	0.0633	0.2517

　　由表 4-26、图 4-18 可知，Kappa 系数随 v 值的增加大致呈对数变化，v<0.1 时，Kappa 系数随 v 值的增大而增大，Kappa 系数最高为 0.8583，此时 v 为 0.16，固定 v 值，进一步寻找 γ 和 ε 的最佳值，分别为 0.004 和 0.1，最终模型的分类精度为 94.5%，C-SVC 与 v-SVC 模型精度比较见表 4-27，其表明在运行时间相近的情况下，C-SVC 算法分类精度更高。

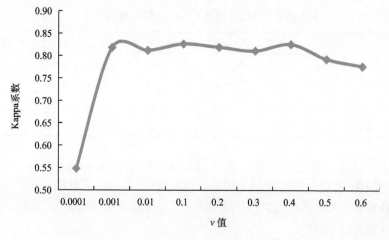

图 4-18　Kappa 系数随 v 值变化曲线

表 4-27　　*C*-SVC 与 *v*-SVC 模型精度比较

算法	Kappa 系数	正确率/%	MAE	RMSE	运行时间/s
C-SVC	0.9293	95.5	0.03	0.1732	0.09
v-SVC	0.9134	94.5	0.0367	0.1915	0.08

最终选择 *C*-SVC_RBF 模型进行若尔盖区域的湿地生态系统健康遥感诊断，结果如图 4-12 (c)所示。支持向量机分类的结果是整个若尔盖区域的湿地生态系统健康等级均为 2，也就是中级。

5. 三种诊断结果差异性分析

由图 4-12 可知，基于层次分析法、支持向量机回归和支持向量机分类 3 种方法得到的评价结果基本一致，3 种方法得到的若尔盖地区的湿地生态系统健康等级均为中级，AHP 和 SVR 计算得到的 WHI 空间分布规律也基本一致，健康值最高和最低的格网基本相同，两种方法所得每个格网的 WHI 值比较如图 4-19 所示。

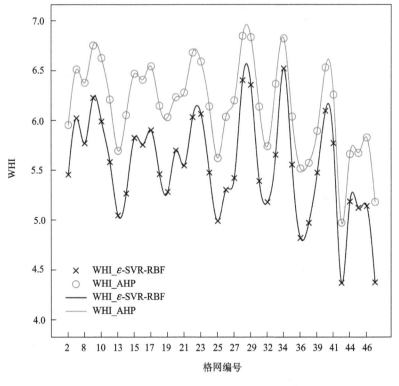

图 4-19　若尔盖湿地 AHP 和 SVR 诊断结果逐格网比较

由图 4-19 可知，AHP 和 SVR 计算得到的 WHI 具有相同的变化趋势，AHP 所得每个格网的 WHI 均高于 SVR 所得结果，统计结果(图 4-20)表明，AHP 所得平均值比 SVR 所得结果高出 0.6028，最小值高出 0.6012，最大值高出 0.3260，说明在健康值较低时，两种方法计算结果相差较大，随着健康值的升高，两者的评价结果更为接近，对两种方法得到的结果进行拟合，结果如图 4-21 所示。

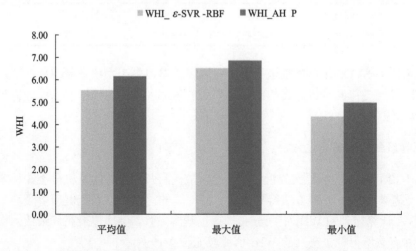

图 4-20　若尔盖湿地 AHP 和 SVR 诊断结果统计值比较

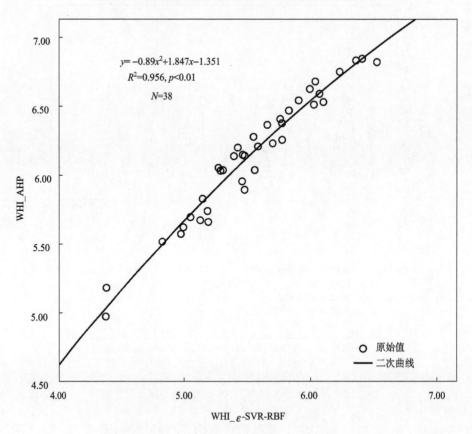

$y = -0.89x^2 + 1.847x - 1.351$
$R^2 = 0.956, p < 0.01$
$N = 38$

图 4-21　若尔盖湿地 AHP 和 SVR 诊断结果相关关系

　　由图 4-21 可知，AHP 和 SVR 诊断结果存在正相关关系，决定系数达 0.956，在 0.01 的水平上显著相关。本研究构建 SVR 建模的训练样本时，充分考虑了重要性前 5 位的指标对健康值的贡献，而 AHP 评价结果与指标权重有直接关系，这是两种方法评价结果比较一致的原因之一。AHP 方法实际是将湿地生态系统健康值和各指标之间的关系当作简单的多元线性关系，实际上，湿地生态系统是高度非线性的复杂生态系统，ε-SVR_RBF 建立的模型是非线性的，更符合湿地生态系统特点，AHP 评价结果高于 SVR 评价结果，正是线性模型受某些指标权重影响过大的原因。

4.2.2　青海湖国家级自然保护区

1. 研究区概况

　　青海湖国家级自然保护区位于青藏高原东北部，祁连山系南麓，地跨海北州海晏、刚察县和海南州共和县,距青海省省会西宁市 280 km。地理位置为东经 99°36′~100°46′，北纬 36°32′~37°25′，如图 4-22 所示。保护区属于湿地生态系统和野生动物类型的自然保护区，其范围东自环青海湖东路，南自 109 国道，西自环湖西路，北自青藏铁路以内的整个青海湖水体、湖中岛屿及湖周沼泽滩涂湿地、草原，海拔为 3100~4500 m，总面积为 4952 km²，2012 年经青海省水利厅测定，青海湖面面积为 4404.55 km²，2014 年 3 月水面积为 4440.83 km²。青海湖是中国最大的内陆咸水湖泊，是维系青藏高原东北部生

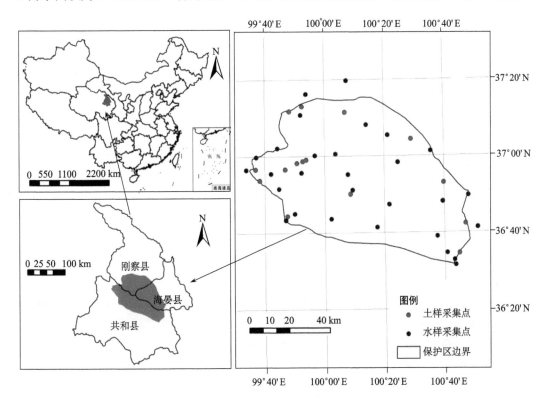

图 4-22　青海湖自然保护区地理位置

态安全的重要水体，是阻挡西部荒漠化向东蔓延的天然屏障，是青藏高原生物多样性最丰富的宝库，也是极度濒危动物普氏原羚的唯一栖息地，还是研究鸟类迁徙规律、高原动物食物链、生态环境、生物多样性的宝库。

保护区位于中国东部季风区、西部干旱区和西南部高寒区的交汇地带，属高原半干旱高寒气候区，光照充足，日照强烈；冬寒夏凉，暖季短暂，冷季漫长，春季多大风和沙暴；雨量偏少，雨热同季，干湿季分明。保护区年均气温为 $-0.7\ ℃$，最热月（7 月）平均气温为 $10.4\sim15.2\ ℃$，最冷月（1 月）平均气温为 $-14.7\sim-10.4\ ℃$，每年 12 月至翌年 3 月湖面封冻，冰厚可达 $60\sim80\ cm$，年均降水量为 $319\sim395\ mm$，年均蒸发量为 $1300\sim2000\ mm$，蒸发量远大于降水量。保护区内土壤主要有草甸土、沼泽土、风沙土、盐土、栗钙土等类型。

青海湖水源补给来源于河水，其次是湖底的泉水和降水。湖周大小河流有 70 余条，青海湖每年获得径流补给的河流主要有 7 条，即布哈河、巴哈乌兰河、沙柳河、哈尔盖河、甘子河、倒淌河及黑马河，其流量约占入湖总径流量的 95%，布哈河是流入湖中最大的一条河，多年平均径流量为 7.77 亿 m^3。青海湖每年入湖河流补给 13.35 亿 m^3，降水补给 15.57 亿 m^3，地下水补给 4.01 亿 m^3，总补给量为 34.93 亿 m^3，湖区风大蒸发快，每年湖水蒸发量为 39.3 亿 m^3，年均损失为 4.37 亿 m^3。

青海湖区内的自然植被有五大类型（灌丛、草原、荒漠、草甸、沼泽和水生植被），以温性草原、温性荒漠草原和紧邻湖岸的高寒沼泽化草甸为主，主要优势种群为西北针茅（*Stipa sareptana* var. *krylovii*）、短花针茅（*Stipa breviflora*）、华扁穗草（*Blysmus sinocompressus*）。该区植物种类较多，包括种子植物、蕨类植物、苔藓、菌类、藻类和地衣等。种子植物共有 52 科 174 属 445 种，其中裸子植物仅有 3 属 6 种，被子植物占绝对优势。

保护区鸟类共计 221 种，分属于 14 目 37 科，其中国家一级保护动物 4 种，国家二级保护动物 21 类，占青海省鸟类总数的 55%，候鸟数占 63.6%，迁徙途经此区域停歇的水鸟近 92 种，总数超过 9 万只。国家一级保护动物黑颈鹤（*Grus nigricollis*）主要在湿地沼泽中栖息繁殖，数量达 88 余只，越冬水鸟以大天鹅（*Cygnus cygnus*）为主种群。保护区兽类共计 42 种，分属于 5 目 17 科，以啮齿、食肉目、偶蹄目种类居多，其中国家一级保护动物 6 种，二级保护动物 14 种，包括世界濒危动物普氏原羚（*Procapra przewalskii*），2012 年调查种群数量为 776 种，有 70 多只普氏原羚在鸟岛湿地栖息。保护区有鱼类 8 种，主要为青海裸鲤（*Gymnocypris przewalskii*），约占湖内鱼类资源总量的 95% 以上，为青海湖最具高原特色的鱼类资源。

青海湖国家级自然保护区环湖地区总人口为 8.56 万人，属多民族居住区域，有藏族、汉族、蒙古族、回族等 12 个民族。少数民族人口占 70%，其中藏族人数最多，约占人口总数的 68.61%。牧业是湖区的主体经济，有近 7 万人为牧业户，湖区还有几家以畜牧业生产为主体的国营畜牧场。此外，有约 6000 人为农业户，近年来生态旅游也迅速发展。总的来说，环湖社区经济基础薄弱，产业较为单一，农牧民对自然资源的依赖性还较高。

目前，保护区湿地生态系统受到的干扰和威胁主要来自青海湖水位和湖面积的年际变化对候鸟繁殖地的影响，青海湖周边沼泽和草甸过度放牧引起的环境恶化和土地沙化及夏季非繁殖期开展生态旅游(观鸟)活动对鸟类生活造成的干扰。

2. 数据收集与处理

由表 3-1 可知,计算湿地生态系统健康各诊断指标的数据来源多样,主要包括统计数据、实地采样数据、遥感数据与产品、问卷调查数据 4 类。下面依次介绍青海湖案例区这 4 类数据的收集及处理。

1)统计数据收集及处理

青海湖案例区的水源保证率、生物多样性指数两个指标的数据源是统计数据和文献资料,计算方式同 4.2.1 节。数据来源及计算结果见表 4-28 所示。

表 4-28　青海湖案例区水源保证率、生物多样性指数的数据来源及计算结果

指标	数据来源	标准化结果
水源保证率	布哈河口水文站 2013 年逐月水文要素统计表 布哈河口水文站多年平均水文要素统计表	0
生物多样性指数	青海湖国家级自然保护区重点保护野生动物名录 青海湖国际级自然保护区宣传册 青海湖国家级自然保护区植被监测报告 青海湖国家级自然保护区管理局水鸟监测报告 国家林业重点工程社会经济效益监测野生动植物保护及 自然保护区建设工程 2014 年保护区调查表 文献(李延红,2009)	7.9322

2)实地采样数据收集及处理

本研究计算水质的数据是青海湖国家级自然保护区管理局提供的 2011 年和 2013 年丰水期水样的检验结果,采样时间分别是 2011 年 8 月 22～27 日和 2013 年 8 月 17～22 日,采样点位置如图 4-22 所示,数据中属于地表水环境质量标准基本项目中的指标是溶解氧(DO)、氨氮(NH_4^+-N)、总氮(TN)、总磷(TP)、高锰酸盐指数(COD_{Mn})。本研究选择这 5 种指标进行青海湖案例地水质及水质变化趋势指标计算。

根据每个评价单元内的以上 5 种指标分别计算水质标准化值,然后计算 5 种指标标准化值的均值,将其作为该评价单元最终的水质指标标准化值。为了得到每个评价单元(8 km 格网)内的 5 种水质指标含量,需进行空间插值(1 km 空间分辨率)。在 ArcGIS 10.2 中完成,首先对数据的分布进行分析,并进行相应变换,使其基本符合正态分布,然后进行插值,尝试选择反距离加权插值法和简单克里金插值方法,并比较交叉验证的精度,选择精度更高的结果作为最终结果,青海湖水质各项指标插值精度见表 4-29,表 4-29 中各指标插值精度能满足本研究 8 km 格网分区统计的需求。

表 4-29　青海湖案例区水化学指标插值精度

时间	水化学指标	DO	NH_4^+-N	TN	TP	COD_{Mn}
2011 年	平均误差	0.0035	0.0015	−0.0037	0.0000	0.1641
	均方根误差	0.664	0.2568	0.6873	0.0694	1.5012
2013 年	平均误差	0.0504	0.0129	0.0051	0.0005	0.3418
	均方根误差	0.7311	0.2367	0.8479	0.0374	1.6374

　　2014 年 7 月 16～19 日，本研究进入青海湖国家级自然保护区进行实地调查，在保护区内外采集土壤样本，记录样本采集点的 GPS 位置、周边土地利用类型、植被覆盖类型及覆盖度。本次野外调查共采集到 15 个土壤样本，土样采集点分布如图 4-22 所示；记录 40 个 GPS 点；记录沼泽湿地、河流湿地、滩涂、草甸、退化草甸、沙地 6 种土地利用类型；记录高原嵩草(*Kobresia pusilla*)、杉叶藻(*Hippuris vulgaris*)、披针叶野决明(*Thermopsis lanceolata*)、西伯利亚蓼(*Polygonum sibiricum*)、天山报春(*Primula nutans*)、海乳草(*Glaux maritima*)、马蔺(*Iris lactea* Pall. var. *chinensis*)等 16 种植被覆盖类型。15 个土壤样品检验结果见表 4-30 所示。

表 4-30　青海湖案例区土壤样品检验结果

样点编号	含水量/%	pH	镉	铬	铜	铅	锌
REG-1	7.51	8.29	0.14	66.00	23.30	22.50	83.60
REG-2	23.70	9.31	0.11	44.70	11.10	8.80	47.10
REG-3	22.60	8.70	0.12	52.20	25.80	28.70	122.00
REG-4	25.90	8.62	0.15	59.90	19.70	14.50	70.90
REG-7	24.60	8.42	0.13	57.40	21.70	14.40	63.00
REG-8	45.30	8.76	0.16	64.10	26.20	17.70	80.10
REG-9	34.10	8.11	0.14	48.10	15.30	16.60	69.60
REG-10	23.30	8.46	0.17	62.20	19.80	14.50	81.50
REG-11	68.30	6.37	0.09	46.80	13.80	11.00	51.10
REG-12	33.60	8.33	0.11	28.50	10.40	8.65	39.90
REG-13	17.40	8.08	0.07	90.40	5.41	9.26	26.40
REG-14	20.90	8.45	0.11	36.10	9.12	9.46	45.80
REG-15	19.10	9.66	0.13	38.10	8.09	10.00	46.90
REG-16	27.50	9.09	0.11	34.70	8.68	9.65	51.90
REG-17	21.80	8.85	0.14	49.50	20.20	13.60	63.90
平均值	27.71	8.50	0.12	51.91	15.91	13.95	62.91
标准临界值			0.2	90	35	35	100

　　由表 4-30 可知，青海湖保护区的湿地含水量平均值为 27.71%，相对较低；pH 为 8.08～9.66，平均值为 8.50，呈弱碱性；5 种重金属含量的均值均未超过自然背景下的标准值，但铬和锌指标中有个别样点的含量超过了标准值，总体来说，青海湖保护区

土壤基本未受重金属污染，但土壤含水量较低，反映出水源保证率不足，水源涵养功能未较好发挥。

基于 4.2.1 节中同样的插值方法，得到青海湖各指标插值精度见表 4-31，表 4-31 中各指标插值精度能满足 8 km 格网分区统计的需求。

表 4-31　青海湖案例区土壤指标插值精度

土壤指标	含水量	pH	镉	铬	铜	铅	锌
平均误差	−0.0174	−0.0632	0.0055	0.0080	−0.0114	−0.0015	−0.0095
均方根误差	0.0981	0.5561	0.0827	0.1035	0.1373	0.1259	0.1641

3）遥感数据与产品收集及处理

青海湖案例区共下载了覆盖保护区 3 个时相的 6 景 MSS 和 HJ 遥感影像，影像的轨道行列号和获取时间见表 4-32。

表 4-32　青海湖案例区遥感影像列表

卫星传感器	行列号	时间(年/月/日)
Landsat-MSS	144/34	1977/8/22
Landsat-MSS	143/34	1977/7/16
Landsat-MSS	143/35	1977/6/28
HJ1B-CCD2	18/72	2009/7/11
HJ1A-CCD2	19/72	2009/7/13
HJ1B-CCD2	21/72	2014/7/17

表 4-32 中 3 景 MSS 影像用于计算历史年份(1980 年左右)的指标值，2 景 2009 年 HJ 影像用来计算相对现状年的前一个时期的指标，2014 年的 HJ 影像用来计算评价现状年的指标。同 4.2.1 节中的遥感影像预处理及处理流程，青海湖遥感影像经过辐射定标、大气校正、几何校正、镶嵌预处理步骤后，进行最大似然法监督分类，依据表 3-4，将研究区分为沼泽湿地、湖泊河流、低强度草地、高强度草地、沙地、盐碱地、裸地和农田 8 类，分类后经过聚类、过滤、去除和合并等处理，得到分类后研究区的土地利用图。依据实地采集的 40 个土地利用类型 GPS 控制点和随机生成的 20 个验证点，对 2014 年分类结果的精度进行验证，其中 50 个点分类正确，正确率为 90%，并以实地采集的土地利用类型 GPS 控制点和保护区管理局提供的《青海湖国家级自然保护区综合检测报告》中的 2012 年青海湖土地利用类型图为参考，在 ArcGIS 10.2 中对解译结果进行人工修正，得到最终结果，如图 4-23 所示。后续的统计计算方法同 4.2.1 节。

本研究下载的 MODIS NPP 产品列表见表 4-33，在 MRT 中分别将 2008 年和 2013 年两景 NPP 影像拼接并转投影后进行计算，计算过程同 4.2.1 节。

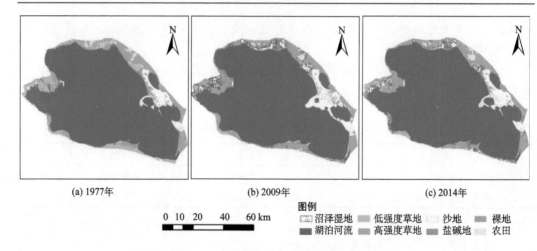

(a) 1977年　　　　　　　　(b) 2009年　　　　　　　　(c) 2014年

图例

0 10 20   40   60 km

沼泽湿地　　低强度草地　　沙地　　裸地
湖泊河流　　高强度草地　　盐碱地　农田

图 4-23　青海湖保护区土地利用分类结果

表 4-33　青海湖保护区 NPP 产品列表

MODIS 产品	行列号	时间
MOD17A3	h25v05	2008 年
MOD17A3	h26v05	2008 年
MOD17A3	h25v05	2013 年
MOD17A3	h26v05	2013 年

青海湖研究区土壤质地数据和人口密度数据的处理流程同若尔盖案例区，参见 4.2.1 节。

4)问卷调查数据收集及处理

本研究在青海湖保护区及其周边地区发放了 46 份居民湿地保护意识调查问卷，统计表明，被调查对象男女比例分别为 61%和 39%，男性比重较高；被调查者的年龄分布在 10～80 岁，平均年龄为 37.7 岁，主要分布在 30～40 岁，占被调查总人数的 43.48%，如图 4-24(a)所示；被调查的职业分布在学生、农民等 8 个行业，由于保护区及其周边居民主要是农民，因此被调查对象中农民(主要是牧民)所占比重最高，达 76.09%，如图 4-24(b)所示。

对结果进行统计，按照 3.2.3 节中所述的居民湿地保护意识指标计算方法统计问卷的分值，并按照式(3-24)及式(3-40)计算，结果表明，青海湖保护区调查问卷中，仅有 5 份问卷的会值超过 50 分，计算所得青海湖区域的居民湿地保护意识分值为 0.109，标准化后的值为 3.94。说明青海湖周边居民湿地保护意识还有欠缺，主要原因是周边居民多为藏族，通汉语者较少，且文化程度不高，给当地保护区管理部门的宣传教育工作带来一定困难。

青海湖案例区各个格网指标平均值的南丁格尔玫瑰图如图 4-25 所示。结果表明，青海湖区域均值前 5 位的指标是人口密度、土壤重金属含量、土地利用强度、生物多样性

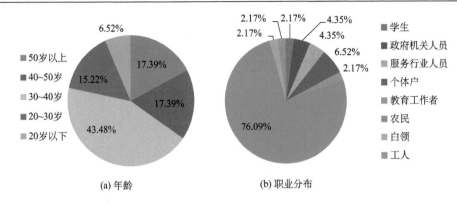

图 4-24　青海湖案例区居民湿地保护意识问卷调查年龄及职业分布

指数和栖息地适宜性指数,说明保护区周边人口较少,人类活动干扰较小,土壤基本没有受到污染,生物多样性丰富,适合野生动物栖息。3 个趋势类景观指标值在 5 分左右,说明近 5 年来,保护区景观格局变化较小。保护区均值较低的几个指标是水源保证率、净初级生产力、净初级生产力变化趋势、土壤质地及居民湿地保护意识。青海湖面积大,每年的蒸发量远大于入湖径流和湖面降水,水源保证率不足,保护区湖泊水体所占比例大,且湖泊北部草地退化、东部有大片的沙地,因此净初级生产力低,近 5 年来没有明显改善,实地调查过程中发现当地的湿地宣传工作难度很大。以上情况说明,指标的评价结果与实际情况相符。如何有效管理旅游业发展,控制畜牧量,治理草场退化,提高湿地植被生产力,进而提高保护区的水源涵养功能是青海湖湿地保护区管理局今后保护和治理工作的重点。

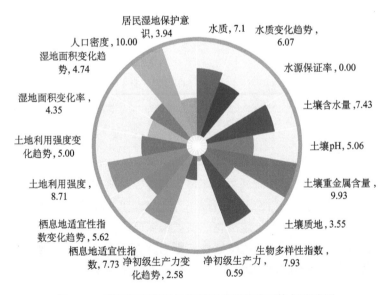

图 4-25　青海湖案例区各指标平均值的南丁格尔玫瑰图

3. 层次分析法诊断

青海湖案例地的权重由以下 3 个方面分析确定。

1)保护区工作人员提供参考

保护区管理局提供的部分指标权重的相对重要性建议见表 4-34。由表 4-34 可知，根据保护区工作人员的经验，5 个一级指标重要性相差不多，其中水环境指标、生物指标和景观指标的重要性稍高于土壤指标和社会指标。水环境指标中，水源保证率相比水质更重要；土壤指标中，土壤含水量最重要；生物多样性指数十分重要；景观指标中，湿地面积变化率和土地利用强度更为重要；社会指标中，湿地保护意识比人口密度对湿地生态系统健康的影响更为重要。

表 4-34　青海湖保护区管理局提供的部分指标的权重相对重要性建议

一级指标	相对重要性分值	二级指标	相对重要性分值
水环境指标	10	水质	9
		水源保证率	10
土壤指标	8	土壤重金属含量	2
		土壤 pH	5
		土壤含水量	9
生物指标	9	生物多样性指数	10
景观指标	9	栖息地适宜性指数	9
		湿地面积变化率	9
		土地利用强度	6
社会指标	8	人口密度	8
		居民湿地保护意识	9

注：表中调查内容为湿地项目调查时的指标，未涵盖本研究指标体系中的全部指标。

2)查阅文献

陈晓琴(2012)在进行青海湖流域生态环境敏感性评价研究时，考虑将土壤类型、植被覆盖度、土地利用类型、人口密度等指标作为青海湖生态环境敏感性评价因子，与本研究相似的指标权重大小依次为土壤类型、植被覆盖度、土地利用类型、人口密度。由此可知，土壤类型对青海湖生态环境敏感性的影响较大，因此也对湿地生态系统健康很重要，人口密度对生态环境敏感性最小，所以在湿地生态系统健康评价中，可设为较小权重。

张伟(2012)在进行青海湖流域湿地生态环境质量现状评价时，考虑了气象因素、水文因素、土壤因素、植被因素和社会经济因素，与本研究指标相似的指标有林地覆盖率、草地覆盖率、沙地面积率、水域面积率、湿地面积率、人口数量。权重大小依次是林地覆盖率、湿地面积率、草地覆盖率、沙地面积率、水域面积率、人口数量。植被覆盖率是栖息地适宜性指数的一部分，沙地面积率是土地利用强度的一部分，可见，景观指标中，栖息地适宜性指数和湿地面积变化率比土地利用强度更为重要，景观各指标对青海湖湿地生态系统健康的重要性比人口密度更大。

对青海湖生态走势最具有参考价值的指标是水量(水位、水域面积、湖泊容积)多少(苏茂新等，2010)，因此水源保证率和湿地面积变化率是评价湿地生态系统健康状况的重要指标。

青海湖流域的动物资源比较丰富，仅脊椎动物已经记录到 243 种，基本上代表了青藏高原湖盆类群的动物学全貌，其也是此类动物地理单元物种多样性最为丰富的地区(陈晓琴，2012)，还是普氏原羚的唯一栖息地，可见生物多样性和栖息地适宜性对青海湖湿地生态系统健康评价非常重要。

3) 实地考察、访谈

在青海湖进行实地考察及通过与当地湿地保护区管理局工作人员访谈了解到，青海湖湿地面临的威胁主要是水源保证率不足引起的湿地萎缩和过度放牧引起的湿地退化，青海湖东部存在较为严重的沙化现象，影响了湿地涵养水源及提供栖息地的功能。此外，同若尔盖湿地相似，当地居民基本都是不通汉语的藏民，湿地知识宣传难度较大。可见，水源保证率、湿地面积变化率、周边居民湿地保护意识、土地利用强度这几个指标对青海湖湿地生态系统健康有着重要影响。

综上以上 3 点，用层次分析法计算出青海湖湿地生态系统健康各诊断指标的权重大小，见表 4-35 和图 4-26。

表 4-35　青海湖湿地生态系统健康遥感诊断各指标权重

一级指标	权重	二级指标编号	二级指标	权重
水环境	0.2015	I1	水质	0.0721
		I2	水质变化趋势	0.0395
		I3	水源保证率	0.1531
土壤	0.2014	I4	土壤含水量	0.0566
		I5	土壤 pH	0.0148
		I6	土壤重金属含量	0.0098
		I7	土壤质地	0.0339
生物	0.2096	I8	生物多样性指数	0.1192
		I9	净初级生产力	0.0571
		I10	净初级生产力变化趋势	0.0191
景观	0.3005	I11	栖息地适宜性指数	0.1229
		I12	栖息地适宜性指数变化趋势	0.0251
		I13	土地利用强度	0.0711
		I14	土地利用强度变化趋势	0.0189

续表

一级指标	权重	二级指标编号	二级指标	权重
景观	0.3005	I15	湿地面积变化率	0.0919
		I16	湿地面积变化趋势	0.0251
社会	0.0870	I17	人口密度	0.0119
		I18	居民湿地保护意识	0.0579

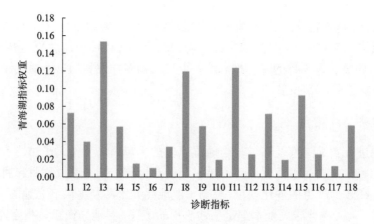

图 4-26　青海湖湿地生态系统健康遥感各诊断指标权重

由图 4-26 可知，青海湖湿地生态系统健康遥感各诊断指标中，水源保证率在青海湖湿地生态系统健康诊断中最为重要，其次是生物多样性及 3 个景观指标；土壤指标中，土壤含水量最为重要；另外，居民湿地保护意识也较为重要。重要性排在前 5 位的指标依次是水源保证率、栖息地适宜性指数、生物多样性指数、湿地面积变化率、水质。

得到权重后，通过加权求和计算得到每个格网的 WHI 值，青海湖案例区由 AHP 方法得到的 WHI 空间分布如图 4-27(a) 所示。

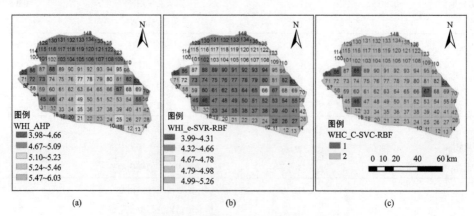

图 4-27　青海湖湿地生态系统健康遥感诊断结果

(a)层次分析法计算结果；(b)支持向量机回归运算结果；(c)支持向量机分类结果

由图 4-27(a)可见,AHP 方法计算的青海湖案例地的 WHI 为 3.98~6.03,平均值为 5.14,健康级别均为中等。由健康值的空间分布可知,整个研究区北部的健康值较南部低,健康值最高的是格网 22、23、32、59、81,其中格网 22、23 位于青海湖的南面,江西沟保护站所在地,格网 32 位于黑马河保护站所在地;研究区北部、东部和西部边缘区域健康值较低,健康值最低的格网是 100、83、85、57 和 46,格网 100 和 85 在布哈河中下游的山前冲积阶地,格网 83 在尕海、沙岛湾间隔区域,此区域是沙漠地带。

4. 支持向量机诊断

根据图 4-26 中重要性前 5 位的指标,构建青海湖案例区训练样本,并转换为 Weka 软件所支持的 ARFF 格式,接下来分别进行青海湖案例地支持向量机回归和分类的模型构建。

1)不同核函数对 SVR 模型的影响

与若尔盖案例地的建模方法相同,参考 4.2.1 节中核函数的选择及参数的寻优过程,青海湖案例地不同核函数的建模精度比较见表 4-36,与若尔盖案例地建模的结果一致,RBF 核函数的建模精度最高,相关系数最高为 0.9858。

表 4-36　不同核函数情况下的 ε -SVR 模型精度

核函数	C	γ	ε	r	d	相关系数	MAE	RMSE	运行时间/s
RBF	4.37	0.0039	0.001	—	—	0.9859	0.2845	0.436	0.06
线性	0.002	—	0.04	—	—	0.9773	0.404	0.5907	0.05
多项式	0.001	0.07	0.0082	19	2	0.9827	0.3397	0.4868	0.08
Sigmoid	0.0001	0.001	0.1	0.001	—	−0.2787	2.2742	2.6459	0.05

2)ε-SVR 与 v-SVR 的比较

选用 RBF 核函数,对 ε-SVR 与 v-SVR 两种算法模型精度进行比较,结果见表 4-37。

表 4-37　ε -SVR 与 v-SVR 模型精度比较

算法	相关系数	MAE	RMSE	运行时间(s)
ε-SVR	0.9859	0.2845	0.436	0.06
v-SVR	0.9856	0.2813	0.4405	0.11

由表 4-37 可知,ε-SVR 算法无论是在时间上还是在模型精度上都优于 v-SVR 算法。最终选择 ε-SVR_RBF 模型进行青海湖区域的湿地生态系统健康遥感诊断,结果如图 4-27(b)所示。支持向量机回归模型诊断结果为整个青海湖区域的湿地生态系统健康为 3.99~5.26,平均值为 4.68,健康级别均为"中",整个研究区健康值相差不大。由健康值的空间分布可知,健康状况较好的是南部区域,其次是东南和西南部边缘区域,健康

值最高的格网是 81、22、96、23、24，其中格网 22～24 位于青海湖南面、江西沟保护站所在地，格网 81 和 96 位于青海湖东北部和尕海区域；研究区东部和西部边缘部分区域健康值较低，健康值最低的格网是 100、83、85、46 和 86，格网 100 和 85 在布哈河中下游的山前冲积阶地，格网 83 在尕海、沙岛湾间隔区域，该区域是沙漠地带。

3）不同核函数对 SVC 模型的影响

参考 4.2.1 节 C-SVC 建模中核函数的选择及参数的寻优过程，青海湖案例地不同的核函数的建模精度比较见表 4-38，与若尔盖案例地建模的结果一致，RBF 核函数的建模精度最高，分类正确率达 93.5%。

表 4-38　不同核函数情况下的 *C*-SVC 模型精度

核函数	C	γ	ε	r	d	Kappa 系数	正确率/%	MAE	RMSE	运行时间/s
RBF	40	0.004	0.9	—	—	0.8983	93.5	0.0433	0.2082	0.09
线性	5.5	—	0.1	—	—	0.8205	88.5	0.0767	0.2769	0.16
多项式	2	0.01	0.01	0.001	3	0.8594	91	0.06	0.2449	0.12
Sigmoid	0.1	0.002	0.01	0.0001		0.423	65.5	0.23	0.4796	0.08

4）*C*-SVC 与 *v*-SVC 的比较

选用 RBF 核函数，对 *C*-SVC 与 *v*-SVC 两种算法模型精度进行比较，结果见表 4-39 所示。

表 4-39　*C*-SVC 与 *v*-SVC 模型精度比较

算法	Kappa 系数	正确率/%	MAE	RMSE	运行时间/s
C-SVC	0.8983	93.5	0.0433	0.2082	0.09
v-SVC	0.8508	90.5	0.0633	0.2517	0.14

由表 4-39 可知，*C*-SVC 在模型精度和运行时间上都优于 *v*-SVC 算法，最终选择 *C*-SVC_RBF 模型进行青海湖案例地的湿地生态系统健康遥感诊断，结果如图 4-27（c）所示。支持向量机分类结果表明，研究区 111 个格网中，104 个格网等级为 2，也就是中级，占整个研究区的 93.6%，其余 7 个格网为差，占 6.4%，健康等级为差的格网是 46、67、83、85、86、88、100。

5. 三种诊断结果差异性分析

由图 4-27 可知，基于层次分析法、支持向量机回归和支持向量机分类 3 种方法得到的评价结果不完全一致，AHP 和 SVR 计算出的 WHI 都在中级，而 SVC 计算得到的 WHI 涵盖中和差两个级别，但是中级占绝大部分区域，比例超过 90%；与若尔盖区域类似，对于青海湖区域，AHP 所得 WHI 普遍高于 SVR 所得结果，但其空间分布规律基本一致，健康值最高和最低的区域基本相同，区别较大之处在于 AHP 所得北部健康值低于青海湖湖体部分和南部边缘，而 SVR 所得青海湖的北部与研究区的最北边界之间的区域（格网 103～123）健康值高于青海湖湖体和研究区北部边缘区域，从空间分上看，SVR 的结果很好地保证了湖体区域健康值的一致性，湖体北部是大片的沼泽湿地和草地，植被覆盖度较大，这是这部分区域健康值高于湖体和北部边缘的原因。两种方法所得每个格网的 WHI 值比较如图 4-28 所示。

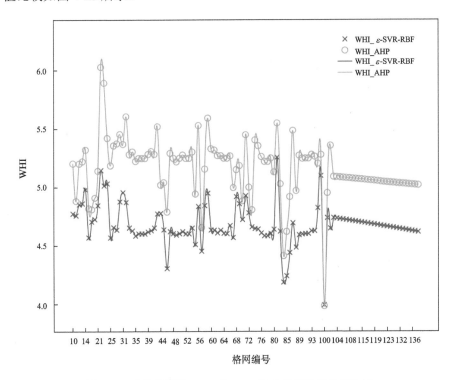

图 4-28 青海湖湿地 AHP 和 SVR 逐个格网诊断结果比较

由图 4-28 可知，AHP 和 SVR 的两条拟合线走势基本一致，只是波峰波谷未完全一致，总体来看，AHP 计算结果高于 SVR 所得结果，统计结果（图 4-29）表明，AHP 所得平均值比 SVR 所得结果高出 0.4848，最小值低于−0.0073，最大值高出 0.7742，由图 4-29 可知，WHI 处于中间值时，两种方法所得 WHI 差值比较稳定，最高值结果相差最大，最低值结果基本相等。对两种方法得到的结果进行拟合，结果如图 4-30 所示。

由图 4-30 可知，AHP 和 SVR 诊断结果存在正相关关系，决定系数为 0.482，在 0.01 的水平上显著相关，与若尔盖区域的结论一致，由 3 种诊断结果的差异性分析可知，SVR 的评价结果相比 AHP 评价结果更接近实际情况。

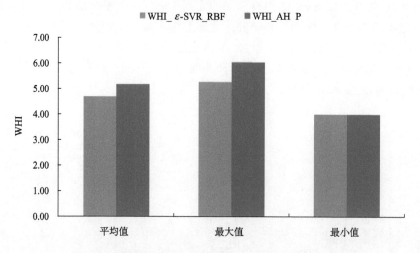

图 4-29　青海湖湿地 AHP 和 SVR 诊断结果统计值比较

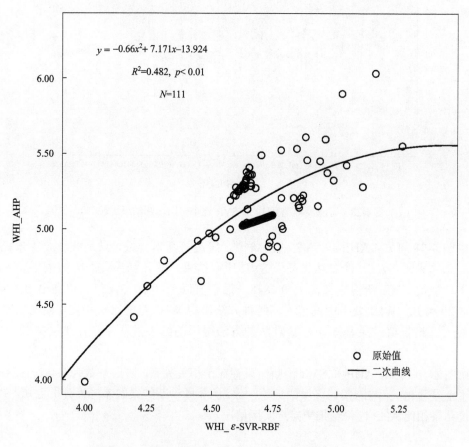

图 4-30　青海湖湿地 AHP 和 SVR 诊断结果相关关系

4.2.3　黄河三角洲国家级自然保护区

1. 研究区概况

黄河三角洲国家级自然保护区位于山东省东营市东北部的黄河入海口处,北临渤海,东靠莱州湾, 与辽东半岛隔海相望, 地理位置为东经 118°32.98′～119°20.45′, 北纬37°34.76′～38°12.31′, 如图 4-31 所示。保护区是以黄河口新生湿地生态系统和珍稀濒危鸟类为主要保护对象的湿地类型自然保护区, 总面积为 1530 km², 分为南北两个区域,北部区域位于 1976 年改道后的黄河故道入海口, 面积为 485 km²;南部区域位于现行黄河入海口, 面积为 1045 km²。黄河三角洲国家级自然保护区是中国暖温带保存最完整、最广阔、最年轻的湿地生态系统, 是东北亚内陆和环西太平洋鸟类迁徙路线上重要的中转站、越冬地和繁殖地。河口三角洲海岸线以 2～3 km/a 的速度向渤海湾推进, 是世界上自然增长最快的湿地保护区。

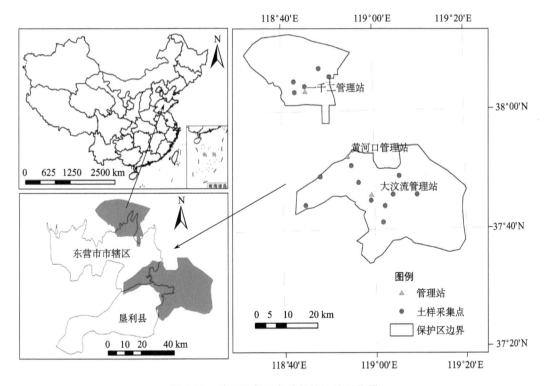

图 4-31　黄河三角洲自然保护区地理位置

黄河三角洲地形的主要特点是平原地势低平, 西南部海拔为 11 m, 东北部最低处小于 1m, 区内以黄河河床为骨架, 构成地面的主要分水岭。地貌的主要特点是由黄河多次改道和决口泛滥而形成的岗、坡、洼相间的微地貌形态, 区内分布着砂、黏土不同的土体结构和盐化程度不一的各类盐渍土, 该区土壤类型主要包括 5 个土类, 10 个亚类, 134个土种, 其中 5 个土类包括潮土、褐土、盐土、水稻土和砂浆黑土。

　　保护区地处中纬度地区，受欧亚大陆和太平洋的共同影响，属于暖温带半湿润大陆性季风气候区。基本气候特征为冬寒夏热，四季分明，四季温差明显，年平均气温为 11.7～12.6 ℃，极端最高气温为 41.9 ℃，极端最低气温为–23.3 ℃；年平均日照时数为 2590～2830 小时，无霜期为 211 天，年均降水量为 530～630 mm，70%分布在夏季，平均蒸散量为 750～2400 mm。

　　黄河三角洲国家级自然保护区是世界少有的河口湿地生态系统，海岸线 131 km，其中黄河流经 61 km，包括浅海湿地、滩涂湿地、沼泽湿地、河流湿地等天然湿地和盐田、鱼虾养殖塘、水库、稻田等人工湿地。由于黄河挟带大量的泥沙，在三角洲淤积了大面积新生陆地，又因处于黄河入海口，水文条件独特，海水、淡水交汇。该区内的水资源主要分为地表水和地下水两类，其中地表水主要来源于黄河、小清河和支脉河等，地下水资源分为淡水资源和咸水资源两类，多年平均地下水资源量达到 4627.28 万 m³。

　　黄河三角洲保护区共有植物 393 种，其中种子植物 116 种，国家二级重点保护植物野大豆 43 km²，天然芦苇 270 km²，天然草地 120 km²，植被覆盖率为 55.1%，是中国沿海最大的新生湿地自然植被区。黄河三角洲保护区内共有野生动物 1557 种，其中鸟类 298 种，国家一级重点保护鸟类有丹顶鹤、白头鹤、白鹤、大鸨、东方白鹳、黑鹳、金雕、白尾海雕、中华秋沙鸭、遗鸥 10 种，国家二级保护鸟类有灰鹤、大天鹅、鸳鸯等 49 种。

　　黄河三角洲位于中国"黄三角"经济区，已实施"黄河三角洲高效生态经济区"的发展规划，这一地带总人口约为 983.9 万人，生产总值达到 3256 亿元，占山东省全省的1/7，享有"最具开发潜力的三角洲"的荣誉。黄河三角洲范围内建有黄河湿地公园等开发湿地旅游资源的项目，湿地产品以水产品为主。

　　目前，黄河三角洲湿地面临的主要干扰和威胁包括黄河流量减少导致的部分区域湿地退化，农业开垦、水产养殖、油田开发等现象，严重破坏了自然景观，导致该区域出现湿地退化、环境污染、地下水位大幅度下降等一系列生态问题。

2. 数据收集与处理

　　计算湿地生态系统健康各诊断指标的数据来源多样，主要包括统计数据、实地采样数据、遥感数据与产品、问卷调查数据 4 类(表 3-1)。下面依次介绍黄河三角洲这 4 类数据的收集及处理。

1) 统计数据收集及处理

　　黄河三角洲案例区的水质、水源保证率、生物多样性指数 3 个指标的数据源是统计数据和文献资料，计算方式同 4.2.1 节。数据来源及计算结果见表 4-40。

表 4-40　黄河三角洲水质、水源保证率、生物多样性指数的数据来源及计算结果

指标	数据来源	标准化结果
水质	2013 中国环境状况公报	6
水质变化趋势	2012 中国环境状况公报 2013 中国环境状况公报	6

续表

指标	数据来源	标准化结果
水源保证率	2012 年黄河水资源公报 中国气象科学数据共享服务网–中国地面气候资料年值数据集垦利站数据 文献(奚歌等，2008) 文献(王敏，2012)	0.8366
生物多样性指数	黄河三角洲国际重要湿地数据信息表(RIS) 山东黄河三角洲国家级自然保护区概况文档 文献(赵怀浩等，2011) 文献(单凯和于君宝，2013)	7.1476

2) 实地采样数据收集及处理

2013 年 11 月 6～9 日，本研究进入黄河三角洲国家级自然保护区进行实地调查，在保护区内外采集土壤样本，记录样本采集点的 GPS 位置、周边土地利用类型、植被覆盖类型及覆盖度。本次野外调查共采集到 15 个土壤样本，土样采集点分布如图 4-31 所示；记录 91 个 GPS 点；记录翅碱蓬滩涂、河流湿地、河漫滩、芦苇沼泽、农田(棉花、冬小麦、玉米)、林地、养殖场、盐田、建筑用地、盐碱地等 11 种土地利用类型；记录翅碱蓬(*Suaeda salsa*)、柽柳(*Tamarix chinensis*)、刺槐(*Robinia pseudoacacia*)、芦苇(*Phragmites australis*)、香蒲(*Typha orientalis*)、荻(*Triarrhena sacchariflora*)等 11 种植被覆盖类型。土壤样本布设规则见 4.2.1 节，15 个土壤样品检验结果见表 4-41。

表 4-41 黄河三角洲案例区土壤样品检验结果

样点编号	含水量/%	pH	镉	铬	铜	铅	锌
HSJ-1	22.40	8.91	0.17	48.40	14.90	35.10	49.20
HSJ-3	19.90	8.96	0.18	61.40	21.40	27.80	67.40
HSJ-6	22.90	8.86	0.13	53.60	14.30	23.90	48.60
HSJ-7	20.50	8.63	0.15	54.50	16.60	26.80	53.20
HSJ-8	21.30	8.90	0.18	65.00	21.60	28.40	69.00
HSJ-11	25.70	8.54	0.16	61.70	18.30	23.50	57.50
HSJ-13	22.40	8.65	0.16	60.40	18.80	24.00	59.80
HSJ-14	21.80	9.03	0.14	58.30	15.60	23.70	52.40
HSJ-17	26.40	8.66	0.15	58.00	19.20	24.60	58.00
HSJ-20	17.90	8.49	0.13	50.80	13.80	22.10	46.60
HSJ-21	25.60	8.92	0.15	65.10	13.30	25.40	49.10
HSJ-23	20.80	8.75	0.15	55.00	14.00	25.70	52.80
HSJ-25	25.50	8.76	0.15	56.00	15.80	24.20	54.00

续表

样点编号	含水量/%	pH	镉	铬	铜	铅	锌
HSJ-28	22.50	8.97	0.20	71.20	25.20	30.90	77.30
HSJ-36	25.10	8.86	0.15	55.70	16.10	23.40	52.40
平均值	22.71	8.79	0.16	58.34	17.26	25.97	56.49
标准临界值			0.2	90	35	35	100

由表 4-41 可知，黄河三角洲保护区的湿地含水量平均值为 22.71%，相对较低；pH 为 8.49～9.03，平均值为 8.79，呈弱碱性；5 种重金属含量的均值均未超过自然背景下的标准值，但铬和铅两个指标中有个别样点的含量超过了标准值，总体来说，虽然黄河三角洲有大量油田，但保护区内土壤基本未受重金属污染；土壤含水量较低，反映出水源保证率低，水源涵养功能未充分发挥。

基于 4.2.1 节中相同的插值方法，得到黄河三角洲各指标插值精度见表 4-42，能满足本研究分区统计的精度需求。

表 4-42　黄河三角洲案例区土壤指标插值精度

土壤指标	含水量	pH	镉	铬	铜	铅	锌
平均误差	0.0020	−0.0092	−0.0061	−0.0026	−0.0025	−0.0059	−0.0017
均方根误差	0.0189	0.1436	0.0925	0.0715	0.1048	0.0796	0.0927

3）遥感数据与产品收集及处理

黄河三角洲案例区共下载了覆盖保护区 3 个时相的 3 景 MSS 和 HJ 遥感影像，影像的轨道行列号和获取时间见表 4-43。

表 4-43　黄河三角洲案例区遥感影像列表

卫星传感器	行列号	时间(年/月/日)
Landsat-MSS	130/34	1981/6/21
HJ1B-CCD1	453/68	2008/9/17
HJ1A-CCD2	456/68	2013/8/5

表 4-43 中 MSS 影像用于计算历史年份(1980 年左右)的指标值，2008 年 HJ 影像用来计算相对现状年的前一个时期的指标，2013 年的 HJ 影像用来计算评价现状年的指标。同 4.2.1 节中的遥感影像预处理及处理流程，黄河三角洲案例区遥感影像经过辐射定标、大气校正、几何校正、镶嵌预处理步骤后，进行最大似然法监督分类，依据表 3-4，将研究区分为河流-浅海、滩涂湿地、芦苇沼泽、林地、耕地、裸地、草地、水稻田和养殖水面 9 类，分类后经过聚类、过滤、去除和合并等处理，得到分类后研究区的土地利用图。依据实地采集的 84 个土地利用类型 GPS 控制点对 2013 年分类结果的精度进行验证，

其中 77 个点分类正确，正确率为 91.67%，并以实地采集的土地利用类型 GPS 控制点和保护区管理局提供的《黄河三角洲总体规划》中的山东黄河三角洲国家级自然保护区土地利用现状图，以及 2012 年山东黄河三角洲国家级自然保护区植被类型图为参考，在 ArcGIS 10.2 中对解译结果进行人工修正，得到最终结果，如图 4-32 所示。后续的统计计算方法同 4.2.1 节。

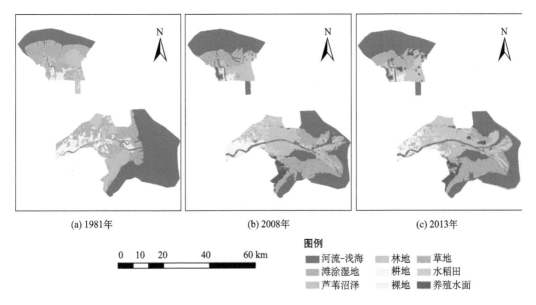

图 4-32　黄河三角洲土地利用分类结果

黄河三角洲案例地的 MODIS NPP 产品见表 4-44，在 MRT 中分别将 2007 年和 2012 年两景 NPP 影像转投影后进行计算，计算过程同 4.2.1 节。

表 4-44　黄河三角洲保护区 NPP 产品列表

MODIS 产品	行列号	时间
MOD17A3	h27v05	2007 年
MOD17A3	h27v05	2012 年

黄河三角洲案例地土壤质地数据和人口密度数据的处理流程同若尔盖案例区，参见 4.2.1 节。

4) 问卷调查数据收集及处理

实地调查时，向黄河三角洲保护区及其周边居民发放了 37 份居民湿地保护意识调查问卷，统计表明，被调查对象男女比例基本一致，分别为 54%和 46%；被调查者的年龄分布在 9～56 岁，平均年龄为 35.4 岁；分布在 20～30 岁及 30～40 岁的被调查者分别占被调查总人数的 32.43%和 29.73%，如图 4-33 (a)所示；被调查的职业分在学生、服务行业人员等 7 个行业，其中以服务行业人员所占比重最高，达 19.61%，如图 4-33 (b)所示。

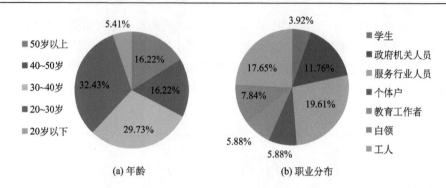

图 4-33　黄河三角洲保护区居民湿地保护意识问卷调查年龄及职业分布

　　对结果进行统计，按照 3.2.3 中所述的居民湿地保护意识指标计算方法统计问卷的分值，并按照式 (3-24) 及式 (3-40) 计算，结果表明，黄河三角洲区域调查问卷中，有 15 份问卷的分值超过 50 分，计算所得黄河三角洲区域的居民湿地保护意识分值为 0.405，标准化后的值为 7.45。说明黄河三角洲保护区管理部门的宣传活动使得周边居民对黄河三角洲湿地有一定了解，他们的湿地保护意识较强。

　　黄河三角洲案例区各个格网指标平均值的南丁格尔玫瑰图如图 4-34 所示。结果表明，黄河三角洲区域均值等级为"好"的指标有 6 个，依次是人口密度、土壤重金属含量、土地利用强度、生物多样性指数、居民湿地保护意识和栖息地适宜性指数，说明保护区周边人口密度少，土壤基本没有受到污染，对湿地不利的土地利用类型面积较小，适合野生动物栖息，生物多样性丰富，保护区周边居民有良好的湿地保护意识。3 个趋势类景观指标值为 3~5 分，表明近 5 年来，保护区景观格局变化较小，但是有向对湿地健康不利方向发展的趋势，结合实地考察了解到的情况，主要原因是油田的开发，晒盐场、

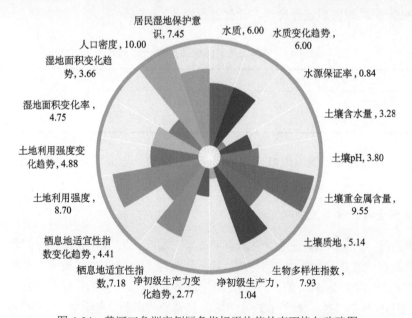

图 4-34　黄河三角洲案例区各指标平均值的南丁格尔玫瑰图

水产养殖基地的扩大。保护区均值较低的几个指标是水源保证率、净初级生产力、净初级生产力变化趋势、土壤含水量、土壤 pH。黄河缺水断流问题多年来一直存在，水源保证率不足也引发了土壤含水量低、植被长势不好等一系列问题，土壤 pH 指标分值低主要是因为黄河三角洲土地盐碱化情况十分严重。以上分析说明，指标评价结果与实际情况相符，指标的评价结果具有指示性作用。如何改良盐碱化土壤、缓解黄河上游来水量不足及提高整个生态环境质量是未来黄河三角洲自然保护区的重点治理方向。

3. 层次分析法诊断

黄河三角洲案例地的权重由以下 3 个方面分析确定。

1）保护区工作人员提供参考

保护区管理局提供的部分指标权重的相对重要性建议见表 4-45。

表 4-45 黄河三角洲保护区管理局提供的部分指标的权重相对重要性建议

一级指标	相对重要性分值	二级指标	相对重要性分值
水环境指标	10	水质	10
		水源保证率	10
土壤指标	9	土壤重金属含量	10
		土壤 pH	8
		土壤含水量	8
生物指标	10	生物多样性	10
		外来物种入侵度	8
景观指标	8	野生动物栖息地指数	10
		湿地面积变化率	9
		土地利用强度	10
社会指标	8	人口密度	10
		物质生活指数	8
		湿地保护意识	10

注：表中调查内容为湿地项目调查时的指标，未涵盖本研究指标体系中的全部指标。

由表 4-45 可知，根据保护区工作人员的经验，黄河三角洲案例地 5 个一级指标之间的重要性相差不是很大，其中水环境指标、生物指标的重要性稍高于土壤指标、景观指标和社会指标。水环境指标中，水源保证率与水质同样重要；土壤指标中，土壤重金属含量最重要，土壤 pH 与含水量重要性相同；生物多样性指标十分重要；景观指标中，野生动物栖息地指数与土地利用强度稍微重要于湿地面积变化率；社会指标中，人口密度与湿地保护意识一样重要。

2) 查阅文献

安乐生等(2011)在评价黄河三角洲滨海湿地健康条件时指出，土壤质地指标在滨海湿地区意义较小，属次要指标，而土壤含水量则属于较重要指标，表层土壤重金属含量最为重要。地表水环境指标受研究区域大小的限制，差异较小，属次要指标。

戴新等(2007)在进行黄河三角洲生态环境质量评价时认为，生物多样性的重要性最大，而水环境质量比土壤环境质量更为重要。

王薇(2007)构建的黄河三角洲湿地生态系统健康评价指标体系中，与本部分相似的指标中，生物多样性权重稍高于生物量，人类活动强度(以人口密度表示)权重稍高于湿地保护意识，而水质的权重比生物多样性、生物量、人类活动强度、湿地保护意识都高。

黄河三角洲是东北亚内陆和环西太平洋鸟类迁徙的重要中转地和越冬地，保护区的植被类型也十分丰富且呈规律性分布(戴新等，2007)。因此，湿地的多样性及稀有性成为黄河三角洲湿地生态质量的重要影响因子。

综合以上信息可知，黄河三角洲各指标中，水环境指标与生物指标重要性更大；土壤指标中，土壤重金属指标重要性最大，土壤质地重要性最小；社会指标中，人口密度稍重要于湿地保护意识；生物多样性比生物量稍微重要。以上结论与保护区工作人员提供的打分表基本符合。

3) 实地考察、访谈

黄河三角洲是中国第二大油田——胜利油田所在地，笔者在黄河三角洲进行实地考察时，发现当地的油田非常多，保护区内也有，对湿地的土壤和水污染都存在较大的污染风险。另外，沿海有较多海水养殖基地和晒盐场等，破坏了原有湿地的自然景观。可见，土壤重金属含量和土地利用强度对黄河三角洲湿地生态系统健康评价十分重要。

综合以上 3 个方面，用层次分析法计算出黄河三角洲湿地生态系统健康各诊断指标的权重大小见表 4-46 和图 4-35。

表 4-46　黄河三角洲湿地生态系统健康遥感诊断各指标权重

一级指标	权重	二级指标编号	二级指标	权重
水环境	0.2015	I1	水质	0.1121
		I2	水质变化趋势	0.0320
		I3	水源保证率	0.1453
土壤	0.2014	I4	土壤含水量	0.0441
		I5	土壤 pH	0.0441
		I6	土壤重金属含量	0.0981
		I7	土壤质地	0.0159
生物	0.2096	I8	生物多样性指数	0.1493
		I9	净初级生产力	0.1106
		I10	净初级生产力变化趋势	0.0295

续表

一级指标	权重	二级指标编号	二级指标	权重
景观	0.3005	I11	栖息地适宜性指数	0.0517
		I12	栖息地适宜性指数变化趋势	0.0220
		I13	土地利用强度	0.0569
		I14	土地利用强度变化趋势	0.0220
		I15	湿地面积变化率	0.0501
		I16	湿地面积变化趋势	0.0154
社会	0.0870	I17	人口密度	0.0568
		I18	居民湿地保护意识	0.0562

由图 4-35 可知，黄河三角洲湿地生态系统健康遥感各诊断指标中，生物多样性指数在黄河三角洲湿地生态系统健康诊断中最为重要，其次是水源保证率，土壤指标中，土壤重金属含量最为重要。重要性前 5 位的指标依次是生物多样性指数、水源保证率、水质、净初级生产力、土壤重金属含量。

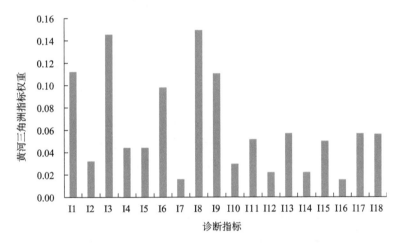

图 4-35　黄河三角洲湿地生态系统健康遥感各诊断指标权重

得到权重后，通过加权求和计算得到每个格网的 WHI 值，黄河三角洲案例区由 AHP 方法得到的 WHI 空间分布图如图 4-36(a)所示。

由图 4-36(a)可见，AHP 方法计算的黄河三角洲案例地的 WHI 为 5.53~6.80，平均值为 6.05，健康级别均为中。区域 1(一千二管理站所在区域)WHI 南低北高，一千二管理站所在位置附近健康值最高(格网 57、58)；区域 2(黄河口和大汶流管理站所在区域)中西部区域健康值较高，也是黄河口和大汶流管理站所在位置附近，北部孤东油田的南面健康值较低(格网 34)，最南部健康值较低，此处多海水养殖场。

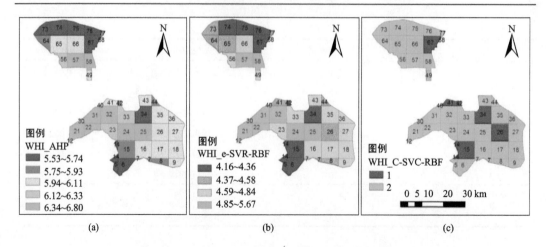

图 4-36　黄河三角洲湿地生态系统健康遥感诊断结果

(a) 层次分析法计算结果；(b) 支持向量机回归运算结果；(c) 支持向量机分类结果

4. 支持向量机诊断

根据图 4-35 中重要性前 5 位的指标，构建黄河三角洲案例区训练样本，并转换为 Weka 软件所支持的 ARFF 格式，然后分别进行黄河三角洲案例地支持向量机回归和分类的模型构建。

1) 不同核函数对 SVR 模型的影响

与若尔盖案例地的建模方法相同，参考 4.2.1 节中核函数的选择及参数的寻优过程，黄河三角洲案例地不同核函数的建模精度比较见表 4-47，与若尔盖案例地建模的结果一致，RBF 核函数的建模精度最高，相关系数最高为 0.9858。

表 4-47　不同核函数情况下的 ε-SVR 模型精度

核函数	C	γ	ε	r	d	相关系数	MAE	RMSE	运行时间/s
RBF	12.2	0.004	0.0001	—	—	0.9858	0.2879	0.4371	0.06
线性	0.002	—	0.04	—	—	0.9773	0.4039	0.5902	0.06
多项式	0.14	0.013	0.007	10	2	0.9825	0.3095	0.4851	0.08
Sigmoid	0.0001	0.001	1	0.001	—	-0.2585	2.3284	2.7176	0.06

2) ε-SVR 与 v-SVR 的比较

选用 RBF 核函数，对 ε-SVR 与 v-SVR 两种算法模型精度比较，结果见表 4-48。

由表 4-48 可知，ε-SVR 算法无论是在时间上还是在模型精度上都优于 v-SVR 算法。最终选择 ε-SVR_RBF 模型进行黄河三角洲区域的湿地生态系统健康遥感诊断，结果如图 4-36(b) 所示。支持向量机回归的结果表明，整个黄河三角洲区域的湿地生态系统健康为 4.16~5.57，平均值为 4.68，健康级别均处于"中"级，没有"好"和"差"的区域分布。从健康值的空间分布来看，区域 1(一千二管理站所在区域)东北部 WHI 略低于西北部，南部健康值相对较高，格网 57、58 健康值最高，位于一千二管理站附近；区域 2(黄河口和大汶流管理站所在区域)中西部区域健康值较高，北部和南部部分区域(格网 34、14、15、5、6)健康值低，格网 34 临近孤东油田，格网 14、15、5、6 处大片海水养殖区，人类活动强度较大。

表 4-48　ε-SVR 与 v-SVR 模型精度比较

算法	相关系数	MAE	RMSE	运行时间/s
ε-SVR	0.9858	0.2879	0.4371	0.06
v-SVR	0.9857	0.2801	0.4394	0.05

3)不同核函数对 SVC 模型的影响

参考 4.2.1 节 C-SVC 建模中核函数的选择及参数的寻优过程，黄河三角洲案例地不同核函数的建模精度比较见表 4-49，与若尔盖案例地建模的结果一致，RBF 核函数的建模精度最高，分类精度达 93.5%。

表 4-49　不同核函数情况下的 C-SVC 模型精度

核函数	C	γ	ε	r	d	Kappa 系数	正确率/%	MAE	RMSE	运行时间/s
RBF	40	0.004	0.4	—	—	0.8983	93.5	0.0433	0.2082	0.06
线性	0.04	—	0.5	—	—	0.8128	88	0.08	0.2828	0.09
多项式	0.5	0.01	0.1	0	3	0.8596	91	0.06	0.2449	0.11
Sigmoid	0.1	0.0011	0.01	0.01	—	0.4804	68.5	0.21	0.4583	0.08

4)C-SVC 与 v-SVC 的比较

选用 RBF 核函数，对 C-SVC 与 v-SVC 两种算法模型精度进行比较，结果见表 4-50。

表 4-50　C-SVC 与 v-SVC 模型精度比较

算法	Kappa 系数	正确率/%	MAE	RMSE	运行时间/s
C-SVC	0.8983	93.5	0.0433	0.2082	0.06
v-SVC	0.8516	90.5	0.0633	0.2517	0.08

由表 4-50 可知，C-SVC 在模型精度和运行时间上都优于 v-SVC 算法，最终选择 C-SVC_RBF 模型进行黄河三角洲案例地的湿地生态系统健康遥感诊断，结果如图 4-36(c) 所示。支持向量机分类的结果表明，整个黄河三角洲 44 个格网中，有 36 个格网为中级，占 82%，其余 8 个格网(格网 14、15、26、34、40、41、42、67)WHC 为差。

5. 三种诊断结果差异性分析

由图 4-36 可知，基于层次分析法、支持向量机回归和支持向量机分类 3 种方法得到的评价结果不完全一致，AHP 和 SVR 计算出的 WHI 都在中级，而 SVC 计算得到的 WHC 涵盖中和差两个级别，中级占大部分区域(82%)，SVC 所得 WHC 为差的部分格网也是 AHP 和 SVR 计算 WHI 值低的区域，统计出 AHP 和 SVR 所得 WHI 最低的 8 个格网与 SVC 所得 WHC 为 1 的格网进行比较，其中 AHP 和 SVC 有 2 个格网一致，SVR 和 SVC 有 8 个格网一致，说明这 3 种方法中 SVR 和 SVC 诊断结果更为接近，SVC 诊断结果最低；与若尔盖区域类似，对于黄河三角洲区域，两种方法诊断结果的空间分布规律基本一致，健康值最高和最低的格网基本相同，AHP 和 SVR 所得每个格网的 WHI 值比较如图 4-37 所示。

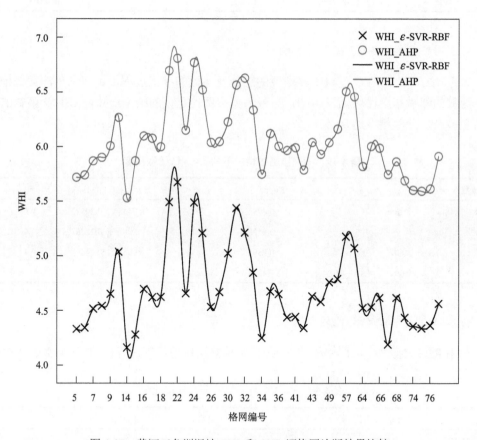

图 4-37　黄河三角洲湿地 AHP 和 SVR 逐格网诊断结果比较

由图 4-37 可知，AHP 和 SVR 的两条拟合线走势一致，每个像元 AHP 所得 WHI 均高于 SVR 所得结果，统计结果(图 4-38)表明，AHP 所得平均值比 SVR 所得结果高出 1.3630，最小值高出 1.3690，最大值高出 1.1333，对两种方法得到的结果进行拟合，结果如图 4-39 所示。

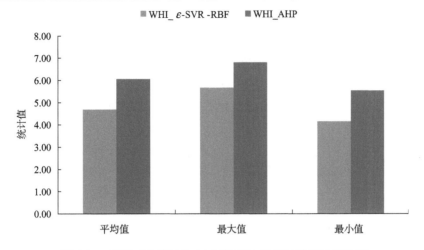

图 4-38　黄河三角洲湿地 AHP 和 SVR 诊断结果统计值比较

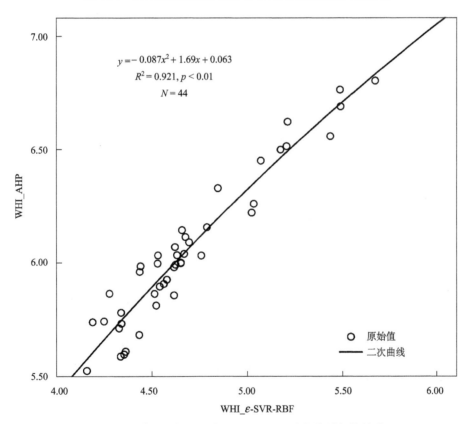

图 4-39　黄河三角洲湿地 AHP 和 SVR 诊断结果相关关系

由图 4-39 可知，AHP 和 SVR 诊断结果存在正相关关系，决定系数为 0.921，在 0.01 的水平上显著相关，与若尔盖和青海湖区域的结论一致，由 3 种诊断结果的差异性分析可知，SVR 的评价结果相比 AHP 评价结果更接近实际情况。

由 4.2.1 节、4.2.2 节和本节的分析可得出以下几个结论：①AHP 的评价结果均高于

SVR 的评价结果，但两种方法得到的整个区域湿地生态系统健康指数相对高低的空间分布较为一致；②AHP 与 SVR 的评价结果均在相同的湿地生态系统健康级别（中级）内，但与 SVC 方法得到的湿地生态系统健康级别略有差异，SVR 与 SVC 结果更为接近，SVC 方法得到的健康级别最低；③AHP 与 SVR 的评价结果变化趋势一致，存在显著相关关系；④SVR 和 SVC 两种方法的评价方法更加符合湿地生态系统的特点，评价结果也更符合研究区的实际情况。

4.2.4　湿地生态系统健康遥感诊断过程及结果验证

湿地生态系统健康诊断的难点之一是缺乏真值，因此不能像其他参数一样用实测真值数据进行验证，但其中一些指标存在真值，能进行验证，此外，关于本节的 3 个研究区，前人开展了一些湿地生态系统健康评价的相关研究，已有一些公开发表的结论，因此，本节的结果验证从诊断过程的合理性论述、部分指标因子的验证及诊断结果的对比验证三方面展开。关于指标因子的验证在案例评价的数据收集与处理部分已经论述过，包括土样、水样的插值精度、分类精度等，通过对整个案例区指标值分析结果表明，指标值计算结果与实际情况相符，并且对保护区制定针对性保护策略有指示作用，本节主要介绍诊断过程的科学合理性论述及每个研究区与其他学者成果的对比验证。

1. 诊断过程科学性和合理性论述

本节进行湿地生态系统健康遥感诊断的步骤主要包括构建概念模型、构建指标体系、阈值化刻画指标与湿地生态系统健康之间的关系、构建评价模型（AHP 和 SVM）进行诊断 4 步，下面分别论述每个步骤的科学性和合理性。

1）概念模型构建

本节在构建概念模型时，调研了目前国内外用于生态系统评价的常用模型，分析这些模型的优缺点，吸取这些模型中对湿地生态系统健康遥感诊断有利的方面，特别考虑湿地生态系统的特征，并力求发挥遥感技术的优势，构建了"要素-景观-社会"概念模型。

该概念模型充分考虑了湿地生态系统三要素的特征，将现状与趋势相结合，能充分发挥遥感技术的优势，是为本湿地生态系统健康遥感诊断量身定做的概念模型，其构建过程科学合理、考虑全面、特点鲜明。

2）指标体系构建

本研究所构建的指标体系以第一步所构建的概念模型为基础，能充分体现湿地三要素的重要作用，指标的确定通过大量的文献调研，参考前人广泛使用的部分指标，同时也加入了一些前人没有使用过的指标，指标的计算方法都参考文献或国家标准，直接引用或者改进定义，科学性强。同时，指标体系中有 11 个指标是国家林业局"湿地生态系统评价体系研究"项目中所用的指标，这些指标不仅通过了国家林业局科技委组织的专家论证，并且经过了 3 年共 54 个湿地的试点评价，其评价结果得到了当地保护区管理局的认可，指标的科学性和可操作性都通过了实践检验。

3）指标与湿地生态系统健康之间阈值关系描述

首先，本节的湿地生态系统健康分级"好、中、差"是借鉴国外湿地生态系统状况评估经验，同指标体系一样，三级分割法的科学性和可操作性也经过了 54 个湿地试点评价，证明其能够较好地区分湿地状况，且操作简便。

其次，本节所确定的指标阈值化参考标准包括指标的理想水平、指标的国家标准、指标的历史水平、指标的临界水平、同类型湿地作为参考、其他区域相关研究的划分标准，全面多样，每个指标都根据其特点选择最合适的参考标准，使其阈值划分结果更有科学依据。

最后，本节阈值化刻画各诊断指标与健康的阈值关系时所用的测度方法涵盖了理论分析、文献参考，并充分利用了野外实验积累的先验知识和实践经验，所得阈值关系科学可信。

4）评价模型（AHP 和 SVM）构建

本节基于 AHP 方法建模时，以保护区工作人员提供的各指标的相对重要性表、湿地访谈了解到的待评价湿地的特点及重要影响因素，以及文献资料中部分指标的相对重要性依据三方面为参考，确定各个层次评价指标的相对重要性，减少了主观因素造成的影响，使 AHP 评价方法得到的结果更加客观。

本节基于 SVM 方法建模时，考虑指标重要性不同对健康的影响程度不同，因此设定了一系列约束条件，所构建的训练样本代表性更好。另外，本节采用交叉验证的方法选出最优模型，3 个区域支持向量机回归的相关系数均超过 0.98，支持向量机分类的正确率均超过 93.5%（表 4-21、表 4-29、表 4-37、表 4-39、表 4-48、表 4-50），能满足研究需求。

2. 若尔盖湿地生态系统健康诊断结果对比验证

为了对本研究诊断结果进行对比验证，本研究调研了其他学者对若尔盖案例区进行的湿地生态系统健康、生态环境质量评价等相关研究，代表性的研究结果见表 4-51 和图 4-40。

表 4-51　若尔盖湿地其他学者研究成果

编号	学者	研究内容	主要结论
1	吴玉，2010	若尔盖县生态环境状况评价（2007 年）	若尔盖县生态环境状况指数得分为 68.56 分，整体生态环境状况为良，若尔盖湿地国家级自然保护区生态环境状况为良，其空间分布如图 4-40(a)、图 4-40(b) 所示
2	周文英和何彬彬，2014	若尔盖县生态环境质量评价（2012 年）	质量为优的区域集中在中部、东部和东北部，如图 4-40(c) 所示

续表

编号	学者	研究内容	主要结论
3	王利花, 2007	若尔盖高原地区湿地生态系统健康评价	若尔盖区域 0.61%处于相对较好, 52.78%处于相对一般, 46.61%处于相对较差, 没有相对良好和极差区, 如图 4-52(d)所示
4	Cui et al., 2012	若尔盖湿地生态系统健康评价	若尔盖湿地健康状况为好, 健康级别共有特别好、好、中、差、特别差 5 级
5	卢其栋和刘震, 2013	若尔盖县东北部生态系统环境评价	总体来说, 研究区域的得分属于中等
6	项目评价	若尔盖湿地国家级自然保护区湿地生态系统健康评价	2012 年, 湿地生态系统健康指数为 4.61, 级别为中 2014 年, 湿地生态系统健康指数为 6.43, 级别为中, 均得到若尔盖保护区管理局的认可

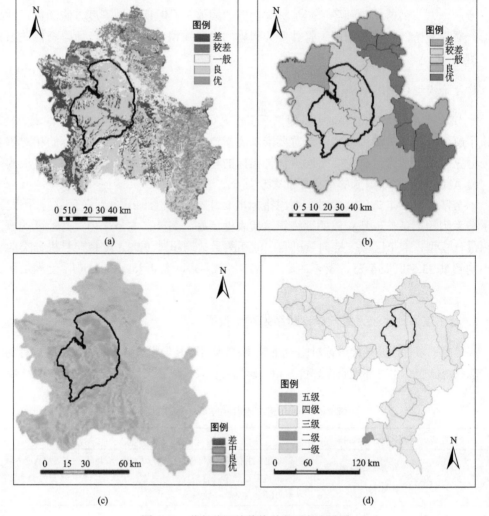

图 4-40　若尔盖湿地其他学者研究成果图

(a)~(b)若尔盖县生态环境状况评价结果(吴玉, 2010); (c)若尔盖生态环境质量评价结果(周文英和何彬彬, 2014);

(d)2000 年若尔盖湿地健康指标分布图(王利花, 2007)

由表 4-51 和图 4-40 可知，除了周文英和何彬彬(2014)得出若尔盖保护区生态环境状况主要为优以外，其余学者们的结论基本一致，评价所得生态环境和健康状况为 5 级中的 2、3、4 几个级别，表明若尔盖湿地生态系统健康或生态环境质量状况处于中等水平。国家林业局"湿地生态系统评价体系研究"项目组于 2012 年和 2014 年两次对若尔盖湿地生态系统健康进行评价，结果都为中级，此结果得到若尔盖保护区管理局的认可。以上研究和项目虽然所选指标和健康分级不同，评价年份也有差别，但评价结果与本研究所得出的结论一致，表明本研究计算得到的湿地生态系统健康值和健康级别客观可信。

3. 青海湖湿地生态系统健康诊断结果对比验证

其他学者关于青海湖研究区湿地生态系统健康的相关研究成果见表 4-52 和图 4-41。

表 4-52　青海湖湿地其他学者研究成果

编号	学者	研究内容	主要结论
1	严进瑞等，2003	青海省生态环境质量评价	环青海湖湿地农、牧结合生态区的生态环境质量总分值(又称生态指数)为 6.0
2	张继承，2008	青藏高原生态环境综合评价	青藏高原生态环境分布呈东南-西北逐渐降低的趋势，如图 4-41(a)所示
3	张伟，2012	青海湖流域湿地生态环境质量现状评价	刚察县、天峻县、海晏县和共和县的生态质量评价值分别为 0.61、0.54、0.44 和 0.36，整个流域平均值为 0.49，处于一般等级
4	陈晓琴，2012	青海湖流域生态环境敏感性评价	极敏感区主要分布在尕海、沙岛湾一带，共和县东部小北湖以北及布哈河口鸟岛一带；高度敏感区集中在布哈河中下游；不敏感区主要包括水体，刚察、共和县境内的青海南山等植被覆盖高的地区，如图 4-53(b)所示
5	项目评价	青海湖鸟岛国际重要湿地生态系统健康评价	青海湖鸟岛国际重要湿地综合健康指数为 5.87，健康级别为中，结果得到青海湖保护区管理局的认可

由表 4-52 和图 4-41 可知，青海湖生态环境质量处于一般或者中等偏低级别，国家林业局"湿地生态系统评价体系研究"项目组 2014 年对青海湖湿地生态系统健康进行评价，所得结果为中级，并得到青海湖保护区管理局的认可。比较图 4-27(b)、图 4-27(c)和图 4-41(b)可知，本研究所得到的湿地生态系统健康值较低或健康级别为差的区域基本处于生态环境极为敏感的区域，而青海湖的南面生态环境敏感性较低，健康状况也较好，由此可见，本研究计算得到的湿地生态系统健康值和健康级别与前人的研究成果基本相符，结果客观可信。

4. 黄河三角洲湿地生态系统健康诊断结果对比验证

其他学者关于黄河三角洲研究区湿地生态系统健康相关研究成果见表 4-53 和图 4-42。

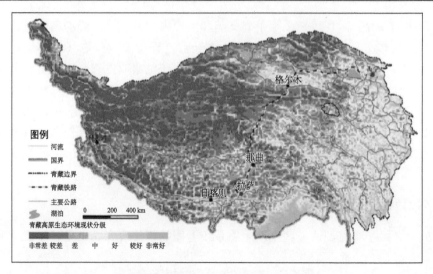

(a) 青藏高原生态环境质量评价图(张继承，2008)

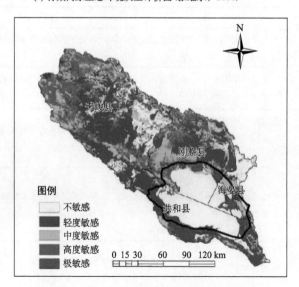

(b) 青海湖流域湿地生态环境质量现状评价结果(张伟，2012)

图 4-41　青海湖湿地其他学者研究成果图

表 4-53　黄河三角洲湿地其他学者研究成果

编号	学者	研究内容	主要结论
1	安乐生等，2011	黄河三角洲滨海湿地健康评价	黄河现行河道两侧健康状况最好，其次是古河道两侧，南部和北部滩涂区(包括虾蟹养殖区)健康条件较差，属于一般病态，如图 4-54(a)、图 4-54(b)所示
2	王薇等，2012	黄河三角洲湿地生态系统健康评价	垦利县湿地生态系统的健康度为 0.5406，健康等级为脆弱(5 级中的第 3 级)
3	杨海波等，2011	黄河三角洲生态环境质量综合评价	黄河三角洲的生态环境质量整体处于中等水平，1996 年状况最好，2000 年有明显下降，2004 年有所回升，2004 年状况如图 4-54(c)所示

编号	学者	研究内容	主要结论
4	上官修敏，2013	黄河三角洲湿地生态健康评价	黄河三角洲湿地生态系统的综合健康度为0.59,处于亚健康(5级中的第3级)
5	孟岩，2009	黄河三角洲垦利县生态环境状况评价	中等地占总面积的 44.08%，分布在垦利县东部沿海滩涂和东北部的农用地，如图 4-54(d)所示
6	项目评价	黄河三角洲国家级自然保护区湿地生态系统健康评价	黄河三角洲湿地综合健康指数为 4.71，健康等级为中，结果得到黄河三角洲保护区管理局的认可

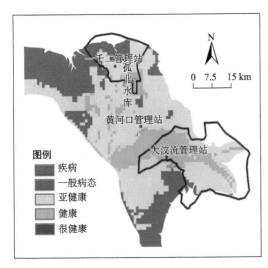

(a)

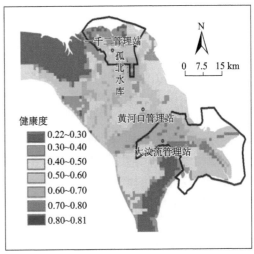

(b)

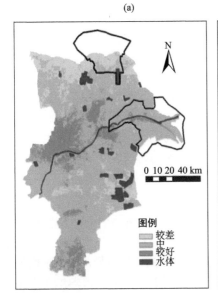

(c)

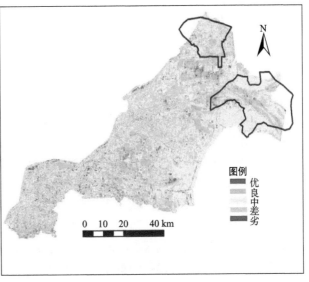

(d)

图 4-42 黄河三角洲湿地其他学者研究成果图

(a)～(b) 黄河三角洲健康度及健康等级评价结果(安乐生等，2011)；

(c)黄河三角洲生态环境质量图(杨海波等，2011)；(d)垦利县生态环境状况综合指数分级图(孟岩，2009)

　　由表 4-53 和图 4-42 可知, 黄河三角洲生态环境或健康状况一般为中等, 在空间分布上, 一千二管理站所在区域的健康状况南部好于北部, 黄河口和大汶流管理站所在区域西边的健康状况优于东边, 特别是靠近黄河河道两侧的生态环境较好。国家林业局"湿地生态系统评价体系研究"项目组 2013 年对黄河三角洲湿地生态系统健康进行评价, 所得结果为中级, 并得到黄河三角洲保护区管理局的认可。综上所述, 本研究计算得到的湿地生态系统健康值和健康级别及其空间分布与文献或项目所得结果较为一致, 结果合理可靠。

4.2.5　模型性能评价与决策支持

　　综合 3 个研究区诊断结果对比分析和验证可知, 本节所采用的 3 种方法得出的结论与其他学者在这 3 个研究区的评价结果基本一致, 支持向量机回归和支持向量机分类的方法较好地模拟了湿地生态系统各指标与健康之间高度复杂的非线性关系, 借助 Weka 平台建模过程相对简单, 时间效率高, 得出的结论真实可靠, 相比层次分析法的结果更符合研究区的实际情况; 支持向量机分类所得湿地生态系统健康等级最低, 结果最消极。在只需要知道研究区湿地生态系统健康"好、中、差"等级的大致分布时, 选用支持向量机分类建模即可, 如需要更精确的结果, 即每个评价单元的湿地生态系统健康指数以做更多的比较分析时, 可选用支持向量机回归建模。本节选择支持向量机回归的结果作为各案例区的最终评价结果, 其为 3 个湿地保护区的湿地保护工作提供决策支持。

　　湿地生态系统健康遥感诊断过程中有两步可以为决策提供支持, 首先是各诊断指标的计算结果, 通过单个指标值的健康程度和指标之间的对比能够发现待评价案例地哪方面的指标状况好, 哪方面的指标状况不好, 状况不好的指标就是亟待提高和治理的对象。本节的南丁格尔玫瑰图及最后一段分析内容, 即是基于各案例区的指标计算结果, 为案例地湿地保护与管理提供决策支持。结果表明, 若尔盖保护区今后需要加强牧场管理, 控制放牧牲畜数量, 防治过度放牧引起的草场退化和湿地退化, 提高湿地的水源涵养功能; 青海湖保护区今后需对环湖周边的放牧量加强管理, 防治过度放牧, 加大对东部沙漠地带的治理和恢复, 并且加强湿地宣传力度, 提高周边居民湿地保护意识; 黄河三角洲保护区油田开发、海水养殖对保护区湿地的负面影响有增大的趋势, 需要加强管理和控制, 要积极研究盐碱地土壤的改良方法, 提高植被生产力, 增强湿地的水源涵养功能, 用好每一滴水, 将黄河上游来水量不足引起的水源保证不足的影响降到最低。

　　其次是诊断最终结果能为决策者提供参考, 由 3 个研究区的评价结果可知, 保护区湿地生态系统健康状况均处于中等级别, 若尔盖研究区的湿地生态系统健康值整体高于青海湖和黄河三角洲, 每个案例区的湿地生态系统健康空间分布上存在一些差异, 根据空间分布的不同, 方便决策者快速找到重点保护和治理的区域。例如, 若尔盖研究区湿地生态系统健康值在空间上呈现从中间向边缘逐渐变低的分布, 保护区的核心区湿地生态系统健康状况良好, 因此需要加强缓冲区和实验区的湿地保护; 青海湖研究区南部、东北部和尕海区域健康状况较好, 东部和西部边缘部分区域健康值较低, 这两处是布哈河口区和尕海、沙岛湾之间的沙漠地带, 今后需要保护区加强治理; 黄河三角洲研究区需要重点治理和保护的区域是区域 1（一千二管理站所在区域）的东北部海陆相接区域、区域 2（黄河口和大汶流管理站所在区域）的北部和南部部分区域，即孤东油田和大片海水养殖区，这些区域人类活动强度较大，需要加强污染治理，控制油田和养殖区域规模。

4.3　北京市大气环境健康遥感诊断

近 40 多年来，北京市空气污染已从典型的煤烟型污染转化为复合型污染，并形成区域性二次污染，北京市空气污染状况已成为中国大气环境健康问题的一个缩影。本节以北京市大气环境健康遥感诊断为例，验证了遥感诊断大气环境的可行性。结果证明，遥感技术可快速、实时、动态地诊断大范围的大气环境变化和大气污染状况，是大气环境健康诊断中不可或缺的关键技术。

4.3.1　研究区概况

1. 自然地理概况

北京位于我国华北平原西北边缘，是中国的首都，是中国的政治、经济、文化中心，也是世界上人口最密集的城市之一。北京中心位于北纬 39° 54′，东经 116° 23′。北京共辖 14 个市辖区和 2 个县，分别是东城区、西城区、海淀区、朝阳区、丰台区、石景山区、通州区、顺义区、房山区、大兴区、昌平区、怀柔区、平谷区、门头沟区，以及密云县、延庆县（图 4-43）。市区人口密度较大，建有完善的铁路、航空、道路、公交和地铁等交通设施。

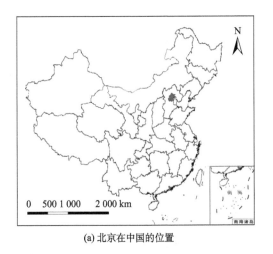
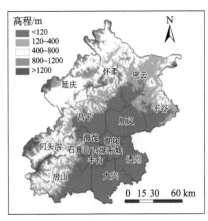

(a) 北京在中国的位置　　　　　　　　(b) 北京高程图

图 4-43　研究区域

北京特殊的地形是影响大气污染的原因之一。山地区域海拔为 1000~1500 m，平原地区平均海拔为 50 m，山区主要分布在西部、北部和东北部，平原集中在东南部，形成了三面环山、一面开口的"簸箕"状山谷地形，不易于大气污染物的扩散，尤其当有偏东风或偏南风时，空气中的颗粒物在风的输送作用下汇聚到东南部平原地区，加重了北京城区的污染状况。

2. 气候气象概况

北京属于暖温带半湿润大陆性季风气候。北京四季分明，春季多风和沙尘，主要受到中国西部库木塔格和塔克拉玛干沙漠，以及来自蒙古沙漠的影响(Sun et al., 2001)；夏季气温高且降水量大，秋季晴朗干燥，冬季寒冷并常伴有大风天气；风向季节变化明显，夏季盛行东南风，冬季盛行西北风。北京年均气温约为 12.3℃，最冷月(1 月)平均气温约为–3.7℃，最热月(7 月)平均气温约为 26.2℃。年降水量在时间和空间上分布都不均匀，在时间上，夏季为主要降水期，约占全年降水量的 3/4；在空间上，由于受地貌影响，山前迎风坡区域为降水集中区，主要分布在东北部和西南部，年降水量达 600～700 mm，西北部和北部深山区平均年降水量少于 400 mm，平原及部分山区降水量为 500 mm 左右。北京太阳辐射量全年平均为 112～136 kcal/cm。两个高值区分别分布在延庆盆地及密云县西北部至怀柔东部一带，年辐射量均在 135 kcal/cm 以上；低值区位于房山区的霞云岭附近，年辐射量为 112 kcal/cm。北京年平均日照时数为 2000～2800 h。

3. 社会经济概况

2010 年，第六次全国人口普查数据显示，北京拥有 56 个民族，汉族人口最多，其次为满族、回族、蒙古族、朝鲜族和土家族，北京是一个人口数量多、密度高的大都市。2013 年年末，北京市常住人口为 2114.8 万人，其中常住外来人口为 802.7 万人，占常住人口的比重为 38%。常住人口中，城镇人口为 1825.1 万人，占常住人口的比重为 86.3%。常住人口密度为 1289 人/km²。

2011 年全年北京市实现地区生产总值(GDP) 16 000.4 亿元，其中人均 GDP 达到 80 394 元。按 2010 年世界银行划分世界上不同国家和地区的贫富程度标准来看，北京实现的人均 GDP 已处于上中等富裕国家地区的上游，接近富裕国家地区的水平。2013 年，北京实现地区生产总值 19 500.6 亿元。其中，第一产业增加值为 161.8 亿元；第二产业增加值为 4352.3 亿元；第三产业增加值为 14 986.5 亿元。三次产业结构由 2012 年的 0.8：22.7：76.5 变为 0.8：22.3：76.9。

北京城市交通网络四通八达。2012 年年末，北京市公共电汽车运营线路为 779 条，运营线路长度为 19 547km；2012 年年初，北京市地铁运营线路为 17 条，运营线路长度为 456km；2013 年北京市出租车日均运送 190 万人次，占总出行量的 6.6%，里程利用率约为 68%。北京是全国最大的铁路、公路交通枢纽之一，同时还是全国航空线交汇中心；2012 年全市机动车保有量突破 520 万辆，北京已进入现代化汽车社会，城市交通现代化，同时环境压力也日益增大，汽车尾气成为空气污染的重要来源。

4. 生态环境概况

2011 年，北京市环境公报显示，目前北京市人均水资源量不足 400 m³/a，是全国严重缺水的城市之一。2011 年，废水化学需氧量排放 19.32 万 t，氮氧排放量 2.13 万 t，污水处理率为 82%，再生水利用量为 7 亿 m³；废气排放量为二氧化硫排放 9.79 万 t，氮氧化物排放 18.83 万 t，烟、粉尘排放 6.58 万 t；一般固体废物产生量为 1125.59 万 t，综合利用量为 748.70 万 t，工业固体废物处理利用率为 97.48%（杨维，2013）。

5. 空气质量概况

近 40 多年来，北京市空气污染已从典型的煤烟型污染转化为复合型污染，并形成区域性二次污染，细颗粒物控制成为解决北京空气污染问题的关键。随着城市化进程的加快，汽车保有量和能源消耗的剧增，北京的 PM_{10} 和 $PM_{2.5}$ 浓度有明显上升的趋势，而且近年来风力大于 5m/s 的天数显著减少，北京及周边区域的灰霾天气明显增加（Sun et al.，2006；唐傲寒等，2013；徐祥德等，2006）。1961～2007 年，北京的总霾时间为 24.5 天，由最初的 6.5d/10a 上升到 38.7d/10a（胡亚旦和周自江，2009）。2000～2010 年，北京共发生 151 次重污染天气，其中 69 次属于静稳积累型的霾污染（李令军等，2012）。2011 年 2 月 21 日、10 月 23 日和 12 月 4 日，北京曾发生 3 次严重的灰霾天气，空气污染指数（API）分别是 333、407 和 500，都处于 5 级重度污染。2012 年 1 月春运期间，灰霾天气又持续了将近 20 天，对北京市民的健康造成了严重影响（唐傲寒等，2013）。2013 年 1 月，北京雾或者霾的日数多达 26 天，仅 5 天不是雾霾日（Wang et al.，2014）。

在北京市气溶胶特征分析的研究上，已有很多学者开展了相关研究（Cao et al.，2002；Han et al.，2013；Sun et al.，2012；Winchester and Mu-Tian，1984；Yang et al.，2000），这些研究表明，工业排放、汽车尾气、沙尘和煤燃烧都是北京市颗粒物污染的主要来源。在北京市气溶胶的时间变化上，李本纲等（2008）发现，夏季以城市污染气溶胶为主，气溶胶光学厚度（AOD）最高；春季城市污染气溶胶和春季沙尘共存，AOD 比较高，且粗粒子占一定比例；冬季以采暖燃煤气溶胶为主，AOD 不高，但是粗粒占较大比例；秋季空气清澈，AOD 较小。在北京市气溶胶空间分布方面，主要受到植被覆盖和产业结构等因素的影响，位于西北部山区的 AOD 比较低，位于东南部平原地区的 AOD 总体较高（程兴宏等，2007；李本纲等，2008；王耀庭等，2005）。北京市冬季气溶胶浓度有明显的昼夜变化特征，峰值与交通和生活排源有关；气溶胶浓度分析显示，北京市除受局地排放源影响外，还受远距离输送的影响（王开燕等，2006）。根据 2003～2009 年北京市的 PM_{10} 浓度观测记录，PM_{10} 浓度最高的时候发生在 4 月和 10 月（Zhu et al.，2011）。根据北京市 27 个站点收集的共计 5 年（2008 年到 2012 年）的每日 PM_{10} 浓度测量数据，发现虽然 PM_{10} 浓度整体上处于一个下降的趋势，但是其变化趋势在不同站点和不同季节有所不同。PM_{10} 浓度在夏季和冬季呈下降趋势；可是在近几年的春季，PM_{10} 浓度呈升高趋势。密云水库作为北京空气质量背景监测站点，其 PM_{10} 浓度呈上升趋势（Hu et al.，2013）。根据 2005～2007 年在北京市监测到的时间分辨率是 5 分钟的 $PM_{2.5}$ 浓度，发现 $PM_{2.5}$ 具有明显的季节差异，冬季具有最高的浓度，夏季具有最低的浓度（Zhao et al.，2009）。

4.3.2　北京沙尘暴对大气环境的影响

北京春季经常受到沙尘暴天气的影响，严重影响着空气质量和人类健康。本节在分析沙尘暴对大气环境的影响上,首先确定北京沙尘暴的次数、时间和来源;然后利用地面观测数据(AERONET)分析了北京沙尘暴期间气溶胶特征变化;接着利用卫星遥感数据(MODIS 和 AIRS)分析了沙尘暴期间气象参数在不同高度的变化特征,分析结果有助于在地表或者地表之上分析沙尘暴对空气的影响(Cao et al., 2014)。

1. 数据集

1)气溶胶特性数据

气溶胶粒子通过对入射辐射的散射和吸收作用,使入射辐射的性质和强度发生变化,通过处理和分析探测仪器接收到的入射辐射变化特征数据,可以反演得到气溶胶特性参数,如 AOD,单次散射反照率、谱分布等,本节研究的气溶胶特征参数见表 4-54,主要包括 Ångström 指数(AE)、气溶胶大小分布(ASD)、单次散射反照率(SSA)和复折射指数(RI)。

表 4-54　气溶胶特征参数

气溶胶特征参数	简称	来源
Ångström 指数	Ångström exponent (AE)	
气溶胶大小分布	aerosol size distribution (ASD)	
单次散射反照率	single scattering albedo (SSA)	AERONET
复折射指数	refractive index (RI)	

2)气象参数

本节介绍的气象参数见表 4-55,主要包括一氧化碳体积混合比(COVMR)、水汽质量混合比(H_2OMMR)和水汽含量(WV),其中 COVMR 和 H_2OMMR 来自 AIRS,WV 来自 MODIS。

表 4-55　气象参数

气象参数	简称	来源
一氧化碳体积混合比	CO volume mixing ratio (COVMR)	AIRS
水汽质量混合比	H_2O mass mixing ratio (H_2OMMR)	AIRS
水汽含量	water vapor (WV)	MODIS

2. 北京沙尘暴来源分析

1)北京 2005~2010 年沙尘暴

沙尘天气是沙尘暴、扬沙和浮尘天气的统称,它是由大风将地面沙尘吹起、或沙尘被高空气流带到下游地区而造成的一种大气混浊现象。根据能见度和风速可分为浮尘、扬沙、沙尘暴和强沙尘暴 4 类(Lin et al., 2011;王式功等, 2003)。

　　浮尘是当天气条件为无风或平均风速≤3 m/s 时，尘土、细沙均匀地浮游在空中，水平能见度小于 10 km 的天气现象。扬沙是地面尘沙被风吹起，水平能见度为 1～10 km 的天气现象。沙尘暴是地面大量尘沙被强风吹起，水平能见度小于 1 km 的天气现象。强沙尘暴是地面尘沙被大风吹起，空气模糊不清，水平能见度小于 500 m 的天气现象。

　　2005～2010 年，北京发生过多起沙尘事件。由于沙尘暴天气下风力更大和沙尘浓度高而更具有危害性，所以本节主要研究由沙尘暴引起的空气污染事件(也就是能见度小于 1 km 的天气现象)。经过文献查阅和资料查找(李晓岚和张宏升，2012)，2005～2010 年一共发生过 3 起严重的沙尘暴事件，它们的暴发时间分别是 2005 年 4 月 27～28 日、2006 年 4 月 16～18 日和 2010 年 3 月 20 日、22 日。此外，研究获取了沙尘暴暴发前、中、后的 MODIS 遥感影像，如图 4-44 所示。图 4-44 中，云呈现白色，沙尘呈现出米黄色，蓝色代表北京市行政区域。将 2005 年 4 月 27～29 日、2006 年 4 月 16～18 日和 2010 年 3 月 20 日和 22 日作为沙尘暴暴发期间的沙尘天气，分析气溶胶和气象参数在沙尘天气和非沙尘天气下的区别。

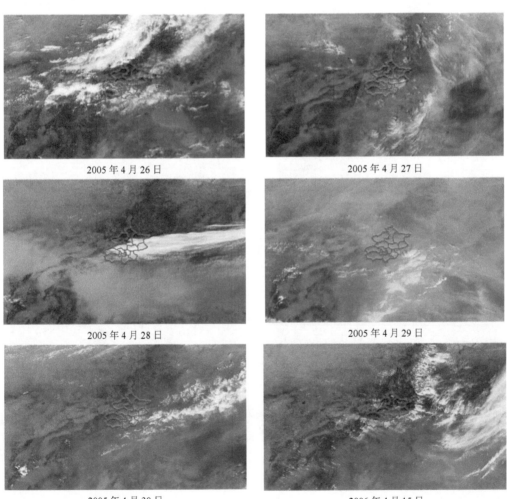

2005 年 4 月 26 日　　　　　　　　　　　　　　　2005 年 4 月 27 日

2005 年 4 月 28 日　　　　　　　　　　　　　　　2005 年 4 月 29 日

2005 年 4 月 30 日　　　　　　　　　　　　　　　2006 年 4 月 15 日

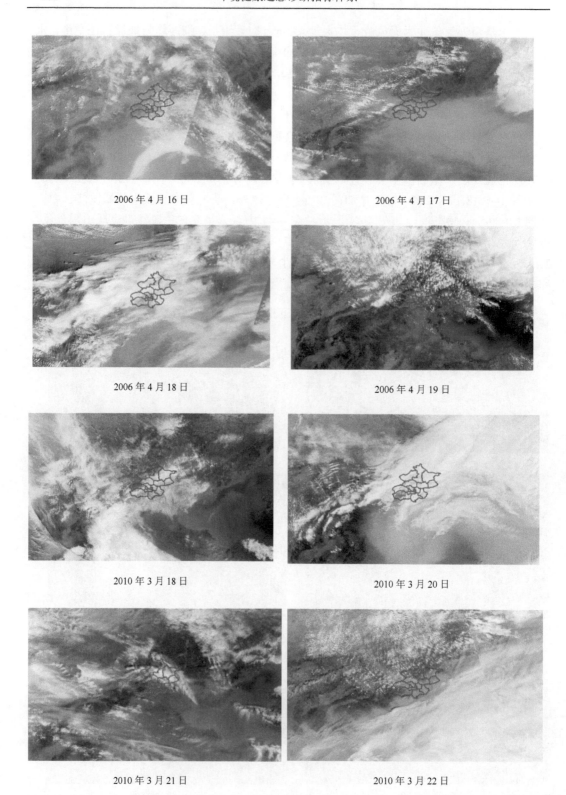

2006 年 4 月 16 日　　　　　　　　　　2006 年 4 月 17 日

2006 年 4 月 18 日　　　　　　　　　　2006 年 4 月 19 日

2010 年 3 月 18 日　　　　　　　　　　2010 年 3 月 20 日

2010 年 3 月 21 日　　　　　　　　　　2010 年 3 月 22 日

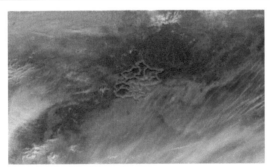

2010 年 3 月 23 日

图 4-44　沙尘暴暴发前、中、后的 MODIS 影像（波段组成是 1-4-3）

图中白色代表云；米黄色代表沙尘；蓝色代表北京市行政区域

API 是将常规监测的 5 种空气污染物（CO、SO_2、PM_{10}、O_3 和 NO_2）浓度简化成为单一的概念性指数值形式，并分级表征空气污染程度和空气质量状况，见表 4-56。API 数值越大，表示空气质量越差，对人体健康危害越大。图 4-45 显示了北京 2010 年沙尘暴期间空气污染指数的变化，时间范围为 2010 年 3 月 5 日到 4 月 5 日，从图 4-45 中可以看出，3 月 20 日的 API 明显高于周围的 API，而且其值高达 500；结合表 4-56 中的健康提示表明，沙尘暴对人体健康具有严重影响。

表 4-56　空气污染指数及其健康影响

API	空气质量状况	健康影响
0～50	优	可正常活动
51～100	良	可正常活动
101～200	轻度污染	易感人群症状有轻度加剧，健康人群出现刺激症状
201～300	中度污染	心脏病和肺病患者症状显著加剧，运动耐受力降低，健康人群中普遍出现症状
>300	重污染	健康人群运动耐受力降低，有强烈症状，提前出现某些疾病

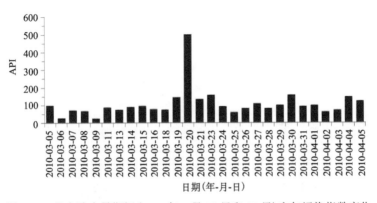

图 4-45　北京沙尘暴期间（2010 年 3 月 20 日和 22 日）空气污染指数变化

2）HYSPLIT 模型

HYSPLIT 模型（Draxler and Rolph, 2013; Rolph, 2013）采用欧拉-拉格朗日混合计算模式，其平流和扩散计算采用拉格朗日方法，而浓度计算则采用欧拉方法，即采用拉格朗日方法定义污染源，分别进行平流和扩散计算；采用欧拉方法计算污染物浓度。轨迹的高度选取了距离地面 500 m、1500 m 和 3000 m 处。500 m 高度的风场能够反映大气边界层的平均流场特征，进而较为准确地描述到达北京的气团移动路径，从而准确揭示北京地区区域气溶胶变化的可能来源。1500 m 和 3000 m 的高空后向轨迹可以描述边界层以上的混合层和自由大气中气团的输送情况，进而从更大尺度上描述可能影响北京地区的气流轨迹。

图 4-46 显示出了基于 HYSPLIT 模型得到的沙尘暴到达北京前 2 天的沙尘轨迹，其中沙尘暴到达北京的时间分别是 2005 年 4 月 28 日、2006 年 4 月 17 日和 2010 年 3 月 20 日，沙尘暴到达北京前两天的沙尘轨迹清晰地揭示了沙尘暴的来源和移动路径。不同颜色的线条代表沙尘暴到达北京的不同时间，蓝色线条代表 2005 年 4 月 28 日，绿色线条代表 2006 年 4 月 17 日，红色线条代表 2010 年 3 月 20 日。线条的不同形状代表不同高度，三角形代表 500m，正方形代表 1500 m，圆圈代表 3000 m。基于这 3 次沙尘暴在 3 个不同高度处（500 m、1500 m 和 3000 m）的沙尘轨迹，可以发现北京沙尘暴期间沙尘起源地是内蒙古自治区，以及中国与蒙古边界处；到达北京的沙尘轨道主要来自西面、西北面和北面 3 个方向。

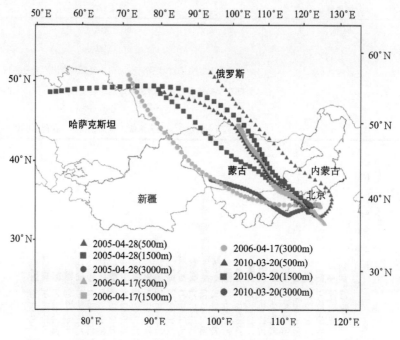

图 4-46　基于 HYSPLIT 模型得到沙尘暴到达北京前 2 天的沙尘轨迹

3. 沙尘暴期间气溶胶特征分析

1) 气溶胶光学厚度和 Ångström 指数

图 4-47 (a) 和 (b) 分别显示了北京 2005～2012 年和沙尘暴期间 AOD 和 AE 的日变化，红色柱代表 675nm 波段处 AOD，蓝色点代表 440～870nm 波段处 AE。在图 4-47 (a) 中，AE 出现了负值，AE 负值表明大颗粒物的出现。类似的 AE 负值也在 Singh 等 (2005) 关于德里的研究，Hamonou 等 (1999) 关于撒哈拉的研究中提出过。

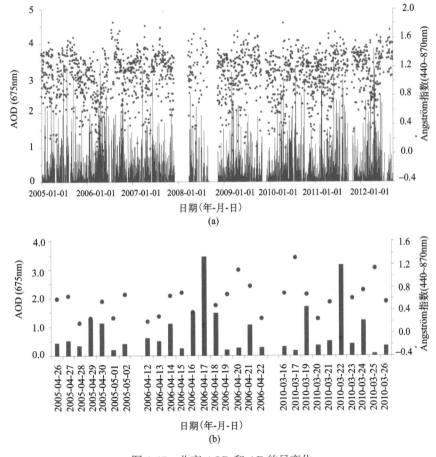

图 4-47　北京 AOD 和 AE 的日变化

红色柱代表 675 nm 波段处的 AOD 值；蓝色点代表 440～870 nm 波段处的 AE 值。(a) 代表 2005～2012 年；

(b) 代表沙尘暴期间 (2005 年 4 月 27～29 日，2006 年 16～18 日，2010 年 3 月 20 日和 22 日)

从图 4-47 (b) 中发现，沙尘暴期间 AOD 具有较高的值，而 AE 具有较低的值，如 2006 年 4 月 17 日和 2010 年 3 月 22 日。相反，在沙尘暴暴发前和暴发后，AOD 具有较低的值，而 AE 具有较高的值，如 2006 年 4 月 15 日，2010 年 3 月 17 日和 25 日。表 4-57 详细列出了这 3 次沙尘暴前、中、后的 AOD 值和 AE 值。

表 4-57　　沙尘和非沙尘天气下的 AOD 和 Ångström 指数

沙尘暴事件	沙尘/非沙尘	日期(年-月-日)	AOD (675nm)	AE(440～870nm)
1	沙尘	2005-04-29	1.296	0.251
	非沙尘	2005-05-02	0.413	0.666
2	非沙尘	2006-04-15	0.274	0.700
	沙尘	2006-04-17	3.458	0.124
	非沙尘	2006-04-20	0.280	1.100
3	非沙尘	2010-03-17	0.190	1.316
	沙尘	2010-03-22	3.169	−0.119
	非沙尘	2010-03-25	0.084	1.135

图 4-48 显示了沙尘天气下 AERONET AOD 在 500 nm 处的两种不同模式,蓝色柱表示细模式,红色柱表示粗模式。从图 4-48 中发现,在沙尘天气下,粗模式 AOD 显著增大,表明沙尘暴导致大颗粒物的出现。

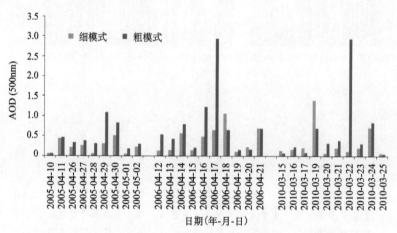

图 4-48　沙尘天气下 AERONET AOD(500 nm)的两种不同模式

红色表示粗模式；蓝色代表细模式

2)气溶胶大小分布

图 4-49 显示了波段 0.05～15μm 的气溶胶大小分布,3 张图分别代表 2005 年、2006 年和 2010 年,其中红线表示沙尘暴期间。ASD 在沙尘暴期间呈现出双峰特性,其峰值分别出现在 0.5～10μm(粗模式)和 0.05～0.5μm(细模式)。沙尘暴期间,粗模式下的 ASD 显著增加;而且粗模式 ASD 峰值和相应的颗粒物半径在沙尘天气下与非沙尘天气下具有明显区别。表 4-58 列出了沙尘暴期间气溶胶颗粒物在不同半径下的分布。粗模式 ASD($dV/dlnR$, μm³/μm²)在沙尘天气下(2005 年 4 月 29 日、2006 年 4 月 17 日和 2010 年 3 月 20 日)的峰值分别是 0.8982、1.9176、1.2333,它们相应的半径分别是 2.9400μm、2.2407μm、5.0613μm。在非沙尘天气下(2005 年 5 月 2 日、2006 年 4 月 15 日和 4 月 20

日、2010 年 3 月 17 日和 3 月 25 日），ASD（dV/dln$R$, μm³/μm²）峰值分别是 0.1579、0.1490、0.0796、0.0463、0.0179，相应的半径分别是 2.9400μm、3.8575μm、2.9400μm、0.1944μm、0.1129μm。沙尘暴期间粗模式气溶胶的显著增加表明，大气中矿尘含量增加，并且矿尘是气溶胶的主要成分。

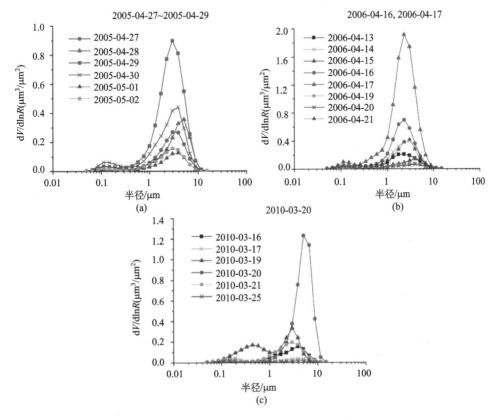

图 4-49　沙尘天气下 AERONET 气溶胶大小分布

表 4-58　沙尘暴期间气溶胶大小分布

半径 /μm	2005- 04-29	2005- 05-02	2006- 04-15	2006- 04-17	2006- 04-20	2010- 03-17	2010- 03-20	2010- 03-25
0.0500	0.0031	0.0008	0.0006	0.0050	0.0004	0.0004	0.0019	0.0003
0.0656	0.0120	0.0046	0.0049	0.0182	0.0025	0.0018	0.0051	0.0024
0.0861	0.0264	0.0135	0.0166	0.0375	0.0080	0.0065	0.0076	0.0095
0.1129	0.0350	0.0204	0.0256	0.0475	0.0137	0.0191	0.0068	0.0179
0.1482	0.0325	0.0184	0.0215	0.0473	0.0138	0.0398	0.0042	0.0165
0.1944	0.0265	0.0129	0.0131	0.0506	0.0100	0.0463	0.0023	0.0094
0.2551	0.0237	0.0094	0.0078	0.0687	0.0069	0.0273	0.0015	0.0047
0.3347	0.0273	0.0091	0.0062	0.1093	0.0059	0.0124	0.0013	0.0029
0.4392	0.0407	0.0120	0.0074	0.1638	0.0070	0.0075	0.0019	0.0025

半径 /μm	2005-04-29	2005-05-02	2006-04-15	2006-04-17	2006-04-20	2010-03-17	2010-03-20	2010-03-25
0.5762	0.0663	0.0195	0.0122	0.2088	0.0108	0.0072	0.0038	0.0029
0.7561	0.1053	0.0320	0.0229	0.2688	0.0181	0.0094	0.0093	0.0040
0.9920	0.1759	0.0486	0.0410	0.4476	0.0281	0.0129	0.0233	0.0054
1.3016	0.3159	0.0695	0.0612	0.9154	0.0389	0.0163	0.0519	0.0069
1.7078	0.5356	0.0975	0.0753	1.5844	0.0506	0.0204	0.1019	0.0088
2.2407	0.7732	0.1320	0.0918	1.9176	0.0641	0.0265	0.1918	0.0115
2.9400	0.8982	0.1579	0.1206	1.7479	0.0769	0.0340	0.3773	0.0147
3.8575	0.8118	0.1485	0.1490	1.1645	0.0796	0.0391	0.7557	0.0168
5.0613	0.5514	0.1002	0.1380	0.5595	0.0626	0.0353	1.2333	0.0150
6.6407	0.2572	0.0461	0.0796	0.1991	0.0329	0.0228	1.1397	0.0096
8.7131	0.0741	0.0143	0.0258	0.0552	0.0108	0.0101	0.4231	0.0043
11.4323	0.0128	0.0030	0.0045	0.0129	0.0022	0.0031	0.0517	0.0013
15.0000	0.0015	0.0004	0.0004	0.0028	0.0003	0.0007	0.0020	0.0003

3）单次散射反照率

图 4-50 显示了北京沙尘暴期间 SSA 在 4 个波段（440 nm、675 nm、870 nm 和 1020 nm）的变化，3 张图分别代表 2005 年、2006 年和 2010 年，红线代表沙尘天气。沙尘天气下 SSA 在高波段（675 nm、 870 nm、1020 nm）具有上升趋势。表 4-59 列出了沙尘天气下 SSA 值，经过统计分析发现，沙尘天气下（2005 年 4 月 28 日、2006 年 4 月 17 日和 2010 年 3 月 20 日）的 SSA 在波段 675 nm、870 nm 和 1020 nm 处的平均值分别是 0.89、0.96 和 0.92，比非沙尘天气下（2006 年 4 月 15 日、2010 年 3 月 17 日）的 SSA 平均值（分别是 0.88 和 0.80）大了很多。SSA 平均值大表明，大颗粒物的出现，以及沙尘和人为气溶胶的混合。Yu 等 （2013）发现，在北京，沙尘天气下，SSA 随着波段的增加从 0.891 增大到 0.947。本节也有相似的研究结果，如表 4-59 中列出 2006 年 4 月 17 日的 SSA 从 440 nm 处的 0.8723 增加到 1020 nm 处的 0.9667。Dubovik 等（2002）发现，针对矿尘气溶胶，SSA 的光谱差异（ΔSSA，$SSA_{1020nm} - SSA_{440nm}$）大于 0.05。本节也有和 Dubovik 等（2002） 类似的研究结果，ΔSSA 在 2005 年 4 月 28 日、2006 年 4 月 17 日、2010 年 3 月 20 日分别是 0.108、0.094 和 0.096。

表 4-59　沙尘暴期间气溶胶单次散射反照率

日期(年-月-日)	440 nm	675 nm	870 nm	1020 nm
2005-04-28	0.7962	0.8781	0.8989	0.9045
2005-05-02	0.8057	0.8155	0.8242	0.8303
2006-04-15	0.8851	0.8840	0.8708	0.8743

日期(年-月-日)	440 nm	675 nm	870 nm	1020 nm
2006-04-17	0.8723	0.9569	0.9630	0.9667
2006-04-20	0.8817	0.8634	0.8347	0.8266
2010-03-17	0.7801	0.7969	0.7930	0.7973
2010-03-20	0.8399	0.9020	0.9232	0.9354
2010-03-25	0.9069	0.8841	0.8717	0.8695

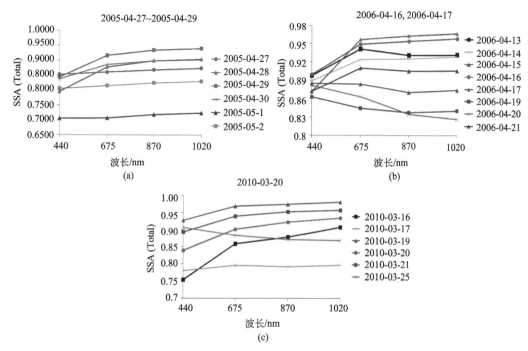

图 4-50　沙尘天气下 AERONET 气溶胶单次散射反照率

4) 复折射指数

图 4-51 显示了北京沙尘暴期间复折射指数实部和虚部在 4 个波段(440nm、675nm、870nm 和 1020nm)的变化。表 4-60 列出了沙尘暴期间 RI 实部(real) $n(\lambda)$ 和虚部(imaginary) $k(\lambda)$ 的值，从表 4-60 中可以清晰看出，沙尘和非沙尘天气下 RI 的区别。在中等和强烈沙尘事件影响下，440nm 处的 $n(\lambda)$ 在靠近土耳其地中海区域的变化范围是 1.51 ± 0.07，在巴林海湾的变化范围是 1.51 ± 0.03，在佛得角的变化范围是 1.48 ± 0.05(Dubovik et al., 2002)。在印度河-恒河平原，波段 440~675 nm 处的 $n(\lambda)$ 具有较高值(大于 1.5)，但在较高波段，$n(\lambda)$ 具有较小值(小于 1.5)(Prasad and Singh, 2007)。本节发现，沙尘天气下 $n(\lambda)$ 在所有 4 个波段上都具有较高值，也就是大于 1.5，这主要是因为沙尘从沙源区传输到北京，相比细颗粒物，粗颗粒物表面积增加，增强了散射。在 2005 年 4 月 29 日，$n(\lambda)$ 随着波段增长呈现出略微减小，并且 2006 年 4 月 17 日尤为明显。

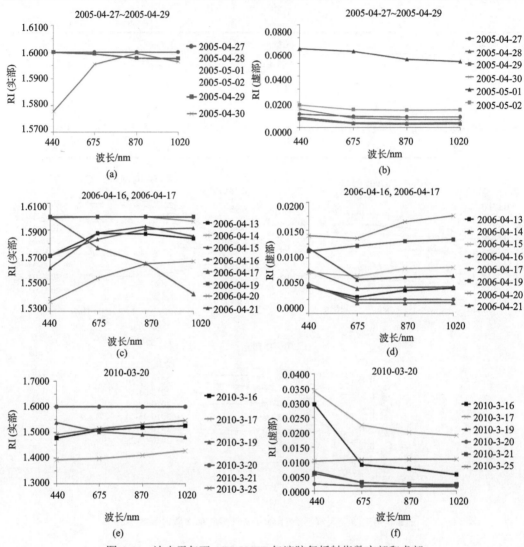

图 4-51　沙尘天气下 AERONET 气溶胶复折射指数实部和虚部

表 4-60　沙尘暴期间气溶胶复折射指数

日期(年-月-日)	RI 实部				RI 虚部			
	440nm	675nm	870nm	1020nm	440nm	675nm	870nm	1020nm
2005-04-28	1.6000	1.6000	1.6000	1.6000	0.0080	0.0040	0.0039	0.0041
2005-05-02	1.6000	1.6000	1.6000	1.6000	0.0179	0.0143	0.0138	0.0140
2006-04-15	1.5713	1.5834	1.5909	1.5915	0.0074	0.0068	0.0081	0.0082
2006-04-17	1.6000	1.5772	1.5655	1.5427	0.0054	0.0019	0.0019	0.0019
2006-04-20	1.5371	1.5545	1.5651	1.5673	0.0140	0.0136	0.0166	0.0176
2010-03-17	1.3939	1.3980	1.4112	1.4296	0.0341	0.0225	0.0200	0.0190
2010-03-20	1.6000	1.6000	1.6000	1.6000	0.0025	0.0017	0.0016	0.0016
2010-03-25	1.4920	1.5154	1.5323	1.5464	0.0104	0.0108	0.0110	0.0109

从图 4-51 中看出，沙尘天气下的 RI 虚部 $k(\lambda)$ 相比非沙尘天气，在每个波段处都比较小（<0.008），表明沙尘具有较低的吸收性。$k(\lambda)$ 的下降表明，沙尘天气下矿尘气溶胶具有主导优势，而人为气溶胶比重降低。此外，$k(\lambda)$ 随着波段的增加而降低，这与 Dey 等（2004），以及 Prasad 和 Singh（2007）的研究结果类似。在印度河-恒河平原，沙尘天气下 $k(\lambda)$ 小于 0.0045，$k(\lambda)$ 在较高波段略微减小是矿尘的特性（Dey et al., 2004; Prasad and Singh, 2007）。

4. 沙尘暴期间气象参数特征分析

1）一氧化碳体积混合比

图 4-52 显示了 COVMR（ppbv，10^{-9}）在沙尘暴期间的垂直剖面图，3 张图分别代表 2005 年、2006 年和 2010 年，实线表示沙尘暴暴发前后的非沙尘天气，虚线表示沙尘暴暴发期间的沙尘天气。表 4-61 列出了沙尘和非沙尘天气下的 COVMR 在 5 个不同大气压下（300hPa、407hPa、618hPa、802hPa 和 905hPa）的值。从图 4-52 中可以看出，非沙尘天气下 COVMR 在气压 407～618hPa 范围内具有最大值；沙尘天气下（虚线）COVMR 在气压 905hPa（也就是接近地表水平）处具有最大值。此外，在 2005 年和 2010 年的沙尘天

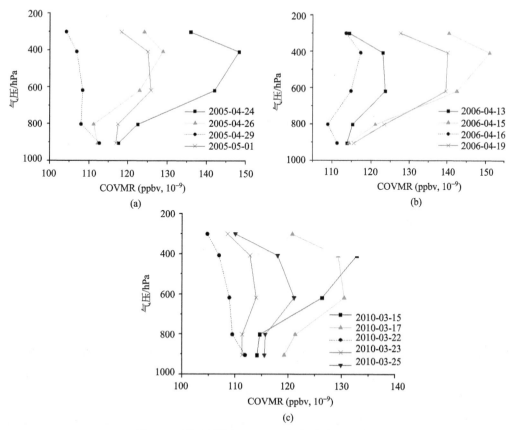

图 4-52　沙尘暴期间 AIRS 一氧化碳体积混合比

虚线代表沙尘天气；实线代表非沙尘天气

气下，COVMR 随着气压的增大而增大，而非沙尘天气下则不同。对比相同气压处沙尘和非沙尘天气下的 COVMR 可以发现，随着沙尘暴的到来，受到强烈风力的影响，COVMR 在气压 407～802hPa 范围内明显降低。

表 4-61　沙尘和非沙尘天气下一氧化碳体积混合比　　（单位：10^{-9}）

日期(年-月-日)	300hPa	407hPa	618hPa	802hPa	905hPa
2005-04-29	104.134	106.811	108.324	107.917	112.69
2005-05-01	118.278	125.03	125.845	117.463	116.881
2006-04-15	140.397	150.991	142.492	121.072	114.378
2006-04-16	113.563	117.288	114.844	108.848	111.293
2006-04-19	127.591	140.048	139.582	123.4	115.6
2010-03-17	120.723	129.337	130.502	121.305	119.209
2010-03-22	104.716	106.927	108.907	109.489	111.875
2010-03-25	110.012	117.929	121.072	115.659	115.484

2) 水汽质量混合比和水汽含量

图 4-53 显示了沙尘暴期间 H_2OMMR(g/kg) 的垂直剖面图，3 张图分别代表 2005 年、2006 年和 2010 年，实线表示沙尘暴暴发前后的非沙尘天气，虚线表示沙尘暴暴发期间的沙尘天气。表 4-62 列出了沙尘和非沙尘天气下的 H_2OMMR 在 8 个不同大气压下（300hPa、400hPa、500hPa、600hPa、700hPa、850hPa、925hPa 和 1000hPa）的值。在 2005 年的沙尘暴期间，H_2OMMR 在气压 600～850hPa 有所增加；在 2006 年的沙尘暴期间，H_2OMMR 在气压 700～1000hPa 有所增加；在 2010 年的沙尘暴期间，H_2OMMR 在气压 300～700hPa 有所增加。水汽在相应气压下增加的来源可能是由于沙尘暴期间地表水分的水平传输。

表 4-62　沙尘和非沙尘天气下水汽质量混合比　　　　　（单位：g/kg）

日期(年-月-日)	300hPa	400hPa	500hPa	600hPa	700hPa	850hPa	925hPa	1000hPa
2005-04-29	0.031	0.093	0.449	1.211	2.484	4.312	5.531	5.375
2005-05-01	0.056	0.05	0.056	0.065	0.314	1.617	4.094	6.375
2006-04-15	0.025	0.109	0.262	0.723	1.07	1.562	2.078	3.141
2006-04-16	0.027	0.116	0.305	0.504	1.125	2.516	3.344	3.859
2006-04-19	0.007	0.022	0.07	0.172	0.273	1.156	1.93	2.594
2010-03-17	0.01	0.057	0.309	0.633	1.125	2.031	2.469	2.328
2010-03-22	0.047	0.162	0.516	1.492	1.711	1.633	2.219	2.969
2010-03-25	0.012	0.032	0.079	0.215	0.393	1.031	1.773	1.734

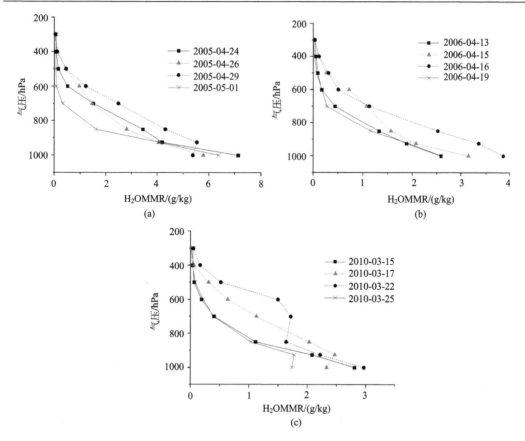

图 4-53　沙尘暴期间 AIRS 水汽质量混合比

虚线代表沙尘天气；实线代表非沙尘天气

　　本节基于 HYSPLIT 模型分析了北京沙尘暴来源，基于地基 AERONET 与遥感数据（MODIS 和 AIRS）分析了北京沙尘暴期间(2005～2010 年)气溶胶光学特性和气象参数的特征，结果显示，沙尘天气与非沙尘天气下的气溶胶光学特性和气象参数具有显著差别。

4.3.3　遥感监测地面指数

　　API 和空气质量指数(AQI)均是定量、客观反映和评价空气质量状况的指标，是用单一的数值形式简化多种空气污染物，进而表征空气污染程度的方法。本节逐月分析它们与卫星气溶胶产品的相关性，以评估如何利用卫星气溶胶产品更好地表达空气质量(Zheng et al., 2014)。

1. 空气污染指数

　　中国于 1997 年 6 月采用 API 来报道空气质量，以提醒民众尽量减少暴露于恶劣的空气环境。API 于 1976 年第一次被美国国家环境保护局引入来识别区域空气质量。它简化了多种空气污染物的浓度，来识别不同空气污染水平和空气质量的状况。中国环境监测总站(CNEMC)从 2000 年开始利用 SO_2、NO_2 和 PM_{10} 浓度来计算和发布 API，并以 API 来评估空气质量(中国环境监测总站，2000)。2008 年，环境保护部(MEP)在 API 计算中增加了 CO 和 O_3 污染物的浓度，并将改进的 API 与健康影响相联系。

表 4-63 列出了空气污染分指数和对应的空气污染物浓度限值($\mu g/m^3$)。一共有 5 种空气污染物，根据浓度断点它们被分为 6 种不同的类别，对应 6 个浓度限值和 6 个空气污染分指数。表 4-63 中，24-h 表示 24h 平均值，8-h 表示 8h 平均值。污染物的空气污染分指数通过式(4-8)获得：

$$I_p = \frac{PI_{high} - PI_{low}}{BP_{high} - BP_{low}} \times (C_p - BP_{low}) + I_{low} \tag{4-8}$$

式中，I_p 为污染物 p 的空气污染分指数；C_p 为污染物 p 的浓度监测值；BP_{high} 为大于或等于 C_p 的污染物浓度限值；BP_{low} 为小于或等于 C_p 的污染物浓度限值；PI_{high} 为与 BP_{high} 相对应的空气污染分指数；PI_{low} 为与 BP_{low} 相对应的空气污染分指数。

通过式(4-8)可以获得 5 种污染物的空气污染分指数，取 5 种污染物中空气污染分指数的最大者为该区域或城市的 API，并且该污染物，即为该区域或城市的首要污染物，见式(4-9)，其中 I_p 为污染物 p 的空气污染分指数。

$$API = \max(I_1, I_2, \cdots, I_p, \cdots, I_5) \tag{4-9}$$

表 4-63　空气污染分指数和对应的污染物浓度限值(环境保护部, 2008)

空气污染分指数	空气污染物浓度/$(\mu g/m^3)$				
	SO_2 24-h	NO_2 24-h	PM_{10} 24-h	CO 24-h	O_3 8-h
50	50	80	50	5 000	120
100	150	120	150	10 000	200
200	800	280	350	60 000	400
300	1 600	565	420	90 000	800
400	2 100	750	500	120 000	1 000
500	2 620	940	600	150 000	1 200

2. 空气质量指数

2012 年 2 月 29 日，环境保护部发布了《环境空气质量指数(AQI)技术规定(试行)》。表 4-64 列出了 AQI 和对应的空气质量状况，以及对人类健康的影响。表 4-65 列出了空气质量分指数和对应的空气污染物(SO_2、NO_2、PM_{10}、CO、O_3 和 $PM_{2.5}$)浓度限值($\mu g/m^3$)，其中，24-h、8-h 和 1-h 分别代表 24、8h 和 1h 平均值。

AQI 计算方法与 API 类似，利用式(4-8)，结合表 4-65 可获得每种污染物的空气质量分指数，然后取各种污染物中空气质量分指数最大者为该区域或城市的空气质量指数，同时该污染物，即为该区域或城市的首要污染物。从表 4-65 可以看出，AQI 的计算过程中考虑了 $PM_{2.5}$，这也是 AQI 与 API 的最大区别。

表 4-64　空气质量指数及其健康影响(环境保护部，2012)

空气质量指数	空气质量状况	健康影响
0～50	优	空气质量令人满意，基本无空气污染
51～100	良	空气质量可接受，但某些污染物可能对极少数异常敏感人群健康有较弱影响
101～150	轻度污染	易感人群症状有轻度加剧，健康人群出现刺激症状
151～200	中度污染	进一步加剧易感人群症状，可能对健康人群心脏、呼吸系统有影响
201～300	重度污染	心脏病和肺病患者症状显著加剧，运动耐受力降低，健康人群普遍出现症状
＞300	严重污染	健康人群运动耐受力降低，有明显强烈症状，提前出现某些疾病

表 4-65　空气质量分指数和对应污染物项目浓度限值(环境保护部，2012)

空气质量分指数	空气污染物浓度/($\mu g/m^3$)									
	SO_2 24-h	SO_2 1-h	NO_2 24-h	NO_2 1-h	PM_{10} 24-h	CO 24-h	CO 1-h	O_3 1-h	O_3 8-h	$PM_{2.5}$ 24-h
50	50	150	40	100	50	2 000	5 000	160	100	35
100	150	500	80	200	150	4 000	10 000	200	160	75
150	475	650	180	700	250	14 000	35 000	300	215	115
200	800	800	280	1 200	350	24 000	60 000	400	265	150
300	1 600		565	2 340	420	36 000	90 000	800	800	250
400	2 100		750	3 090	500	48 000	120 000	1 000		350
500	2 620		940	3 840	600	60 000	150 000	1 200		500

注：SO_2、NO_2 和 CO 的 1h 平均浓度限值仅用于实时报，在日报中需使用相应污染物的 24h 平均浓度限值。

SO_2 1h 平均浓度值高于 800 $\mu g/m^3$ 的不再进行其空气质量分指数计算，SO_2 空气质量分指数按 24h 平均浓度计算的分指数报告。

O_3 8h 平均浓度值高于 800 $\mu g/m^3$ 的，不再进行其空气质量分指数计算，O_3 空气质量分指数按 1h 平均浓度计算的分指数报告。

　　2013 年 1 月之前，中国环境监测总站使用 API 来提供北京区域的空气污染信息。从 2013 年 1 月起，北京市环境保护局(BMEPB)每天在北京空气质量监测网上发布 AQI，以取代原来的 API。北京空气质量自动监测系统建于 1984 年，经过扩建现已覆盖北京所有区县；一共有 23 个地面监测站点用于评价城市环境，其中 11 个是国控点。

3. 数据集

1) 卫星数据

　　传统 MODIS 暗像元反演陆地 AOD 产品(DT_AOD)是目前陆地上空气溶胶遥感应用最为广泛的算法，但它仅对暗地表有效(Kaufman et al., 1997)，在缺少浓密植被时无法准确获得气溶胶分布；DT_AOD 并不适用于沙漠和干旱地区，如北非撒哈拉沙漠地区、阿拉伯沙漠地区，以及东亚沙漠和戈壁地区等，因而需要开发新算法才能准确获得这些区域的气溶胶光学特性。Hsu 等(2006)发展的深蓝算法产品(DB_AOD)能够适用于植被、裸土、水体，甚至沙漠等大部分地表从蓝波段反演气溶胶(王中挺等，2014)。

本节使用上述两种算法反演 MODIS AOD 产品数据集，其数据信息见表 4-66。Terra/Aqua MODIS 均提供 DT_AOD 产品，而 Aqua MODIS 还提供 DB_AOD 产品。为了更清晰地表达，本节在下面的叙述中将 Terra DT_AOD 产品称为 Terra AOD，将 Aqua DT_AOD 产品称为 Aqua AOD，将 Aqua DB_AOD 产品称为 Aqua Deep Blue AOD。

表 4-66　Terra/Aqua MODIS 气溶胶光学厚度产品

卫星	反演算法	名称	时间
Terra	暗像元(dark target)	Terra AOD	2012～2013 年
Aqua	暗像元(dark target)	Aqua AOD	2012～2013 年
Aqua	深蓝(deep blue)	Aqua Deep Blue AOD	2012～2013 年

本节 MODIS AOD 从 NASA 的 GioVanni 在线工具获取，三级产品 Terra AOD、Aqua AOD 和 Aqua Deep Blue AOD 的空间分辨率是 1°×1°，所以将研究区域延伸至 116°～117°E，39°～41°N 的区域，也就覆盖了 11 个国控站点，以进一步分析此区域内 MODIS AOD 产品与 API 和 AQI 的相关性。每日 Terra AOD、Aqua AOD 和 Aqua Deep Blue AOD 均是通过计算区域内的平均值得到。

2)地面数据

本节所用的 2012 年 API 数据来自中国环境监测总站发布的全国重点城市空气质量日报，包括各个城市的 API、污染类型(首要污染物)、污染级别，以及空气质量状况，北京区域的空气质量日报如图 4-54 所示。2013 年 AQI 数据来自北京市环境保护局发布的北京区域 23 个站点的空气质量日报，包括各个监测站的 AQI、首要污染物、污染级别，以及空气质量状况，如图 4-55 所示。中国环境监测总站发布的北京区域 API 通过 11 个国控点值获得，因此在北京区域 AQI 计算上，也通过 11 个国控点值获得。

空气质量查询

地区：北京

时间	空气污染指数	污染类型	污染级别	空气质量
2012年1月14日	60	可吸入颗粒物	II	良
2012年1月13日	79	可吸入颗粒物	II	良
2012年1月12日	86	可吸入颗粒物	II	良
2012年1月11日	25	--	I	优
2012年1月10日	161	可吸入颗粒物	III2	轻度污染
2012年1月9日	102	可吸入颗粒物	III1	轻微污染
2012年1月8日	89	可吸入颗粒物	II	良
2012年1月7日	65	可吸入颗粒物	II	良
2012年1月6日	95	可吸入颗粒物	II	良
2012年1月5日	63	可吸入颗粒物	II	良
2012年1月4日	30	--	I	优
2012年1月3日	35	--	I	优
2012年1月2日	74	可吸入颗粒物	II	良
2012年1月1日	81	可吸入颗粒物	II	良
2011年12月31日	109	可吸入颗粒物	III1	轻微污染
2011年12月30日	75	可吸入颗粒物	II	良
2011年12月29日	81	可吸入颗粒物	II	良
2011年12月28日	114	可吸入颗粒物	III1	轻微污染

图 4-54　中国环境监测总站发布的北京区域空气质量日报

监测子站类别	监测子站	空气质量指数	首要污染物	级别	空气质量状况
	东城东四	352	细颗粒物	6	严重污染
	东城天坛	332	细颗粒物	6	严重污染
	西城官园	314	细颗粒物	6	严重污染
	西城万寿西宫	331	细颗粒物	6	严重污染
	朝阳奥体中心	298	细颗粒物	5	重度污染
	朝阳农展馆	352	细颗粒物	6	严重污染
	海淀北京植物园	265	细颗粒物	5	重度污染
	海淀北部新区	279	细颗粒物	5	重度污染
	海淀万柳	312	细颗粒物	6	严重污染
	丰台云岗	293	细颗粒物	5	重度污染
城市环境评价点	丰台花园	370	细颗粒物	6	严重污染
	石景山古城	317	细颗粒物	6	严重污染
	亦庄开发区	384	细颗粒物	6	严重污染
	门头沟龙泉镇	305	细颗粒物	6	严重污染
	房山良乡	354	细颗粒物	6	严重污染
	通州新城	386	细颗粒物	6	严重污染
	顺义新城	248	细颗粒物	5	重度污染
	昌平镇	232	细颗粒物	5	重度污染
	大兴黄村镇	421	细颗粒物	6	严重污染
	怀柔镇	205	细颗粒物	5	重度污染
	平谷镇	251	细颗粒物	5	重度污染
	密云镇	199	细颗粒物	4	中度污染
	延庆镇	176	细颗粒物	4	中度污染

图 4-55　北京市环境保护局发布的空气质量日报

北京区域 API 和 AQI 的时间序列如图 4-56 所示。2013 年早期，北京遭受了好几场严重雾霾，监测的空气污染物中 $PM_{2.5}$ 浓度是最高的，其最高值也决定了北京区域的 AQI 值，所以在图 4-56 中发现，2013 年 1～4 月的 AQI 值都较高。

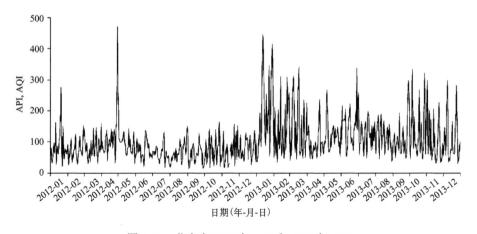

图 4-56　北京市 2012 年 API 和 2013 年 AQI

根据式(4-8)和表 4-63，如果获得当天 API 值和得知当天首要污染物类型，首要污染物的浓度也就可以被计算出来。详细计算过程如下：式(4-8)中 I_p 值等于当天 API 值；根据 I_p 值，在表 4-63 中查找空气污染分指数限值（PI_{high}，PI_{low}）和首要污染物浓度限值（BP_{high}，BP_{low}），将这些值代入式(4-8)中，就可以求出 C_p，也就是首要污染物 P 的浓度监测值。2012 年中首要污染物是 PM_{10} 的天数有 275 天。

4. 卫星气溶胶产品与空气污染指数和空气质量指数的相关性分析

在分析 AQI、API 和不同 AOD 产品的相关性之前，首先需要剔除由于极端天气导致无效的 Terra AOD、Aqua AOD 和 Aqua Deep Blue AOD。对于 API 和 AQI，北京市环境保护局每天都会记录；但对于 Terra AOD、Aqua AOD 和 Aqua Deep Blue AOD，由于云或者极端天气的原因不能获得光学遥感影像；因此过滤掉具有无效 AOD 值的日期，集中在同一天 Terra AOD、Aqua AOD 和 Aqua Deep Blue AOD 均有效的日期上。过滤掉无效 AOD 值后，图 4-57 显示了时间序列的 AOD、API、AQI 和 PM_{10}。图 4-57 中紫色柱图代表 API 和 AQI，红色实心正方形代表 Terra AOD，绿色三角形代表 Aqua AOD，蓝色实心圆圈代表 Aqua Deep Blue AOD，蓝色空心正方形代表 PM_{10} 浓度（$\mu g/m^3$）。

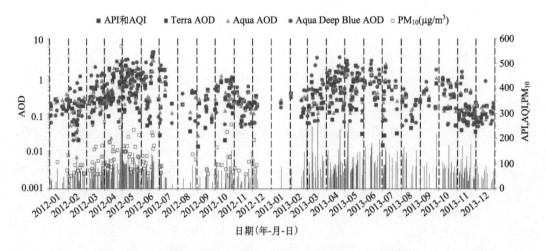

图 4-57　2012 年和 2013 年每日的 MODIS AOD 产品、PM_{10}、API 和 AQI

2013 年 1 月，由于严重的雾霾污染，导致只有非常有限的 AOD 值(Che et al., 2014)，因此本书并没有考虑 1 月的 AOD，而是基于 2~12 月的数据来逐月研究 API、AQI 和不同 AOD 产品的相关性。

表 4-67 汇总了 3 种 MODIS AOD 产品与 API 和 AQI 的对比结果，列出了相关系数和相应的显著性概率 P 值。从表 4-67 中可以明显地看出，AQI 和 Aqua Deep Blue AOD 具有较好的相关性，能较好地表达空气质量。由于 AQI 计算过程考虑了 $PM_{2.5}$，而 2013 年 $PM_{2.5}$ 浓度较高，因此能比 API 更好地表示空气质量状况。

表 4-67　API, AQI 和 MODIS AOD 产品的相关系数 R^2 及显著性概率 P 值

时间		相关系数 R^2 和相应的显著性(sig.)概率 P 值						
		Terra AOD	P	Aqua AOD	P	Aqua Deep Blue AOD	P	有效个数
全年	API	0.17	0.00	0.25	0.00	0.16	0.00	159
	AQI	0.25	0.00	0.27	0.00	0.47	0.00	141
1 月	API	0.14	0.36	0.48	0.06	0.40	0.10	8
	AQI							1
2 月	API	0.01	0.70	0.10	0.23	0.00	1.0	16
	AQI	0.10	0.61	0.03	0.77	0.64	0.11	5

续表

时间		相关系数 R^2 和相应的显著性(sig.)概率 P 值						
		Terra AOD	P	Aqua AOD	P	Aqua Deep Blue AOD	P	有效个数
3 月	API	0.01	0.75	0.00	0.82	0.03	0.48	19
	AQI	0.53	0.00	0.03	0.56	0.73	0.00	14
4 月	API	0.26	0.02	0.38	0.00	0.18	0.05	22
	AQI	0.24	0.02	0.57	0.00	0.73	0.00	22
5 月	API	0.26	0.01	0.10	0.12	0.31	0.00	26
	AQI	0.38	0.00	0.45	0.00	0.57	0.00	20
6 月	API	0.57	0.00	0.73	0.00	0.70	0.00	17
	AQI	0.45	0.02	0.42	0.03	0.43	0.03	11
7 月	API	0.08	0.51	0.11	0.42	0.19	0.29	8
	AQI	0.30	0.10	0.33	0.09	0.26	0.13	10
8 月	API	0.95	0.03	0.87	0.07	0.10	0.68	4
	AQI	0.80	0.00	0.55	0.04	0.09	0.48	8
9 月	API	0.42	0.12	0.53	0.06	0.35	0.16	7
	AQI	0.76	0.02	0.84	0.01	0.91	0.00	6
10 月	API	0.30	0.03	0.13	0.19	0.09	0.27	15
	AQI	0.45	0.02	0.39	0.03	0.02	0.65	12
11 月	API	0.00	0.92	0.00	0.91	0.00	0.97	13
	AQI	0.45	0.00	0.65	0.00	0.53	0.00	21
12 月	API	0.04	0.79	0.20	0.56	0.44	0.34	4
	AQI	0.31	0.07	0.14	0.27	0.19	0.18	11

对于 2013 年 1～12 月的所有数据，Aqua Deep Blue AOD 与 AQI 的相关性较高，其 $R^2=0.47$。对于 2013 年 2～5 月，AQI 和 Aqua Deep Blue AOD 的相关系数与同月其他相关系数(如 AQI 和 Terra AOD，AQI 和 Aqua AOD，API 和 Aqua Deep Blue AOD 等)相比是最高的。从 AERONET 中国科学院遥感与数字地球研究所站点(116.38°E，40.00°N)获得地面观测 AOD 值，其时间范围是 2013 年 1～12 月。图 4-58 显示了 2013 年两种模式(粗模式和细模式)的 AOD，红色柱图代表粗模式，蓝色柱图代表细模式。从图 4-58 中可以看出，高粗模式 AOD 和低细模式 AOD 的特点出现在 2～5 月。2～5 月是北京沙尘天气的流行期。Deep Blue AOD 的特点决定了它能较好地反映沙尘天气下的 AOD 值，因此，2～5 月 AQI 和 Aqua Deep Blue AOD 的相关性是最高的；但是在 6 月，API 和 Aqua AOD 的相关性是最高的；在 7 月，AQI 和 Aqua AOD 的相关性是最高的；在 8 月，API 和 Terra AOD 的相关性是最高的；在 10 月，AQI 和 Terra AOD 的相关性是最高的；在 11 月，AQI 和 Aqua AOD 的相关性是最高的；在 12 月，API 和 Aqua Deep Blue AOD 的相关性是最高的，但是它们的相关性不显著($P = 0.34$)。

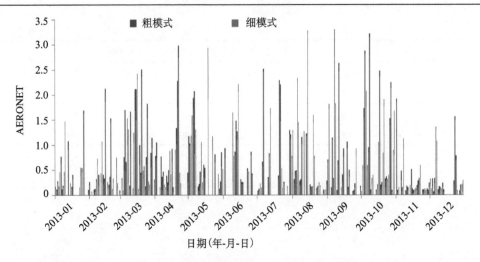

图 4-58　2013 年两种模式的 AERONET AOD

红色柱图代表粗模式；蓝色柱图代表细模式

　　虽然 AQI 和 Aqua Deep Blue AOD 的逐月相关性在 6～8 月和 10～12 月不是最高的，但是对于 1～12 月的所有数据，它的整体相关性仍然是最大的（$R^2 = 0.47$）；这说明 AQI 和 Aqua Deep Blue AOD 都是能较好地反映空气质量的指标；并且两者高度相关，尤其是在沙尘污染的天气下。

　　综上可以看出，遥感技术可快速、实时、动态地诊断大范围的大气环境变化和大气环境污染，是大气环境健康研究中不可获取的关键技术，能不断促进大气环境科学的发展。

4.4　小　　结

　　本章在第二章关于环境健康遥感诊断指标体系的一般构建方法及第三章关于典型领域的环境健康遥感诊断指标体系的基础上，从森林健康、湿地健康、大气健康三个方面具体介绍了环境健康遥感诊断的案例应用。其中第一节是以中国"树流感"爆发风险遥感诊断为例介绍森林健康遥感诊断；第二节选择不同区域不同类型的三个代表性湿地国家级自然保护区(沼泽湿地——四川若尔盖湿地国家级自然保护区，湖泊湿地——青海湖国家级自然保护区；近海与海岸湿地——黄河三角洲国家级自然保护区)作为案例地介绍湿地生态系统健康遥感诊断，该部分针对三个案例地分别介绍了基于层次分析法、支持向量机回归和支持向量机分类三种方法得到的评价结果，并对三种方法的结果进行了对比验证和差异分析；第三节以北京市为例诊断了沙尘暴对气溶胶和气象参数的影响；最后一节为本章总结。本章以翔实充分的案例应用具体演示了在三个典型应用领域内如何选择指标构建指标体系并开展实际应用，为今后的科学研究和生产实践提供了参考。

参 考 文 献

安乐生, 刘贯群, 叶思源, 等. 2011. 黄河三角洲滨海湿地健康条件评价. 吉林大学学报(地球科学版), 4: 1157-1165.

曹春香. 2013. 遥感诊断系列专著(第一部): 环境健康遥感诊断. 北京: 科学出版社.

陈广庭. 2002. 北京强沙尘暴史和周围生态环境变化. 中国沙漠, 22(3): 210-213.

陈培昶, 池杏珍. 2008. 栎树猝死病菌对城市绿地的风险性分析. 中国森林病虫, 27(6): 20-23.

陈小龙, 赵守歧, 吴品珊. 2007. 从德国引进的高山杜鹃上首次检出栎树猝死病菌. 中国植保导刊, 3: 37.

陈晓琴. 2012. 青海湖流域生态环境敏感性评价研究. 西宁: 青海师范大学硕士学位论文.

陈雪英, 李战隆. 1995. 国外城市垃圾焚烧尾气污染防治对策. 环境科学研究, 8(3): 53-57.

程立刚, 王艳姣, 王耀庭. 2005. 遥感技术在大气环境监测中的应用综述. 中国环境监测, 21(5): 17-23.

程兴宏, 徐祥德, 陈尊裕, 等. 2007. 北京地区 PM_{10} 浓度空间分布特征的综合变分分析. 应用气象学报, 18(2): 165-172.

戴新, 丁希楼, 陈英杰, 等. 2007. 基于 AHP 法的黄河三角洲湿地生态环境质量评价. 资源环境与工程, 2: 135-139.

董雪玲. 2004. 大气可吸入颗粒物对环境和人体健康的危害. 资源产业, 6(5): 50-53.

窦亮, 李华, 李凤山, 等. 2013. 四川若尔盖湿地国家级自然保护区繁殖期黑颈鹤调查. 四川动物, 5: 770-773.

方宗义, 张运刚, 郑新江, 等. 2001. 用气象卫星遥感监测沙尘暴的方法和初步结果. 第四纪研究, 21(1): 48-55.

冯富成, 高会军. 1998. 大同矿区环境污染与植被生态的遥感调研. 中国煤田地质, 10(a9): 73-74.

郝云庆, 王新, 刘少英, 等. 2008. 若尔盖湿地保护区生物多样性评价. 中国水土保持科学, S1: 35-40.

胡顺星, 胡欢陵, 周军, 等. 2001. 差分吸收激光雷达测量对流层臭氧. 激光技术, 25(6): 406-409.

胡亚旦, 周自江. 2009. 中国霾天气的气候特征分析. 气象, 35(7): 73-78.

环境保护部. 2008. 城市空气质量日报和预报技术规定.

环境保护部. 2012. 环境空气质量指数(AQI)技术规定(试行).

黄靖. 2011. 卫星遥感气溶胶光学性质在大气污染监测中的应用研究. 青岛: 中国海洋大学硕士学位论文.

贾海峰, 刘雪华. 2006. 环境遥感原理与应用. 北京: 清华大学出版社.

李本纲, 冉阳, 陶澍. 2008. 北京市气溶胶的时间变化与空间分布特征. 环境科学学报, 28(7): 1425-1429.

李令军, 王英, 李金香, 等. 2012. 2000~2010 年北京大气重污染研究. 中国环境科学, 32(1): 23-30.

李晓岚, 张宏升. 2012. 2010 年春季北京地区强沙尘暴过程的微气象学特征. 气候与环境研究, 17(4): 400-408.

李延红. 2009. 青海野生动植物资源分布特征与保护措施. 青海草业, 2: 36-39.

李筑眉, 李凤山. 2005. 黑颈鹤研究. 上海: 上海科技教育出版社.

廖琴, 张志强, 曲建升. 2012. 国际 $PM_{2.5}$ 排放标准及其实施情况比较分析. 环境污染与防治, 34(10): 95-99.

廖纪萍, 王广发. 2014. 大气污染与呼吸系统疾病. 中国医学前沿杂志(电子版), 6(2): 22-25.

廖太林, 李百胜. 2004. 栎树突死病菌传入中国的风险分析. 西南林学院学报. 24(2): 34-37.

刘诚. 2013. 基于 GIS 的"树流感"在中国适生区预测及风险评估. 北京: 中国科学院遥感与数字地球研究所硕士学位论文.

刘金涛, 陈卫标, 刘智深. 2003. 高光谱分辨率激光雷达同时测量大气风和气溶胶光学性质的模拟研究. 大气科学, 27(1): 115-122.

卢其栋, 刘震. 2013. 基于 RS-GIS 和 AHP 的生态环境评价——以若尔盖县东北部为例. 河南科技, 3: 177-178.

孟岩. 2009. 基于 RS 与 GIS 的生态环境评价及其遥感反演模型研究. 济南: 山东农业大学硕士学位论文.

钱孝琳, 阚海东, 宋伟民, 等. 2005. 大气细颗粒物污染与居民每日死亡关系的 Meta 分析. 环境与健康杂志, 22(4): 246-248.

单凯, 于君宝. 2013. 黄河三角洲发现的山东省鸟类新纪录. 四川动物, 4: 609-612.

冉有华, 李新, 卢玲. 2009. 基于多源数据融合方法的中国 1km 土地覆盖分类制图. 地球科学进展, 2: 192-203.

上官修敏. 2013. 黄河三角洲湿地生态系统健康评价研究. 济南: 山东师范大学硕士学位论文.

邵立娜, 赵文霞, 淮稳霞, 等. 2008. 栎树猝死病原在中国的适生区预测. 林业科学. 44(6): 85-90.

盛业华, 郭达志. 1994. 遥感信息在晋城矿区大气环境质量评价中的应用. 遥感信息, 2: 37-39.

苏高利, 邓芳萍. 2006. 关于支持向量回归机的模型选择. 科技通报, 2: 154-158.

苏茂新, 陈克龙, 李双成, 等. 2010. 青海湖北部湿地生态健康评估. 河南师范大学学报(自然科学版), 2: 144-147.

唐傲寒, 赵婧娴, 韩文轩, 等. 2013. 北京地区灰霾化学特性研究进展. 中国农业大学学报, 18(3): 185-191.

唐孝炎, 张远航, 邵敏. 2006. 大气环境化学. 北京: 高等教育出版社.

田应兵, 熊明标. 2004. 若尔盖湿地国家级自然保护区水质评价. 湖北农学院学报, 3: 161-165.

万鹏, 王庆安, 李昭阳, 等. 2011. 根据土壤蓄水能力探讨若尔盖重要生态服务功能区的水源涵养功能. 四川环境, 5: 121-123.

王敏. 2012. 黄河三角洲湿地水循环模拟模型研究. 济南: 山东大学硕士学位论文.

王薇. 2007. 黄河三角洲湿地生态系统健康综合评价研究. 济南: 山东农业大学硕士学位论文.

王薇, 陈为峰, 李其光, 等. 2012. 黄河三角洲湿地生态系统健康评价指标体系. 水资源保护, 1: 13-16.

王莹, 郑丽波, 俞立中, 等. 2010. 基于神经元网络模型的崇明东滩湿地生态系统健康评估. 长江流域资源与环境, 7: 776-781.

王开燕, 张仁健, 王雪梅, 等. 2006. 北京市冬季气溶胶的污染特征及来源分析. 环境化学, 25(6): 776-780.

王利花. 2007. 基于遥感技术的若尔盖高原地区湿地生态系统健康评价. 长春: 吉林大学硕士学位论文.

王式功, 王金艳, 周自江, 等. 2003. 中国沙尘天气的区域特征. 地理学报, 58(2): 193-200.

王耀庭, 王桥, 杨一鹏, 等. 2005. 利用 Landsat/TM 影像监测北京地区气溶胶的空间分布. 地理与地理信息科学, 21(3): 19-22.

王中挺, 王红梅, 厉青, 等. 2014. 基于深蓝算法的 HJ-1 CCD 数据快速大气校正模型. 光谱学与光谱分析, 34(3): 729-734.

吴玉. 2010. 基于 RS 与 GIS 的四川省若尔盖县生态环境状况评价研究. 成都: 成都理工大学硕士学位论文.

吴良镛. 2002. 京津冀地区城乡空间发展规划研究. 北京: 清华大学出版社.

吴品珊, 巫燕, 严进, 等. 2007. 栎树猝死病菌检疫鉴定方法. 植物检疫, 21(5): 281-284.

武国正. 2008. 支持向量机在湖泊富营养化评价及水质预测中的应用研究. 呼和浩特: 内蒙古农业大学硕士学位论文.

奚歌, 刘绍民, 贾立. 2008. 黄河三角洲湿地蒸散量与典型植被的生态需水量. 生态学报, 11: 5356-5369.

徐祥德, 施晓晖, 张胜军, 等. 2006. 北京及周边城市群落气溶胶影响域及其相关气候效应. 科学通报, 50(22): 2522-2530.

薛志钢, 郝吉明, 陈复, 等. 2004. 国外大气污染控制经验. 重庆环境科学, 25(11): 159-161.

严进瑞, 伏洋, 李凤霞. 2003. 青海省生态环境分区及质量评价指标体系研究. 青海气象, 1: 34-40.

杨维. 2013. 北京城区 $PM_{2.5}$ 浓度空间变化及对呼吸健康影响. 首都师范大学硕士学位论文.

杨海波, 王宗敏, 王世岩. 2011. 基于 RS 与 GIS 的黄河三角洲生态环境质量综合评价. 水利水电技术, 7: 24-27.

叶笃正, 丑纪范, 刘纪远, 等. 2000. 关于我国华北沙尘天气的成因与治理对策. 地理学报, 55(5): 513-521.

尹盛鑫, 尹军. 2013. 欧洲大气颗粒物污染治理. 全球科技经济瞭望, 28(9): 23-28.

张伟. 2012. 青海湖流域湿地生态环境质量现状评价. 西宁: 青海师范大学硕士学位论文.

张继承. 2008. 基于 RS/GIS 的青藏高原生态环境综合评价研究. 长春: 吉林大学硕士学位论文.

张艳君. 2012. 遥感技术在大气环境监测中的应用. 现代农业科技, 20: 282-282.

张宜升. 2008. 济南市空气污染对人群健康的影响研究. 山东大学硕士学位论文.

张元勋, 杨传俊, 陆文忠, 等. 2007. 室内气溶胶纳米颗粒物的粒径分布特征. 中国科学院研究生院学报, 24: 705-709.

赵怀浩, 田家怡, 程建光, 等. 2011. 黄河三角洲地区外来入侵有害生物的种类分布与防治. 滨州学院学报, 6: 31-36.

周文英, 何彬彬. 2014. 四川省若尔盖县生态环境质量评价. 地球信息科学学报, 2: 314-319.

邹长新, 陈金林, 李海东. 2012. 基于模糊综合评价的若尔盖湿地生态安全评价. 南京林业大学学报(自然科学版), 3: 53-58.

Akimoto H. 2003. Global air quality and pollution. Science, 302(5651): 1716-1719.

Al-Saadi J, Szykman J, Pierce R B, et al. 2005. Improving national air quality forecasts with satellite aerosol observations. Bulletin of the American Meteorological Society, 86(9): 1249-1261.

Anenberg S C, Horowitz L W, Tong D Q, et al. 2010. An estimate of the global burden of anthropogenic ozone and fine particulate matter on premature human mortality using atmospheric modeling. Environmental Health Perspectives, 118(9): 1189.

APHIS. 2009. Phytophthora ramorum: Stopping the Spread. USDA.

APHIS. 2010. APHIS List of Regulated Hosts and Plants Proven or Associated with Phytophthora ramorum.

Bayram H, Sapsford R J, Abdelaziz M M, et al. 2001. Effect of ozone and nitrogen dioxide on the release of proinflammatory mediators from bronchial epithelial cells of nonatopic nonasthmatic subjects and atopic asthmatic patients in vitro. Journal of Allergy and Clinical Immunology, 107(2): 287-294.

Cao C, Zheng S, Singh R P. 2014. Characteristics of aerosol optical properties and meteorological parameters during three major dust events (2005–2010) over Beijing, China. Atmospheric Research, 150: 129-142.

Cao L, Tian W Z, Ni B F, et al. 2002. Preliminary study of airborne particulate matter in a Beijing sampling station by instrumental neutron activation analysis. Atmospheric Environment, 36(12): 1951-1956.

Carboni E, Thomas G, Sayer A, et al. 2012. Intercomparison of desert dust optical depth from satellite measurements. Atmospheric Measurement Techniques, 5(8): 1973-2002.

Che H, Xia X, Zhu J, et al. 2014. Aerosol optical properties under the condition of heavy haze over an urban site of Beijing, China. Environmental Science and Pollution Research: 1-11.

Chen F, Cole P, Bina W F. 2007. Time trend and geographic patterns of lung adenocarcinoma in the United

States, 1973-2002. Cancer Epidemiology Biomarkers & Prevention, 16(12): 2724-2729.

Chen F, Jackson H, Bina W F. 2009. Lung adenocarcinoma incidence rates and their relation to motor vehicle density. Cancer Epidemiology Biomarkers & Prevention, 18(3): 760-764.

Chronology. 2011. A chronology of phytophthora ramorum, cause of sudden oak death and other foliar diseases.

Cohen A J, Anderson H R, Ostro B, et al. 2004. Urban air pollution. Comparative Quantification of Health Risks, 2: 1353-1433.

Cui Q, Wang X, Li D, Guo X. 2012. An ecosystem health assessment method integrating geochemical indicators of soil in Zoige wetland, southwest China. Procedia Environmental Sciences, 13: 1527-1534.

Davidson J M, Wickland A C, Patterson H A, Falk K R, Rizzo D M. 2005. Transmission of Phytophthora ramorum in Mixed-Evergreen Forest in California. Phytopathology, 95(5): 587-596.

Dey S, Tripathi S N, Singh R P, et al. 2004. Influence of dust storms on the aerosol optical properties over the Indo‐Gangetic basin. Journal of Geophysical Research: Atmospheres (1984–2012), 109: D20211.

Dockery D W, Pope C A, Xu X P, et al. 1993. An association between air pollution and mortality in six US cities. New England Journal of Medicine, 329(24): 1753-1759.

Dominici F, Peng R D, Bell M L, et al. 2006. Fine particulate air pollution and hospital admission for cardiovascular and respiratory diseases. Jama, 295(10): 1127-1134.

Draxler R R, Rolph G D. 2013. HYSPLIT (HYbrid Single-Particle Lagrangian Integrated Trajectory) Model access via NOAA ARL READY Website (http://www.arl.noaa.gov/HYSPLIT.php). NOAA Air Resources Laboratory, College Park, MD.

Dubovik O, Holben B, Eck T F, et al. 2002. Variability of absorption and optical properties of key aerosol types observed in worldwide locations. Journal of the atmospheric sciences, 59(3): 590-608.

Fera. 2010. A threat to our woodlands, heathlands and historic gardens, Phytophthora ramorum. Plant disease factsheet. UK, p.7.

Flannigan M D, Haar T V. 1986. Forest fire monitoring using NOAA satellite AVHRR. Canadian Journal of Forest Research, 16(5): 975-982.

Forestry Commission. Phytophthora ramorum. 2012. [cited 2012 28 April]; Available from: http://www.forestry. gov.uk/pramorum.

Gabrielson E. 2006. Worldwide trends in lung cancer pathology. Respirology, 11(5): 533-538.

Gauderman W J, Avol E, Gilliland F, et al. 2004. The effect of air pollution on lung development from 10 to 18 years of age. New England Journal of Medicine, 351(11): 1057-1067.

Gauderman W J, Gilliland G F, Vora H, et al. 2002. Association between air pollution and lung function growth in Southern California children - Results from a second cohort. American journal of respiratory and critical care medicine, 166(1): 76-84.

Gauderman W J, McConnell R, Gilliland F, et al. 2000. Association between air pollution and lung function growth in southern California children. American journal of respiratory and critical care medicine, 162(4): 1383-1390.

Gautam R, Liu Z, Singh R P, et al. 2009. Two contrasting dust-dominant periods over India observed from MODIS and CALIPSO data. Geophysical Research Letters, 36(6): L06813.

Goloub P, Deuze J L, Herman M, et al. 2001. Aerosol remote sensing over land using the spaceborne polarimeter POLDER. Current Problems in Atmospheric Radiation, 113-116.

Hamonou E, Chazette P, Balis D, et al. 1999. Characterization of the vertical structure of Saharan dust export to the Mediterranean basin. Journal of Geophysical Research: Atmospheres (1984–2012), 104(D18): 22257-22270.

Han X, Zhang M, Gao J, et al. 2013. Modeling analysis of the seasonal characteristics of haze formation in Beijing. Atmospheric Chemistry and Physics Discussions, 13(11): 30575-30610.

HEI International Oversight Committee, 2004. Health effects of outdoor air pollution in developing countries of Asia: a literature review. Boston, MA, Health Effects Institute (Special Report No. 15).

Hsu N C, Tsay S-C, King M D, et al. 2006. Deep blue retrievals of Asian aerosol properties during ACE-Asia. Geoscience and Remote Sensing, IEEE Transactions on, 44(11): 3180-3195.

Hu M G, Jia L, Wang J F, et al. 2013. Spatial and temporal characteristics of particulate matter in Beijing, China using the Empirical Mode Decomposition method. Science of the Total Environment, 458: 70-80.

Kan H, Chen B. 2003. Air pollution and daily mortality in Shanghai: a time-series study. Archives of environmental health, 58(6): 360-367.

Kaskaoutis D, Kharol S K, Sinha P, et al. 2011. Contrasting aerosol trends over South Asia during the last decade based on MODIS observations. Atmospheric Measurement Techniques Discussions, 4(4): 5275-5323.

Kaskaoutis D, Sinha P, Vinoj V, et al. 2013. Aerosol properties and radiative forcing over Kanpur during severe aerosol loading conditions. Atmospheric Environment, 79: 7-19.

Kaufman Y, Tanré D, Remer L A, et al. 1997. Operational remote sensing of tropospheric aerosol over land from EOS moderate resolution imaging spectroradiometer. Journal of Geophysical Research: Atmospheres (1984–2012), 102(D14): 17051-17067.

Kliejunas J T. 2010. Sudden oak death and Phytophthora ramorum: a summary of the literature. CA: U.S. Department of Agriculture, Forest Service, Pacific Southwest Research Station.

Ko F W, Tam W, Wong T W, et al. 2007. Temporal relationship between air pollutants and hospital admissions for chronic obstructive pulmonary disease in Hong Kong. Thorax, 62(9): 780-785.

Lin T H, Christina Hsu N, Tsay S C, et al. 2011. Asian dust weather categorization with satellite and surface observations. International Journal of Remote Sensing, 32(1): 153-170.

McCreanor J, Cullinan P, Nieuwenhuijsen M J, et al. 2007. Respiratory effects of exposure to diesel traffic in persons with asthma. New England Journal of Medicine, 357(23): 2348-2358.

McDonnell W F, Nishino-Ishikawa N, Petersen F F, et al. 2000. Relationships of mortality with the fine and coarse fractions of long-term ambient PM10 concentrations in nonsmokers. Journal of Exposure Analysis and Environmental Epidemiology, 10(5): 427-436.

Meentemeyer R, Rizzo D, Mark W, Lotz E. 2004. Mapping the risk of establishment and spread of sudden oak death in California. Forest Ecology and Management, 200: 195-214.

ODA. 2011. Sudden oak death regulations. Oregon.

Pan G, Zhang S, Feng Y, et al. 2010. Air pollution and children's respiratory symptoms in six cities of Northern China. Respiratory medicine, 104(12): 1903-1911.

Pope III C A, Ezzati M, Dockery D W. 2009. Fine-particulate air pollution and life expectancy in the United States. New England Journal of Medicine, 360(4): 376-386.

PQR. 2006. Distribution maps of quarantine pests for Europe phytophthora ramorum.

Prasad A K, Singh R P. 2007. Changes in aerosol parameters during major dust storm events (2001-2005) over the Indo-Gangetic Plains using AERONET and MODIS data. Journal of Geophysical Research: Atmospheres (1984-2012), 112(D9).

Raaschou-Nielsen O, Andersen Z J, Beelen R, et al. 2013. Air pollution and lung cancer incidence in 17 European cohorts: prospective analyses from the European Study of Cohorts for Air Pollution Effects (ESCAPE). The lancet oncology, 14 (9): 813-822.

Raaschou-Nielsen O, Bak H, Sørensen M, et al. 2010. Air pollution from traffic and risk for lung cancer in three Danish cohorts. Cancer Epidemiology Biomarkers & Prevention, 19 (5): 1284-1291.

Richason Jr B F. 1978. Introduction to remote sensing of the environment. Introduction to remote sensing of the environment.

Rolph G D. 2013. Real-time Environmental Applications and Display sYstem (READY) Website (http://www.ready.noaa.gov). NOAA Air Resources Laboratory, College Park, MD.

Schulz M, Textor C, Kinne S, et al. 2006. Radiative forcing by aerosols as derived from the AeroCom present-day and pre-industrial simulations. Atmospheric Chemistry and Physics, 6 (12): 5225-5246.

Singh S, Nath S, Kohli R, et al. 2005. Aerosols over Delhi during pre-monsoon months: Characteristics and effects on surface radiation forcing. Geophysical Research Letters, 32: L13808.

Sun J M, Zhang M Y, Liu T S. 2001. Spatial and temporal characteristics of dust storms in China and its surrounding regions, 1960–1999: Relations to source area and climate. Journal of Geophysical Research, 106 (D10): 10325-10310,10333.

Sun Y L, Wang Z F, Dong H B, et al. 2012. Characterization of summer organic and inorganic aerosols in Beijing, China with an Aerosol Chemical Speciation Monitor. Atmospheric Environment, 51: 250-259.

Sun Y L, Zhuang G S, Tang A H, et al. 2006. Chemical characteristics of $PM_{2.5}$ and PM_{10} in haze-fog episodes in Beijing. Environmental Science & Technology, 40 (10): 3148-3155.

Swap R, Ulanski S, Cobbett M, et al. 1996. Temporal and spatial characteristics of Saharan dust outbreaks. Journal of Geophysical Research: Atmospheres (1984–2012), 101 (D2): 4205-4220.

Tosca M, Ruffoni S, Canonica G, et al. 2013. Asthma exacerbation in children: Relationship among pollens, weather, and air pollution. Allergologia et immunopathologia.

Turner J, Jennings P. 2008. Report indicating the limiting and optimal environmental conditions for production, germination and survival of sporangia and zoospores. Deliverable Report 7. Sand Hutton, York, UK: Forest Research. On file with: Central Science Laboratory, Department for Environment, Food and Rural Affairs, Sand Hutton, York, YO41 1LZ.

Václavík T, Kanaskie A, Hansen E M, Ohmann J L, Meentemeyer R K. 2010. Predicting potential and actual distribution of sudden oak death in Oregon: Prioritizing landscape contexts for early detection and eradication of disease outbreaks. Forest Ecology and Management, 260 (6): 1026-1035.

Wang H, Xu J Y, Zhang M, et al. 2014. A study of the meteorological causes of a prolonged and severe haze episode in January 2013 over central-eastern China. Atmospheric Environment, 98: 146-157.

Wang L T, Zhang P, Tan S B, et al. 2013. Assessment of urban air quality in China using air pollution indices (APIs). Journal of the Air & Waste Management Association, 63 (2): 170-178.

Werres S, Marwitz R, Veld Wamit et al. 2001. Phytophthora ramorum sp. nov., a new pathogen on Rhododendron and Viburnun. Mycological Research, 105 (10): 1155-1165.

Winchester J W, Mu-Tian B. 1984. Fine and coarse aerosol composition in an urban setting: a case study in Beijing, China. Atmospheric Environment (1967), 18 (7): 1399-1409.

Wong C M, Vichit-Vadakan N, Kan H, et al. 2008. Public Health and Air Pollution in Asia (PAPA): a multicity study of short-term effects of air pollution on mortality. Environmental Health Perspectives, 116 (9): 1195.

Yang C Y, Chen C J. 2007. Air pollution and hospital admissions for chronic obstructive pulmonary disease in a subtropical city: Taipei, Taiwan. Journal of Toxicology and Environmental Health, Part A, 70(14): 1214-1219.

Yang S J, Dong J Q, Cheng B R. 2000. Characteristics of air particulate matter and their sources inurban and rural area of Beijing, China. Journal of Environmental Sciences, 12(4): 402-409.

Yangzong Y, Shi Z, Nafstad P, et al. 2012. The prevalence of childhood asthma in China: a systematic review. BMC public health, 12(1): 860.

Yu H, Remer L A, Kahn R A, et al. 2013. Satellite perspective of aerosol intercontinental transport: From qualitative tracking to quantitative characterization. Atmospheric Research, 124: 73-100.

Zhao B. 1994. Study of TOVS applications in monitoring atmospheric temperature, water vapor, and cloudiness in East Asia. Meteorology and Atmospheric Physics, 54(1-4): 261-270.

Zhao X J, Zhang X L, Xu X F, et al. 2009. Seasonal and diurnal variations of ambient $PM_{2.5}$ concentration in urban and rural environments in Beijing. Atmospheric Environment, 43(18): 2893-2900.

Zheng S, Cao C X, Singh R P. 2014. Comparison of ground based indices (API and AQI) with satellite based aerosol products. Science of the Total Environment, 488: 398-412.

Zhong N, Wang C, Yao W, et al. 2007. Prevalence of chronic obstructive pulmonary disease in China: a large, population-based survey. American journal of respiratory and critical care medicine, 176(8): 753-760.

Zhu L, Huang X, Shi H, et al. 2011. Transport pathways and potential sources of PM_{10} in Beijing. Atmospheric Environment, 45(3): 594-604.

第5章　环境健康遥感诊断指标体系展望

环境健康遥感诊断指标体系的研发，虽然整体框架的构筑及部分指标的诊断方面取得了一定的成果，但在继续完善其理论基础和方法体系、进一步拓展应用领域和提高诊断水平等方面仍然面临着诸多问题。如何面向各个具体的环境健康领域发展具有针对性的概念模型和诊断模型，如何将遥感技术发展的最新成果与环境健康诊断的迫切需求相结合，解决诸如时空尺度转换、指标精确筛选、定期自动诊断等问题都是亟待解决的难点和挑战。环境健康遥感诊断指标体系的科学思路将对后续的《环境健康遥感诊断关键技术》和《环境健康遥感诊断系统》的论述等起到指导作用。

5.1　环境健康遥感诊断尺度转换

随着遥感技术的发展，遥感卫星平台持续增加，数据获取方式更加多样化，多光谱、高光谱、高分等光学影像、激光雷达和合成孔径雷达等主动遥感数据来源日益丰富，因此能够用于反演各指标因子的遥感数据多种多样，既有米级分辨率的 IKONOS、QuickBird 影像，也有 30 m 中等分辨率的 Landsat、ASTER、CBERS 等卫星数据，也不乏 500 m/1 km 低空间分辨率的 MODIS、AVHRR 数据产品等，同一个指标体系中各指标因子获取的遥感数据源的空间分辨率往往各不相同，因此为了综合各指标因子形成统一科学合理的指标体系，需要进行尺度转换，目前有大量关于尺度效应和尺度转换的研究，但有关指标因子尺度转换方面的技术与方法仍需要进一步探索。

以本书湿地健康遥感诊断案例中的指标选择和体系构建为例，由于湿地生态系统健康遥感诊断指标类型多样，包括遥感直接或间接计算的景观指标、实地采集土壤样品化验计算的土壤指标、问卷调查统计计算的社会指标等，因此湿地生态系统健康遥感诊断适于采用格网-矢量相结合的方法，以统计数据为数据源的指标因子，以矢量面状单元作为基本评价分析单元；遥感指标因子用栅格点状单元作为基本评价分析单元；并根据一般湿地保护区的面积和湿地管理的需求，充分考虑数据量大小、专业软件处理数据能力等多种因素，将最终结果表达在 8 km×8 km 格网尺度上，所有指标计算结果均转换到该尺度水平，这样既能保留遥感数据在宏观尺度上的优势，又能将一些社会经济指标、微观要素指标合理表达在更宏观的尺度上，使最终的结果具有一定的空间分布特征，方便为湿地管理者提供决策支持。

5.2　环境健康遥感诊断概念模型发展

本书第 2 章介绍了针对生态系统健康遥感诊断的两类较为广泛使用的概念模型，即压力-状态-响应模型(PSR)和活力-组织-恢复力模型(VOR),实际上还有很多其他模型,以及在这两者的基础上发展出的衍生模型。如驱动力-压力-状态-影响-响应(driving forces-pressure-state-impact-response, DPSIR)模型是欧洲环境局(EEA)于 1999 年为综合分析和描述环境问题及其与社会发展的关系而发展起来的(Smeets et al., 1999)。该模型的内涵可以理解为人类活动动机(驱动力 D)作用于环境,实际和潜在的人类活动对自然环境产生了损害(压力 P),自然环境在压力下呈现一定状态及自然资源和社会经济受到负面影响呈现一些特征(状态 S 和影响 I),为改善环境和社会经济方面的预防或治疗措施,即为响应(R)(Martins et al., 2012)。

此外,还有一些由 PSR 模型扩展而来的概念模型,如驱动力-状态-响应(driving forces-state-response,DSR)模型、压力-状态-影响-响应(pressure-state-impact-response,PSIR)模型、驱动力-压力-状态-响应-控制(driving forces-pressure-state-response-control,DPSRC)模型、驱动力-压力-状态-生态系统服务-响应(drivers-pressures-state-ecosystem-services-response, DPSER)模型、驱动力-压力-状态-暴露-响应(driving force-pressure-state-exposure-effect, DPSEE)模型等。这些扩展模型同时涵盖自然、社会经济和人的因素,及它们之间的相互作用影响已被广泛地用于生态和环境诊断评价(Richards and Aitken, 2004;Tung et al., 2005;Khan et al., 2007;Yang et al., 2008;Dai et al., 2013;Elmer and Riegl, 2014)。

以上模型从 4 个方面评价生态系统:①将生态系统为人类福祉提供的各种服务作为评估过程中所关注的核心内容;②充分考虑生态系统自身的组织、结构特征;③关注人类活动的压力及其对生态环境的负面影响;④关注压力下社会经济活动响应措施。基于以上特点,在构建各领域的环境健康遥感诊断模型时,既要考虑生态系统本身的特征,也要考虑生态系统与人类活动的相互作用和反馈机制,从而更全面地筛选指标因子,构建更科学合理且可操作性强的指标体系。

5.3 遥感技术驱动诊断指标体系完善

在全球变化背景下,随着自然环境的急剧变化和社会经济的快速发展,遥感等空间信息技术以其大尺度、长时序、多手段的优势为开展长时间序列的、全方位的环境监测评价和健康诊断预警提供了先进的技术保障。充分利用遥感技术的这些优势,能够高效率、低成本地提取环境健康诊断过程中必要的指标因子,从而建立以遥感和 GIS 等空间信息技术为主导、融合多源参数指标的环境健康诊断指标体系,进而服务于科学研究和生产管理。

2015 年 7 月 26 日,国务院办公厅印发了《生态环境监测网络建设方案》(国办发[2015] 56 号)。该方案包括"总体要求""全面设点,完善生态环境监测网络""全国联网,实现生态环境监测信息集成共享""自动预警,科学引导环境管理与风险防范""依法追责,建立生态环境监测与监管联动机制""健全生态环境监测制度与保障体系"6 部分 20 条。其一个主要目标,即是"建成陆海统筹、天地一体、上下协同、信息共享的生态环境监测网络",而一个完善的生态环境健康遥感诊断指标体系对于此监测网络至关重要。

该方案明确提出："建立天地一体化的生态遥感监测系统，研制、发射系列化的大气环境监测卫星和环境卫星后续星并组网运行；加强无人机遥感监测和地面生态监测"（第六条），从而实现对重要生态功能区、自然保护区等大范围、全天候的监测，由此可见，遥感技术在促进环境健康诊断指标体系的建立和完善方面发挥着日益重要的作用，进而推动我国生态环境监测技术和应用不断跨上新的台阶。

5.4 环境健康遥感诊断指标体系应用前景

本书从环境健康遥感诊断指标体系的国内外研究现状出发，阐述了环境健康遥感诊断指标体系的构建方法，进而面向森林、湿地、大气、自然灾害和人居环境等典型领域环境健康的遥感诊断，分别介绍指标的选取和体系的构建，最后再辅以具体翔实的案例介绍，层层递进，系统有序，但是也容易发现，本书所涉及的均是已有相对深厚研究基础的领域，除此之外，还有环境健康的诸多方面尚未涉及，如在生态环境领域仅介绍了森林和湿地健康诊断指标体系的构建和应用，关于草地、农田、荒漠等生态系统的健康诊断必然与之存在很多不同，这些都是有待大力开发的领域，需要各行各业的专家学者不断扩展研究并深入应用。

建立以遥感等空间信息技术为主导的环境健康遥感诊断指标体系，在当前环境问题日益突出、人与自然矛盾逐步凸显的背景下显得尤其迫切和重要。它不仅是遥感监测、环境保护、疾病防控、灾害防治等部门的科研人员，以及科研院所和高等院校专家学者和研究生的研究热点，也是环保部门、国土资源部门、农林气象部门、地方生态环境保护等行业（单位）专业技术人员的兴趣所在，能够广泛服务于资源调查、环境监测、灾害预警等各个领域，具有极其广阔的应用前景。

《生态环境监测网络建设方案》明确提出"加快生态环境监测信息传输网络与大数据平台建设，加强生态环境监测数据资源开发与应用"（第八条）、"定期开展全国生态状况调查与评估，建立生态保护红线监管平台，对重要生态功能区人类干扰、生态破坏等活动进行监测、评估与预警"（第十二条）、"推进环境监测新技术和新方法研究，健全生态环境监测技术体系，促进和鼓励高科技产品与技术手段在环境监测领域的推广应用"（第十九条）、"重点加强生态环境质量监测、监测数据质量控制、卫星和无人机遥感监测、环境应急监测、核与辐射监测等能力建设"（第二十条），在此过程中鼓励国内科研部门和相关企业研发具有自主知识产权的环境监测仪器设备，推进监测仪器设备国产化，促进国产监测仪器产业发展；同时，也建议相关部门积极开展国际合作，借鉴国外监测科技的先进经验，进而提升我国技术创新能力；另外，通过加快实施生态环境保护人才发展相关规划，不断提高监测人员综合素质和能力水平。这些都将极大地推动环境健康遥感诊断学科的人才队伍建设，提高其科学研究水平，引导其应用全面铺开并不断向纵深拓展。

5.5　环境健康遥感诊断指标体系与关键技术及系统等的关系

作为"遥感诊断系列专著"的第二部，本书基于确立的环境健康遥感诊断指标体系的基础框架，对环境健康的概念进行了进一步的诠释，对指标体系的构建方法进行了深入的细化说明，并给出了丰富的实例论证，这对于进一步推动环境健康遥感诊断交叉学科的发展具有重要意义，对于提炼"环境健康遥感诊断关键技术"提出了更为详细具体的指导意见和技术要求，对于"环境健康遥感诊断系统"开发搭建了框架雏形，是中国范围内的环境健康遥感诊断的探索性实践，对于全球尺度的环境健康遥感诊断也具有一定的参考借鉴价值。综上，本书在该系列专著中承上启下，传承过渡，具有重要的学术价值和指导意义。

参 考 文 献

中国政府网. 国务院办公厅关于印发生态环境监测网络建设方案的通知. [2015-08-12].

Dai X Y, Ma J J, Zhang H, et al. 2013. Evaluation of ecosystem health for the coastal wetlands at the Yangtze Estuary, Shanghai. Wetlands Ecology and Management, 21(6): 433-445.

Elmer F, Riegl B. 2014. A discrete mathematical extension of conceptual ecological models-Application for the SE Florida shelf. Ecological Indicators, 44(9): 40-56.

Khan R, Phillips D, Fernando D, et al. 2007. Environmental health indicators in New Zealand: drinking water-a case study. EcoHealth, 4(4): 63-71.

Martins J H, Camanho A S, Gaspar M B 2012. A review of the application of driving forces-pressure-state-impact-response framework to fisheries management. Ocean & Coastal Management, 69(5): 273-281.

Richards C, Aitken L. 2004. Social innovations in natural resource management: a handbook of social research in natural resource management in Queensland. Natural Resaurce Management.

Smeets E, Weterings R, voor Toegepast-Natuurwetenschappelijk N C O. 1999. Environmental indicators: typology and overview. European Environment Agency.

Tung H L, Tsai H T, Lee C M. 2005. A study of DSR indicator framework for sustainable development in Taiwan. J Humanit Soc Sci, 1: 29-39.

Yang J, Li X M, Zhang Y, et al. 2008. Assessment on urban ecological security spatial differences based on causal network: a case of Dalian City. Acta Ecologica Sinica, 28(6): 2774-2783.